コモンズ研究のフロンティア
山野海川の共的世界
（さんやかいせん）

三俣　学
森元早苗
室田　武
編

東京大学出版会

本書は財団法人日本生命財団の助成を得て刊行された.

New Frontiers in Commons Research :
Communal Uses of Mountains, Grasslands, Seas, and Rivers
Gaku MITSUMATA, Sanae MORIMOTO and Takeshi MUROTA, Editors
University of Tokyo Press, 2008
ISBN 978-4-13-046095-8

目 次

序 章　コモンズのこれからを見つめるために ———————————— 1

第1章　広がる共的世界―その歴史と現在 ———————————— 11
 1.1　広がる共的世界　11
  1.1.1　「公」・「共」・「私」三部門からなる経済社会　11
  1.1.2　コモンズ論の射程と本書におけるコモンズの定義　16
  1.1.3　デムセッツのコモンズ論の批判的紹介　19
   (1)　原著論文の概要　20
   (2)　デムセッツの主張に対する反論　23
  1.1.4　近年のコモンズ論　26
   (1)　様々な分野での進展　26
   (2)　法学における展開　29
 1.2　山・里・海に生きるコモンズ　31
  1.2.1　森林の共的世界　31
   (1)　入会地の利用側面から見た分類　31
   (2)　明治以降の入会地・入会林野の軌跡　34
  1.2.2　海の入会を支える漁業権　37
   (1)　海の生物・漁法の多様性とローカル・コモンズ　37
   (2)　漁業権と日本の漁業制度　39
   (3)　共同漁業権の歴史　43
   (4)　共同漁業権の現代的意義と課題　45
  1.2.3　コモンズとなる場　47

(1) 草地・草原　47
　　　(2) 里山・ため池　51
　　　(3) 温泉　55
　　　(4) 里道　58
　　　(5) 焼畑　61
　1.3　イギリスと北欧諸国のコモンズの歴史と現在　65
　　1.3.1　イギリスのコモンズ　65
　　　(1) イングランド，ウェールズのコモンズ　65
　　　(2) 都市コモンズ　66
　　　(3) 高地コモンズ　69
　　　(4) 日本の入会との比較　72
　　1.3.2　北欧諸国の万人権　73

第2章　外的要因がコモンズに与える影響　―――――――83
　2.1　なぜ外部との関わりに着目するのか　83
　2.2　京都府山国地区の概要　84
　2.3　11集落悉皆調査に見る新住民と共有林管理制度　89
　　2.3.1　共有林管理の組織形態　90
　　2.3.2　多様な共有林管理制度　92
　　2.3.3　共有林管理組織と集落内の宗教組織の関係　95
　　2.3.4　新住民の増加と制度の多様化　96
　2.4　グローバル化によるコモンズの変容　98
　　2.4.1　間伐体験から見えたこと　98
　　2.4.2　日本における木材貿易のグローバル化　101
　　2.4.3　山国地区での共有林管理の難しさ　102
　2.5　現代的意義と問題区分の重要性　104

第3章　伝統的コモンズと住民意識―共有林・私有林の比較分析――111

3.1 管理形態別の意識の違い　111
3.2 京都府山国地区の私有林の状況　114
3.3 既存研究から見た森林管理・経営に関する意識　115
3.4 アンケート調査の概要　119
3.5 共有林管理に対する意識　123
　3.5.1 参加状況　124
　3.5.2 世帯の特徴　125
　3.5.3 管理への参加　126
　3.5.4 管理への不参加　130
3.6 私有林管理に対する意識　134
　3.6.1 積極的な管理　134
　3.6.2 消極的な管理　138
3.7 環境志向の共有林と経済志向の私有林　140

第4章　漁民の森を新しいコモンズとしてとらえる————143
4.1 なぜコモンズ論から漁民の森を見るのか　143
　4.1.1 漁業と森林との関係　145
　　(1) 歴史的経緯　146
　　(2) 森林が沿岸魚類相にもたらす効果　152
　　(3) 漁民の森運動を分析する視点　153
　4.1.2 漁協所有林というコモンズ　155
4.2 漁民の森運動の展開　156
　4.2.1 漁民の森研究史　156
　4.2.2 北海道における運動　157
　　(1) 漁業を取り巻く環境の変化　157
　　(2) 北海道漁協婦人部連絡協議会の植樹活動　159
　4.2.3 全国的展開と行政支援　160

第5章 漁民の森運動の事例から ― 165

5.1 北海道別海町における漁民の森運動　165

5.1.1 別海町の概要　166
5.1.2 別海町の植樹運動　168
(1) 始まりは「浜の母さん」たち　168
(2) 町全体への運動の波及　169
(3) 植樹が紡ぐ流域意識　171
5.1.3 野付漁協の植樹運動　175
(1) 抵抗としての山林所有　175
(2) 「風倒木になればいい」　176
(3) 植樹を通じた地域外との連携　179

5.2 高知県安芸市における漁民の森運動　182

5.2.1 安芸市の概要　183
5.2.2 安芸市芸陽漁協を核とする流域環境保全の取り組み　185
(1) ダム建設以前の川の様子　185
(2) ダム建設と漁民の対応　187
(3) 漁師たち山を買う　188
5.2.3 森林保全協定と森を考える会設立　189
5.2.4 芸陽漁協以外の協業的な森林保全への取り組み　191
(1) ブナ林探訪ツアー　191
(2) ニッポン高度紙工業の森　192
(3) ニッセイの森　192
5.2.5 立ちはだかる伊尾木川ダム　192
(1) 伊尾木川発電所　193
(2) 芸陽漁協と四国電力の関係　195

5.3 地縁を超えた資源管理としての漁民の森　196

第6章 コモンズの再生・創造に向けて ― 201

6.1 コモンズ開閉の基準と4つの分析軸　201

6.1.1　コモンズの開閉を考察の中核にすえる理由　201
6.1.2　基準について　203
6.1.3　4つの分析軸　203
6.1.4　コモンズを支えてきた地域住民の意識　204
　（A）閉じたコモンズ―今なお残る地域自給的役割，伝統継承，地域の結節点としての共有林　204
　（B）開いたコモンズ―生業環境を守る　205
6.1.5　社会経済状況の変化に応じた制度の変容　206
　（A）閉じたコモンズ―新規住民の流入　206
　（B）開いたコモンズ―植樹運動の進展　207
6.1.6　コモンズ内外の主体との連携のあり方　208
　（A）閉じたコモンズ―地域内部で硬く結ばれている形　208
　（B）開いたコモンズ―関連主体の連携・拡大：身近な地域から広域へ　209
6.1.7　両者の歴史・現在的意義の総括　210
6.2　持続的なコモンズに存在する重要な共通性　213
6.3　コモンズの再生・創造に向けて　214
6.3.1　コモンズ研究の課題　214
6.3.2　持続可能な経済社会へ　215

終　章　コモンズと人が創る次代の環境　221

付属資料：共有林・私有林に関するアンケート　237
あとがき　241
謝辞　245
索引　247
初出一覧　253
編者・執筆者紹介　254

序章
コモンズのこれからを見つめるために

「本を読んだんやわ．うちもな，同じように入会林ひきついで管理しているんや．財産管理会[1]っちゅう形なんや．あんたらが取り上げていた財産区よりも，伝統的なやり方でムラの共有林を管理しているんやわ．一度きてみいひんか」．

こんな電話を受けたのは，本書の執筆者のうち室田と三俣が，日本生命研究財団の出版助成（2003年度）により『入会林野とコモンズ』（日本評論社）を著し，その刊行間もなくの2004年3月上旬のことだった．電話の主は，同著をいち早く手にとり，誤記の指摘とともに感想などを届けてくださった京都府北桑田郡京北町（現・京都市右京区山国地区）在住の高室美博氏であり，塔区の共有林管理組織の長を務める人物であった．

この1本の電話から，筆者（三俣）は彼と京北の地で会うことになり，その後，同地での研究を開始することになったわけである．その詳細は，後述することにして，まず本書との関係も明示しておくべきと思われる室田，三俣による前著『入会林野とコモンズ』（室田・三俣，2004）について述べておきたい．

入会の持つ現代的意義を試論的にまとめた同書では，記名共有林・一部事務組合にも若干触れたものの，その大半は，財産区という形で生き続ける旧入会林野の実態に基づき，その歴史・現代的意義を検討した．他方，日本でコモンズ（共的世界）論が展開されるようになってすでに久しい．この「コモンズ」とは，英米語のcommonsをそのままカタカナ表記したものである．したがっ

---

1) 法人格を有さない，共有林に対する入会権者の作る任意団体．詳細は第2章，第3章．

て，コモンズ論の「コモンズ」という言葉が，イギリスの共同放牧地 commons をその一部に包含する広い意味を持った言葉であるにもかかわらず，歴史的に存在し，今も存在するイギリスのそれを想起してしまうのは当然である．しかし，コモンズ論においては，いくつかの研究を除き，イギリスの commons に関する歴史的展開や現状把握に取り組んだ研究は少ない．その現状を鑑み[2]，同書において，主としてイングランドとウェールズのコモンズの歴史的変遷と現代的な意義を論じた．共有の性質を持つことの多い日本の入会[3]にせよ，他人（多くは領主）の所有地上における入会権（right of common）の上に成立するイギリスの commons[4] であっても，共的な諸制度や諸慣行は，一物一権を基礎におく市場制度の発達を阻害するばかりであり，やがては私的所有関係へと収斂されるべき「封建遺制」だととらえられてきた．それは，政策に絶大な影響力を振るう為政者や学者（特に近代化至上主義者）によってであり，農山村に生きる人によってではない．「封建遺制の残影」を捨象していくことこそ，「豊かな社会」へと私たちを誘う牽引力となると考えた彼らは，明治以降，入会の解体策を練り，その実施を遂行してきた．これは，小さな村や町が隣接する市町村と合併し，より大きな市町村になりさえすれば，多くの点で経済効率性が向上し，それまでより豊かになれる，という大義名分の下で進んだ昭和と平成の市町村合併の根底にある発想とも，多分に共通性を有する考え方のように思われる．

このような世間一般の流れとは逆行するかのごとく，『入会林野とコモンズ』では小集落の持っている自治力を潰さない方向での資源保全やコミュニティ再生・創造への可能性を展望した．さらには，エコロジー危機やコミュニティの再生が叫ばれる現代社会にあって，それら小集落の持つ内在的な諸力を引き出

---

[2] コモンズを中心にイギリス土地法制史研究を展開した平松（1995）などは，コモンズ論の視点からコモンズをとらえ直そうとする数少ない研究といえる．

[3] 民法では，「共有の性質を持つ入会権」（第263条）「共有の性質を有しない入会権」（第294条）があり，「両者いずれも『各地方ノ慣習ニ従フ』という包括的な白地規定」（川島編，1968）である．

[4] 特にイギリスの土地法においては，「土地の権利は，所有権，地役権，収益権，に大別され，入会権は，他人の土地での収益権（Profits in alieno solo）のなかの一類型としての 'profits a prendre' である」（平松，1995，p. 68）．この profits a prendre は，「他人の土地に対する権利」と「自然産出物の一部の採取」の要素で構成される（平松，1995）．イギリスのコモンズが，日本における「共有の性質を持つ入会権」（つまり共同所有）ではないことに注意が必要である．

し，また支援するような社会制度こそがより重要性を帯びるだろうという見解を示した．当時，このような地域の持つ「自治力」をどう再生あるいは創造するか，という議論を資源管理や資源保全の観点から展開していたのが，コモンズ論であった．コモンズ論は同書（第5章）で示したとおり，おおむね2つの流れで整理できる．それは，北米中心の資源管理研究から生まれたコモンズ論と日本の国内から独自に生まれたコモンズ論である．

　特に北米中心のコモンズ論においては，持続的な資源管理の達成に不可欠なものとして地域社会（コモンズ）の備えるべき普遍的要件である「設計原理」（design principle）が明示され，それはその後も，世界各国での調査を通じて判明してきた知見や情報をもとに，随時，修正されてきた．北米を本拠とする彼らの研究は，多くの場合，大きな資金と組織力を駆使して世界各国（特に発展途上国）に調査地を設け，統一した聞き取り調査法に基づきデータの蓄積を行うものであった[5]．判明した結果は，短期間のうちに学術論文や著作となって世界各国に発信され，研究の世界だけではなく，実際の政策や現場にも強い影響を与え続けてきた．

　このような彼らの研究意欲や研究姿勢を盲目的に批判したり，否定してかかるつもりは毛頭ない．しかし，彼らの進む方向がそうして得られた結果や知見を自らの国や地域の政策に生かしていこうとする姿勢を著しく欠いたものであるとすれば，それは，筆者らの志向する入会・コモンズ研究とは相容れないものである．大切なのは，「他国にも適応可能で普遍的な原理」を抽出することばかりではなく，食料自給率が40％を割り込み，減反政策による放棄田をかこち，コミュニティのつながりもその上に成り立つ自治も衰退の一途をたどってきた日本に暮らす当事者としての，入会・コモンズ研究の展開ではないだろうか．幸い，私たちの足元には，コミュニティや農山村の経済社会の要となってきた入会制度（共同的諸慣行・諸組織）が今なお力強く生き続けている地域がある．豊かな自然を守ったり，地域住民の生活を防衛したり，水土を基本要素として成り立つ農林水産の生業を生かす方向での入会・コモンズ論が今，必要ではなかろうか．日本で長らく生き続けてきた入会林野を題材にした『入会

---

5) これは特に森林研究において顕著であり，IFRI（International Forestry Resources and Institutions）がその典型である．

林野とコモンズ』を刊行した理由の第一はここにあった．

　先述したように，1970年代から，日本でも独自にコモンズに関する議論は始まっており，持続可能な社会を志向する上での入会の持つ意義や役割が指摘され始めていた．とはいえ，このような視点に立って本格的に入会研究を行い，入会の再評価を手がけたのは，日本人ではなく米国人女性であった．彼女の名はマーガレット・マッキーン（Margaret McKean）という．日本政治の研究を専攻分野とする彼女は，特に江戸時代の入会制度を持続的な資源管理制度として位置付け，世界にIriaiの名を知らしめたのであった（McKean, 1989）．当時すでに萌芽していた日本国内におけるコモンズ論から入会，特に入会林野の再評価に向かう研究が，日本人自らの手でいち早く行われなかったのはなぜであろうか．

　その理由がどこにあるのかは判然としないが[6]，少なくとも入会林野をコモンズ論のなかに位置付け，その現代的意義を再考する必要性を喚起する研究は『入会林野とコモンズ』までほとんどなかった．森林政策学者でコモンズ研究の第一人者である井上真は，『コモンズの思想を求めて』（井上，2004）で「日本の入会林野をコモンズ論の中に位置づける労作が出版された」と述べた．また，経済学者の間宮陽介は，コモンズ研究が「単に学問研究を活性化させるにとどまらず，現在焦眉の問題となっている資源・環境問題の実践的解決にあたっても，大きな力を与える」（間宮，2004）と指摘した上で，同書は「学会のこのような動向を踏まえながら，自らのフィールドワークに基づいて構築されたコモンズ論の労作である」（同上）という評価を与えている．

　また，経済学者の丸山真人は『入会林野とコモンズ』の各章を丁寧に解説し，各地域でのフィールド調査結果に基づく議論の資料的価値を評価した一方，「限られた事例からそれがどこまで一般化可能であるかは定かではない」（丸山，2005）と述べつつ，「今後著者たちの調査がさらに進んだ後に，現在はトルソーとしての形しか持たないコモンズ像がより明確な形となって現れるであろ

---

[6] 林学や林政学や法社会学にはすでに相当なる入会研究の蓄積があった．しかし，あまりにも歴史があり，また蓄積の多い研究分野であったためなのだろうか，新しい視点からのとらえ直しに，「はばかられる雰囲気」があったのかもしれない．とはいえ，これは本書の筆者らの憶測の域を超えるものではない．

う」(同上) と未来に向けたコモンズ論の可能性を展望した.

　一方,同書に寄せられた批判も多い.たとえば,「〈共〉的世界の人間生活における重要性を強調するあまり,この著書では今日なお生きつづけている共的世界の象徴としての財産区や共有林組合等を発見することに焦点が置かれ過ぎているようである.今日なお命脈を保っている〈共〉的世界の現実は,あまりにも悲惨なものである.良くも悪しくも近代化の時間と日本的展開を経過したその現実から,いわば新たな〈共〉的世界の構築が筆者には必要であるように思われる」(岡田,2004) などはその一例である.林学者の堺正紘もまた「本書は,日英のコモンズ論を概観し,財産区を中心に'共的な森林における地域の関係性'を具体的に述べており (中略) …有効な参考書の1つとなるであろう」(堺,2005) と紹介した上で,同書で事例に挙げた数箇所の財産区間に見られた相違を筆者らが旧財産区と新財産区の制度的差異によるものと理解していると解し,それに疑問を呈している (同上).しかし,筆者らはコモンズが自立的か否かを決定する要因を新・旧財産区の制度的相違には帰していない.むしろ,上位機関とコモンズの実際の関係性が,コモンズの自立度を決定する上で重要であると論じたのである (室田・三俣,2004).同氏の誤認に基づく批評に対し,あえて紙面を割いて反論しておく.

　このような同書に対する感想や批判は,室田・三俣にとって「共同」「協業」の持つ現代的意義の探求を深めるさらなる原動力になった.特に上述したような批評に対し,悶々と考える日々が続いていたなか,頂戴した1本の電話.それが冒頭で述べた高室氏からの電話だったのである.

　ところで,その頃までに室田と三俣はコモンズ研究会という研究グループの活動を通じて,本書の共著者である森元早苗,田村典江,嶋田大作と知り合いになっていた.

　上述の電話を受けた2004年3月,室田はスウェーデンでの在外研究で日本を不在にしていたため,三俣は,当時,滋賀県甲賀市の財産区調査を題材にした修士論文を書き終えた嶋田大作とともに,雪の残る京北塔地区へと向かったのだった.スギが美しく整然と立ち並ぶ塔区財産管理会の森を彼の話を聞きながら歩いているうちに,自らの悶々たる思いの一部が払拭されていくのを感じた.

それは，塔地区でも共有・共用，コモンズのやり方が残っていることを知ったからであった．そこでは，時代の荒波にもまれつつ，ときに儲かるか否かを度外視してまで，地域の人たちが自らの財産である共有林を守っていた．森林から得られる収益が地域の住民の共益を反映する形で還元され，一部は再び森林環境の管理・保全へと再投下される仕組みがここにもあった．筆者らが『入会林野とコモンズ』で取り上げた滋賀県甲賀市の大原共有山財産区における調査で得た「発見」と同じ仕組み（森林の共同管理と収益使途の共的活用）が塔地区にも力強く生きていたのである．とはいえ，それは全国各地の林野事情を前にすれば，取るに足りない稀有な事例に過ぎないという先のような批判を受けるかもしれない．しかし，筆者らは，このような稀有な事例のなかにこそ，未来に向けて，今あえて見つめ直すべきことがあると考えている．すなわち，人工林にせよ，雑木林にせよ，共有（共用）の財産に地域住民が関与し続ける仕組みをなんらかの形で担保していることの重要性や，その上に実現する自治的な資源管理，ひいては自治的な地域創造の可能性である．とはいえ，この時点での筆者らの研究は，限られた事例研究にのみ基づくものであった．日本には，財産区以外の形態で継承される入会的な林野も存在し，それらについても研究を進める必要性があった．

　上述の高室氏が管理委員長を努める林野は，『入会林野とコモンズ』で分析の中心をなした財産区制度とは異なる形態の記名共有林であり，自然村を単位とする入会の原型のような林野といってよい．歴史的にみれば，財産区より強い解体圧がかかってきた記名共有林である[7]．林業の振るわない時代にあっての困難に加え，外部圧が強くかかってきたにもかかわらず，なぜ地域共有の森としてその運営を持続させようとするのか．高室氏と話をしながら，この理由こそが次に明らかにされなければならない課題である，と筆者らは感じたのだった．

　このような研究課題を前に，室田と三俣は，環境評価手法などを用いたインセンティブ分析に詳しい森元，水産学を専攻する田村，環境経済学を専攻する

---

[7] 主として行政ならびに入会林野の近代化を生産森林組合の設立をもって強力に推し進めようとした学識者による．特に第2章・第3章で取り上げる京北区塔の事例に関しては高室（2007）を参照されたい．これに対する反論は，半田（2007）を参照のこと．

嶋田とともに共同研究を開始した．すなわち，以上5名で森林コモンズ研究会というグループを作り，不定期にではあるが頻繁に研究会を開き，あるいは共同の現地調査を行うなど，各人の長所を活かした行動を開始したのである．森元は，特に共有林管理が当事者らのどのような意識によって支えられているのかを定量的に把握する上で重要な役割を担うことになった．水産学だけでなくコモンズ論にも詳しい田村は，漁民の森の生態学的・社会経済的な意義を論じた．また，嶋田は，入会林野など旧村財産の管理・運営に際し，新規住民の流入がどのような問題を引き起こすかという極めて現代的な問題の分析を行った．まことに幸いなことに，このような問題解明に向けて共同研究を進めるにあたり，日本生命財団の研究助成を受けることができた．

　ところで，三俣と嶋田による上述の京北塔地区訪問と同じ頃，筆者らは一方でイギリスのコモンズに関する研究を進めており，特にオープン・スペース化の進んだロンドン近郊のコモンズの持つ意味を考え始めていた．ロンドンのオープン・スペース化したコモンズが万人のものとして開かれた形で存続し得たのは，日本よりずっと早くから自国で消費する食料生産の海外依存構造を確立したゆえの「余裕の産物」であるという見方も成立する．域内での資源・廃棄物循環に基づく地域自給体制の確立が持続可能な経済社会の重要要件（室田，1979）であるという認識に立てば，イングランドのオープン・スペース化したコモンズを無批判に高く評価することには慎重でなければならない．しかし，21世紀の現在，ロンドンやその近郊に住む人たちにとっては，通称「ロンドンの肺」と呼ばれるハムステッド・ヒースやエッピング・フォレストなどが紛れもなく重要な森林として住環境を支えていることもまた事実である．このように正負両面を持つオープン・スペース化したコモンズをして，その現代的意義をどのように評価するべきか．このように筆者らはこの時点で，相対的に見て，日本の集落に存在する入会のような「閉じたコモンズ」と，ロンドンのコモンズのように半ば公園化の様相を呈しながら生きる「開いたコモンズ」の両者があることを理解するに至った．それに基づいて筆者らは，コモンズには閉じている形と開いている形があり，それぞれは，各々が属する国・地方の自然・経済・文化に規定されつつ，歴史的過程を経て今日に至り，それぞれに重要な社会的・経済的，文化的意義を担っている，という仮説を立てた．そして，

閉じているコモンズに関しては，現場で汗を流し，ときには儲けがなくとも地域固有の財産として共有林を守ってきた人がどのような意識に基づいて長期にわたってその営為を続けてきたのかについて，歴史，環境，経済的な観点から多面的に知ろうとする作業を行った．

　おおむねこのような視点からコモンズ研究の展開を試みようとする本書は，次のような構成からなっている．まず，第1章では，本書で扱う事例研究の中心である林野のコモンズをはじめ，海の入会としての入会漁場や，ため池，草地，茅場，焼畑などに見られる共同管理組織・制度に関するサーベイを行う．これは，制度としてのコモンズ（ないしはその類似の制度）が歴史を生き抜き，現在も存在し続けている以上，これらの全貌をできる限り素描しておく必要があろう，という考えに基づくものである．以上で挙げたような面的広がりを持つ山野海川のコモンズに加え，地域住民の管理と利用に付され，乱開発の歯止めとなってきたにもかかわらず，これまで議論の表舞台に上がってこなかった「法定外公共物」という法的扱いを受ける里道・水路（長狭物）に関しても触れる．このような日本の共的諸制度に関して概観する一方，イングランドやウェールズにおけるコモンズ自体に関してもその歴史・現状を概説する．さらに，入会やコモンズより開いた形で展開する北欧の万人権などに関しても触れるとともに，コモンズ論における課題をデムセッツ論文の批判的検討をふまえつつ明示する．

　続く第2章，第3章においては，先述した伝統的なコモンズの1つの典型的な事例として京都市右京区山国地区を取り上げ，その利用・管理の実態を詳述するとともに，共有・共同的利用・管理体制が長期にわたって存続してきたメカニズム（動機・仕組み）について入会権者の意識レベルにまで迫ったアンケートを実施し，現場での聞き取り調査もふまえその結果の分析および考察を進める．

　また，同時に，「開いたコモンズ」のありようを探っていくことは，地縁を超えて展開する新しい形の協業がどういう目的で生成し，どのような人物がいかなる方法でネットワークの拡大と維持につとめてきたのかを探ろうとする研究でもある．それは，新しいコモンズを再生・創造するための条件提示のみを目的とした研究ではない．伝統的な入会がその形を根本から崩すことなく，社

会的要請に対応すべく微調整を行い，より時代に適した資源管理を行っていくためのヒントをそこから見出すことをも目的としている．すなわち，「伝統的コモンズから得られた知見をどう新しいコモンズに生かせるか」に加え，「新しいコモンズにある重要な諸点を伝統的コモンズにどう生かすか」という課題に向けての研究である．

このような地縁を超えた形での開いた共同管理の事例として，第4章，第5章では，北海道別海町の野付漁協および高知県安芸市の芸陽漁協の漁民の森運動を取り上げる．地縁を超えた形の資源の共同管理は漁民の森運動ばかりではないが，あえてこの運動を取り上げた理由は，入会地を完全に開いて公園化したコモンズや利他的精神によって支えられるボランティア活動よりも，漁業者が主体性を発揮し，生業領域の保全・回復を目的にすえる漁民の森運動のほうが，より持続性を有した活動につながる可能性が高いのではないかという筆者らの仮説に基づいている．地域の環境資源を生業活動を通じて保全（利用しながら保全）していくというあり方が，より持続的な経済社会の実現につながるものと考えるためである．

第6章では，開いた形・閉じた形のコモンズの事例研究・理論研究を通じ，コモンズの再生と創造の道筋を展望する．それと同時に，「閉じたコモンズ」・「開いたコモンズ」をどうとらえていくか，ということに関しての見解を示すこととする．本書を手にとって順々に読み進めていただくなかで，筆者らなりの開閉の議論の展開の是非を読者の方々に問いたいと願う．そして，忌憚ないご批判を頂戴できれば，森林コモンズ研究会を今日まで持続させてきた筆者らにとって，この上ない喜びである．

参考文献

井上真（2004）『コモンズの思想を求めて』岩波書店．
岡田秀二（2004）「入会林野とコモンズ」，『入会・コモンズ2004』岩手入会・コモンズの会会誌1, pp.6-18.
川島武宜編（1968）『注釈民法（7）物権（2）』有斐閣．
堺正紘（2005）「書評 室田武・三俣学 入会林野とコモンズ：持続可能な共有の森」，『林業経済』No.58（1），27-28.

高室美博（2007）「読者の声'生産森林組合を憂う'―林政から等閑視されたアポリアー」『林業経済』第60巻第2号，pp.31-32.

半田良一（2007）「読者の声'生産森林組合を憂う'―林政から等閑視されたアポリアーに答える'」，『林業経済』60（5），pp.32.

平松紘（1995）『イギリス環境法の基礎研究：コモンズの史的変容とオープンスペースの展開』敬文堂.

間宮陽介（2004）「書評 室田武・三俣学'入会林野とコモンズ'」，環境経済・政策学会編『環境経済・政策学会年報第9号：環境税』，東洋経済新報社，pp.243-245.

丸山真人（2005）「書評'コモンズの思想を求めて''入会林野とコモンズ'」，『財政と公共政策』第27巻，第1号，p.116-121.

室田武・三俣学（2004）『入会林野とコモンズ』日本評論社.

McKean, M. (1989) "Management of Traditional Common Lands (*iraichi*) in Japan", in Proceedings of the Conference on Common Property Resource Management, pp.533-589.

第1章
広がる共的世界―その歴史と現在

1.1 広がる共的世界

1.1.1 「公」・「共」・「私」三部門からなる経済社会

　人間社会は今まで自然環境の一部として存続してきており，今後もそのこと自体は変わらない．本書では，そのような人間社会の構成要素として，公的領域，共的領域，私的領域の3つを考える．これら3つの領域は，必ずしも各各が独立しているわけではなく，互いに入り組んでいる．しかし，各々に固有の特徴を持ち，人間社会の中で各々独自の役割を果たしている．

　ここで公的領域とは，中央政府と地方政府（地方自治体）のことで，公権力を備えていることが特徴である．「公」という文字には様々な意味があるが，個々人を指す「私」に対して，そうした人々の全体を表すものとしてこの文字が使われたことがあり，このことから「公」が国家を指す場合がある．本書ではほぼこれに近い意味で「公」を用いるが，国家だけでなく地方政府も含めることにする．国家公務員，地方公務員という場合の「公」である．

　ただし，「公」の文字を含む概念として「公界」があり，くがい，と読む．戦国時代の日本では，大名などの課する税が免除されたり，主従制に反するなどの罪を免れたりすることを「無縁」といった．そして，そのような「無縁」が認められる空間が「公界」と呼ばれたのである．伊勢国の宇治山田などがその代表例で，そこでは年寄衆による自治が行われていた．また，山林が「公界」となる例もあった．この意味での公界は，現代語でいう公権力の制約を免

れた空間であったわけであり，むしろ次に述べる共的領域に近いものであったといえる．共的領域は，地方自治体より小さな地域の自治を担う人々の集合や種々の協同組合や家族などを意味するとともに，地域を越えて広域にわたる人人の連帯をも含む．私的領域とは，市場経済のなかで私的利益の追求を認められた企業，自営業者などの全体を意味する．

　以上が本書における「公」・「共」・「私」の簡単な定義であるが，「公」という文字と「私」という文字の一体化した「公共」，あるいは「公共性」という言葉があることはいうまでもない．この場合の公共は，英語の public を和訳したものであり，この概念をどう理解するか，そして現実の政策立案などにそれをどう活かしていくかをめぐって，近年，政治学，行政学，法哲学などの専門家の間で活発な議論がなされている．ここ数十年来の日本では，公的領域の税収によってまかなわれる公共事業のなかに環境破壊などの弊害が目立つため，公共の概念を改めて問い直そう，という機運が高まっているのである．そうした考察は公共哲学ともいわれる．

　『公共哲学とは何か』（山脇，2004）によれば，公共性には，①一般の人々に関わる，②公開，③政府や国，という3つの意味があるという．もし公共事業が，これらのうち①と②の要素を欠いて推進されるならば，現世代が被害を被るだけでなく，多くの問題を後代に残しかねない．住民の意向を無視したダム建設などが例として挙げられる．他方，費用が巨額に上るために共的領域や私的領域にとっては実行が難しいが，国民全体の利益になることがほぼ確実な事業の可能性があるとして，それが以上の①，②，③のすべての要素を兼ね備えているという意味での公共事業として民主的に実施されるならば，素晴らしいことである．

　本書は，以上の諸点を前提として，共的領域にできること，あるいはそれに期待されていることを考察する．したがって，公共哲学との接点を有する議論を展開する結果になる場面もあるが，公共性とは切り離された共的領域独自の存在意義を見出すことが主眼である．

　空間の所有という視点で見ると，人間が空間（ないしは自然）の全体を所有することなどできないことはいうまでもないとして，現代社会においては，所有の対象になっている空間があることも，また一方の事実である．陸上の土地，

および池・湖沼・河川・海の総称としての水域の一部は，長い人間の歴史の経過を通じて，所有の対象になっている．この視点で3つの領域を考えてみると，公的領域の所有する空間としては，国有地や都道府県有地，市町村有地などがある．共的領域の所有する空間として，現代日本の場合，財産区が所有する森林，温泉，ため池など，記名共有林，地縁団体の所有する森林，その他がある．私的領域の所有する空間には，家計の取得した宅地，民間企業の工場用地をはじめ，様々なものがある．

一方で土地や水域は，人間にとって有用な，そして多様な産物を生み出す．それらの産物は，人間が利用してしばらくすると不要視されるようになり，いわゆるごみに転化する．そして，ごみを受け止めるのも土地や水域である．そうした土地や水域に関し，1つには誰が所有しているのか，あるいは所有してよいのか，という問題があり，これについては上述したが，もう1つの問題として，そうした土地や水域を誰が利用してよいのか，よくないのか，またそれらが生み出す産物に関し，誰がそれを利用してよいのか，よくないのか，という点がある．

実態として，所有と利用とは同じことではない．法的にも，所有権と利用権（あるいは用役権）とは別個の権利として区別される．

公的領域において行使される公権力の内容は，主に警察力と徴税権である．徴税権を持つ政府や地方自治体は，課税・補助金の仕組みを通じて，経済的には所得や資産の再分配を行うことができ，また公共事業を展開することができる．そうした性格を持つ公的領域の諸活動は，強制力をもって展開されるから，小さな地域社会や家族の諸活動の幅に大きな制約を課すことがある．自然環境の面から見ると，国立公園の維持・管理などの活動を通じて，貴重な動植物の保全がなされたり，言葉本来が持つ意味での治山治水がなされたりすることもある反面，ダム開発に象徴されるように，大規模な公共事業を介して地域社会に不可逆的な環境破壊をもたらすこともある．

他方，私的領域を見ると，その領域に属する諸活動は，競争的な市場経済のなかで私的利益の追求を軸に進行することが多い．その結果，いわゆる勝ち組，負け組の両極に人々を追い込んでいく可能性が否定できない．しかし，競争の結果，石油危機時に日本企業がなしえたような省資源的な技術開発が進む場合

もある.私的利益の追求は,環境保全が市場での採算に合えば保全を推進するが,合わなければ環境汚染・破壊を導く.

これらに対し,共的領域では,政治権力でも利潤動機でもなく人々の共同意識が原動力となり,それが地域自治を促進したり,弱者救済につながったりする.また,共同作業を通じて森林がより豊かになる,などの場合もある.

明治期以降の日本の歴史を振り返ってみると,公的領域と私的領域が肥大し,共的領域を挟み撃ちにする傾向が強かった.小繫事件(戒能,1964)はその象徴である.しかし,世界規模での環境汚染と破壊が進行するなかで,共的領域の維持と拡大の必要性が,日本でも海外諸国でも指摘されるようになってきている.日本では,20世紀末近くから入会権の環境保全機能が議論され始め,事実,共同的な資源・環境管理が持続している地域も少なくない.

欧州諸国でも,日本の入会地と部分的に類似点を有するコモンズが持続している地域がいくつかあり,研究面でもその維持・管理に関する議論が進んでいる.発展途上国の場合も,近現代の日本と似て公的領域と私的領域の強化が進んできたが,小さな地域社会の成員自身による資源管理がなされている現実の事例が多々あり,公的領域と私的領域に自らの生活を預けておくわけにはいかない,という意識の高まりが見られるようである.

ところで,本書の書名の一部になっているコモンズという言葉について簡単にその語源を述べておくと,これは英米語のcommonsをそのままカタカナ表記したものである.commonsという英語に先行して,中世イギリスのイングランドにはラテン語起源のcommonという言葉があった.この語はそれだけで独立して用いられることはあまりなく,right of common,すなわちコモンの権利という形で使われたようである.

コモンの権利は,マナー(荘園)の領主の所有する土地に居住する農民などが,その土地の一部に羊などの家畜を放牧したり,そこに育っている雑木林から薪などを採取したり,地表面近くに形成されている泥炭層からピートを採取したりする権利のことである.また,国王やその親族が狩猟を楽しむためのフォレストの一部について,そこで放牧をしたりする権利のことである.ここでのフォレストとは,一般的な森林のことではなく,かつての日本における帝室御料林と類似する王室林,ないし王領地のことである.

以上を要約すれば，コモンの権利とは，領主や王室の所有する土地の一部の産物を土地所有者以外の人が利用する権利のことである．そのような権利がイングランドだけでなくウェールズにおいても広範に認められていたのが，中世イギリスにおける土地利用の大きな特徴の1つである．そして，そのような制度が，中世の意味での領主は存在しなくなった今日のイングランドやウェールズにも生き続けているのである．

　そのような意味でのコモンの権利であるが，common に複数の意味を表すsを付加した commons という英語がイギリス史上いつから用いられるようになったのか，筆者らは未だ確定しえていない．コモンの権利がおよぶ土地空間の総体，あるいはそうした空間利用の制度がいつの頃からかコモンズと呼ばれるようになったのであろう，と想像するしかないのが現状である．

　世界の法制史の面から見ると，イングランドやウェールズのコモンズは，ローマ法の文脈においてよく理解されるものである．この意味でのコモンズと一定程度の類似性を持つ日本の制度に入会がある．後に1.2で述べるように，これには林野の入会や海の入会がある．

　ただし，類似性はあるにせよ，イングランドやウェールズのコモンズと日本の入会の間には大きな違いもある．日本の法学者の間では，日本の入会は中世ドイツに発展した Gesamteigentum という制度とほぼ同一であるという考えが広く受け容れられている．ゲルマン民族の古法であるいわゆるゲルマン法の文脈で理解されるこのドイツ語が明治時代になって総有と訳され，日本語として完全に定着した．村落共同体が支配ないしは所有し，その構成員が利用する土地を中世から近代にかけてのドイツでは Allemende というが，これには総有地という訳語があてられた（石田，1927）．これにともない，入会権は総有権であるともいわれるようになった．

　総有とは財産の共同所有の1つの型であり，財産の管理・処分の権能は，共同体に共同的に帰属し，使用・収益の権能はその構成員に個別的に帰属する．いい換えれば，質の異なる2つの権能が1つは共同体に，もう1つはその構成員にそれぞれ分かれて帰属する，という意味で，法学者の我妻榮は，総有の本質を「質的分属」という言葉で表現した（我妻，1952）．

　これに対し，イングランドやウェールズにおいては，ある人の所有する土地

の産物を所有者以外の人が利用する権利をコモンの権利というのであるから（室田・三俣，2004），これは日本で総有権と理解される入会権とは異なっている．ただし，後で述べる日本の毛上入会権はコモンの権利と共通点を有しており，本来のコモンズと入会とはまったく別物である，と決め付けてしまうと，それはいい過ぎである．

現代世界の英語圏や日本でコモンズという場合，それは必ずしもイギリス史の文脈には結びつかない一般的な用語として，複数の人々が共同利用する土地や水域全般，あるいはそこから生み出される天然資源を共同利用する制度を指すことが多い．そして，このことを日本に即していうと，入会地も，後述する共同漁業権のおよぶ海域や内水面もコモンズの1つであるといってよい．本書でいうコモンズは，そうした広い意味でのコモンズであり，イギリスの歴史と現状におけるコモンズやドイツ史上のAllemendeを包含するが，それと同一ではない．このことを前提として，以下の議論を進める．

1.1.2　コモンズ論の射程と本書におけるコモンズの定義

前項では，公的領域，私的領域，共的領域の特徴・相違を描き出した．本書は，このうち共的領域を考察対象の中心としている．ここで，この共的領域すなわち「コモンズ」の定義が必要になる．しかし，すでに相当の蓄積を持つに至ったコモンズ研究において，それぞれの論者がどのような対象をコモンズ論の射程においてきたのかをまず説明しておくべきであろう．

コモンズの可能性や意義を積極的に議論しようとするコモンズ論（以下注をつけない限り，単に，「近年のコモンズ論」とする）では，地域（生活世界）の視点に立って，国家や市場を相対化するとともに，地域の有する様々な力を最大限に発揮させるにはどのような制度や政策が構想されるべきかが議論になってきた．地域社会の持つ様々な力とは，多辺田（1990）の表現を借りていえば「地域共同の力」であり，最近のはやり言葉でいえば「地域力」ということになろう．要するに，生活全般における防犯，防災，相互扶助（助け合い）など，共通の目的や課題を乗り越えようとする地域の力全般を指す．そのような力に基づき自らを治める社会は，「自治的」と形容されることがしばしばであ

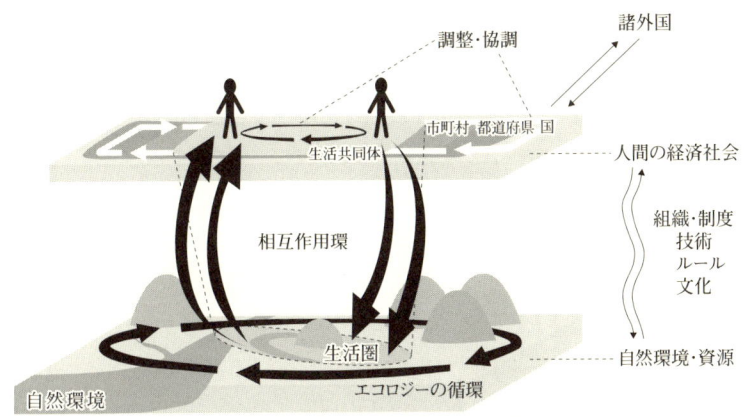

図 1.1　コモンズ論の射程の概観図

出典) 三俣・嶋田・大野 (2006).

る．コモンズ論は，この「自治」に秘められた可能性や限界を見極めようとするものであり，議論の背景には，環境劣化の深刻化，市場経済制度下で生じる弊害の表面化，地域社会の崩壊という社会問題が横たわっている．図 1.1 は，近年のコモンズ論が対象とする射程を素描したものである．

図 1.1 には，土台部分をなす下部に自然環境（生態系）が，上部に人間の経済社会が描かれている．基層部をなすものとして図の下方に描かれている自然環境は，地域ごとに異なる生態系，すなわちエコシステム（ecosystem）によって成り立っている．生態系とは，植物，動物，微生物からなる生物と，それを取り巻く無生物的環境との循環的なつながりのことである．植物は，二酸化炭素（CO_2），水（H_2O），種々の無機物を元手として，光エネルギーを原動力として有機物を生み出す．動物は，植物が生み出してくれる有機物を食物として摂取し，発生させた二酸化炭素と熱を環境中に放出する．植物も動物も老廃物を体外に放出し，また寿命がくれば死ぬ．そうした老廃物や遺体は微生物が分解し，無機物と二酸化炭素と熱に変わる．無機物と二酸化炭素は，植物が再び光合成を行うときの素材として活用される．生態系においては，炭素，窒素，リン等の物質が，植物から動物へ，動物から微生物へ，そして微生物から再び植物へと循環している．この循環の随所で発生する熱は，水と空気によって生

態系の外に運び出される.そして,より大きな水循環と空気の対流の仕組みを通じて,地球システムの外へ捨てられている.動物の一員としてこの生態系の循環構造のなかに生きる人間の経済社会は,これら生態系の持つ可能性と限界の中にある.

一方,図1.1上部に示した人間の経済社会は,様々な階層構造によってなり立っている.社会における最小の構成単位は個人である.その個人は,家族の一員として振る舞い,日常生活を送る.経済学において,家族は「家計部門」として私的領域に含まれるものの,その内側に目を向けるならば,家族は,その成員一人一人の共的諸営為によって支えられている.この点で家族は共的領域そのものである.家族は,通常,行政用語で「世帯」と呼ばれる.数世帯が集まると隣組となり,それらが複数集まって集落となる.複数の集落は,村・町・市を形成する.そして,いくつかの市町村をして各都道府県が構成され,それら総体をして国が形成される.国は,個人と集落間,集落と集落,集落と市町村,市町村と都道府県といった無数の組み合わせのなかに,人間同士,組織同士の関係性が埋め込まれ,相互に影響(規定)しあいながら形成されている.さらに,一国の外延には,上述した意味での似通った階層構造を持つ別の国があり,外交や貿易などを通じて互いに影響をおよぼしあっている.特に近現代の社会を考えた場合,外部社会から隔絶された個人や組織を想定することは難しく,多くの場合,様々な関係性のなかに個人も組織も埋め込まれていることが多い.

上述したように,人間の営みは自然環境を抜きにして論じ得ない.他方,人為的攪乱を含め,人間による働きかけは,ときに豊かな生態系を実現する.たとえば,江戸近郊の雑木林や農村の生態系は,人糞尿を有効利用することで豊かに保たれていたという「江戸モデル」などはその典型である(Tamanoi, Tsuchida and Murota, 1984).したがって筆者らは,自然環境ないし人間の経済制度のどちらか一方のみに焦点をあてるのではなく,その両面に注意を払いつつ,実際のフィールドに立って分析を進めようと思う[1].その両者を総体としてとらえようとするところにこそ,コモンズ研究の未知なる可能性と魅力が存在すると考えるからである.

さて,以上をふまえた上で,本書におけるコモンズの概念を定義しておく.

本書では，①共有・共用する天然資源，②それらをめぐって生成する共同的管理・利用制度，をコモンズとする．この定義は，これまで多くの論者により明らかにされてきた定義を一通りふまえた上での定義である[2]．内容的には，今後のコモンズ論の建設的な発展と拡大を希求して，「コモンズを共同体的諸関係ととらえてもかまわないのであるが，より多義的な豊かな内容を持つ概念として，将来に向けて積極的に提示したい」と論じた多辺田 (1990) による定義や，幅と奥行きを持たせた井上 (2004) の定義に準ずるものである．

この定義に基づき展開する本書のコモンズ研究では，地縁に基づくコモンズだけでなく，地縁を超える形で展開し，拡大しつつある漁民の森運動に着眼した．同運動に着眼したその積極的理由については，第4章で詳しく論じる．そこでは，多辺田や井上の定義に依拠しつつも，彼らとは異なる視点の提供を試みる筆者らのコモンズ研究の方向性と姿勢を明らかにしたい．

1.1.3 デムセッツのコモンズ論の批判的紹介

経済学者のデムセッツ (Harold Demsetz) が，シカゴ大学在職中の1967年に American Economic Review に発表した「所有権理論に向けた展望 (Toward a Theory of Property Rights)」は，自然資源の効率的管理を経済学の視点から論じたものである．この論文は，ハーディンの「コモンズの悲劇」と同様にコモンズの非効率性を主張した先駆的著作であり，後のコモンズ解体に向けた動きに理論的根拠を提供したものと位置付けられる．しかしながら，ハーディン論文とは異なりデムセッツ論文は，これまでのコモンズ研究において検証されることが少なかった．

そこで本節ではコモンズ国有化・私有化論の原点の1つとしてデムセッツの議論を紹介するとともに，デムセッツの指摘が現代のコモンズをめぐる議論に

---

1) 人間の経済制度と自然環境のどちらに比重をおいて議論を展開するかによって，研究成果は随分と異なる．前者に重点をおく場合，共同体内の資源管理制度・ルール，さらには後述する社会関係資本論やガバナンス論などといった制度・組織論的な分析や議論となり，一方後者に重点をおく場合には，生態人類学，生物学，生態学的な研究になる傾向が見られる．
2) 室田・三俣 (2004) 参照．他方，三俣・嶋田・大野 (2006) では，北米のコモンズ論と日本のコモンズ論の誕生や展開の相違についても論じている．

いかなる示唆を与えるかについて検証を試みたい．

(1) 原著論文の概要

原著論文は3つの部分から構成されている．第1節は「所有権の意義と役割 (The Concept and Role of Property Rights)」と題され，所有権が社会システムのなかでどのような役割を持つかについての整理が行われている．デムセッツの定義では，市場の取引とは所有権の束の交換であり，交換されるものの価値を決定するのは所有権の価値である．彼は所有権を所与のものとは見なさず，社会的な装置とみなしている．この装置の役割は，外部性を内部化することにある．つまり，デムセッツによれば，所有権の存在によって市場を通じた取引が可能になり，所有者同士が交渉を通じて外部性を内部化することができるのである．

では，所与のものではない所有権はどのような状況において出現するのだろうか．この疑問に対する答えが第2節「所有権の出現 (The Emergence of Property Rights)」で詳述される．ここでデムセッツは，人類学者であるリーコック (Elenor Leacock) によるネイティブ・アメリカンの土地所有に関する研究「モンターニュ族の"狩猟領域"と毛皮交易 (The Montagnes "Hunting Territory" and the Fur Trade)」に基づいて，所有権が生まれる条件を整理している．

デムセッツの論点を理解するために，まず，デムセッツより先行する研究であるリーコックの研究を概観しよう．リーコックは，カナダ北東部のラブラドル半島における先住民の土地所有に関する先行研究からヒントを得て，ケベック周辺に居住するモンターニュ族の土地所有と毛皮交易の関係について研究を行った．その結果，モンターニュ族に関する文献のうち，17世紀中頃のものでは私的土地所有の証拠を一切見出せないのに対し，18世紀のものには，狩猟のためのなわばりに関する記録があることが判明した．リーコックはこの社会システムの変化の原因を毛皮交易の開始に求めた．ケベック周辺に生息する森林性の毛皮をまとった動物は良質の毛皮原料であり，特にビーバーの毛皮は高い商業的な価値を有する．モンターニュ族はもともと自給用の食料を得るために狩猟を行っていたのだが，毛皮商人が新大陸に進出し，交易が開始される

と，彼らは毛皮のために狩猟を行うように変化した．リーコックはなわばりに関する記述が，歴史的にも地理的にも毛皮交易と密接な関係にあることを示し，両者を関連付けたのである．

　デムセッツは，知識の変化が生産関数や市場価値，人々の願望の変化につながるとし，その結果，新しい技術や方法が出現することで，新しく有害な効果や利得のある効果を生むという過程を考え，そして，この新しい効果に対応するために所有権が出現するとしている．つまり，社会にとって新しい費用対効果の関係性に対応するために，所有権が生じるのである．デムセッツによるこの論考は，リーコックの研究に着想している．つまり，毛皮交易によってモンターニュ族の間で，①毛皮の価値が高騰し，その結果，②狩猟の規模が大きくなった，と推量し，この2つの社会的変化の結果，自由な狩猟にともなう外部性（乱獲による資源枯渇）が著しく大きくなったとする．そして，この外部性を内部化するために，なわばりが設けられ，排他的に狩猟を営むシステムが生じたと論じるのである．

　第2節におけるデムセッツのもう1つの論点は，所有権が成立して外部性が内部化される条件として，交渉のための取引費用が，内部化の結果として得られる便益よりも小さくなくてはいけないということである．取引費用が大きすぎると，所有権が成立しないため，外部性が内部化されることがない．森林性の動物は，草原性の動物と異なり移動の範囲が狭い．たとえば，価値の高い狩猟対象であるビーバーは，森にある川のなかにダムをつくり，巣を持つことで知られている．このような動物の場合，内部化するための費用は小さい．一方，広範囲を動き回る草原性動物では，内部化のための費用が大きくなる．以上からデムセッツは，①毛皮の商業的価値，②対象動物の習性に起因する管理のしやすさ，の2点が，ラブラドル半島の先住民社会に所有権の出現をもたらしたと述べる．

　所有権の出現を左右する「取引費用」については，第3節「所有権の合体と所有（The Coalescence and Ownership of Property Rights）」でさらに論考が進められている．デムセッツはまず，所有権の形態として「共同所有（communal ownership）」「私有（private ownership）」「国有（state ownership）」の3つを仮定し，そのそれぞれの取引費用について検討が加えられ

る．このように紹介すれば多くの読者が予想されるであろうが，本節における主要な論点は，共同所有の非効率を指摘することにある．

　デムセッツの定義では，所有権とは他人の権利行使を排除するための権利である．国有であれば国が，私有であれば個人が，自身の財産に対して他者の権利行使を排除することが認められる．共同所有でも同様に，共同体が成員外の権利行使を排除できる．文中，彼は共同体が所有する権利の例として，「土地の耕作」「狩猟」「都市の歩道を歩く」といった権利を挙げている．

　このうち，特に土地所有を例に挙げて，彼は次のように考察を進める．共同的に所有されている土地では，共同体の成員すべてが土地を利用する権利を持つ．このとき，人々が自分の共同的権利の価値を最大化するならば，乱獲や過度な耕作といった土地の過剰な利用が起こる．なぜならば，そのための費用は他の人々によって支えられているからである．交渉や取り締りの費用がゼロであれば，共同体の成員間で土地利用の程度を控えるための合意，つまり，自身の権利を規制するような合意が可能である．しかし実際には交渉のための費用は大きい．まず，相互に満足するような合意に至るまでの交渉が難しく，さらに合意が成立したとしても，それが厳格に履行されるかどうかを取り締まるための費用が大きくなる．一方，同じ土地を区画し，個人や家族のような利害を同じくする小規模な集団で私的に所有することを認めると，上記のような外部費用を内部化することができる．たとえば，ある区画の所有者が，自分の区画の内部の川をせき止め，ダムを作ると仮定する．隣の区画の所有者はその小川が好きだったので，ダムの建設を好ましく思わなかった．そこで彼はダム建設者に対して，建設の取り止めを依頼した．もしこのダムが私的所有区画内に建設されているのであれば，隣人に対してなんらかの補償を行えば，建設の中止を実現できる．しかし，共同所有区画内ではそうはならず，すべての成員から建設中止に対する合意を得なくてはならない．ゆえにデムセッツは，複数の所有者による所有よりも単一の所有者による所有のほうが優れていると論じる．

　第3節の後半ではさらに，規模の経済に対する考察から，この土地所有のパラダイムが会社組織にまで拡張される．株式会社という組織形態は，多くの株主からの資本調達を可能にする．しかし，意思決定にすべての株主が参加すると交渉費用が高くなり過ぎ，規模の経済が打ち消される．それを回避するため

に一般的に株式会社では，重要ではない日常的な経営上の決定権限は株主から経営者集団に対して委任されている．こうすることで，交渉費用を小さくすることができるのである．しかしこのとき，経営者集団による経営の成否は，株主にとって外部効果を持つようになる．というのも経営が失敗すれば，株主は自己資金を失うからである．そこで，株主に株式売買の自由を認めることで，外部性を小さくすることができる．すなわち他者の同意なく，また，会社を解散させることなく自分の株を売却することが可能であれば，経営者集団の決定が気に入らないとき，株主はその株式会社から立ち去ることができるからである．以上から，個人による所有がすべての費用を最小化するというパラダイムは，会社組織にまで拡張可能とされる．

(2) デムセッツの主張に対する反論

　彼の論文は，所有形態という社会システムのあり方を組み入れて経済問題を検討した点にその特徴がある．所有権が所与のものではなく社会システムの要請によって生じるという彼の立論は非常に興味深い．

　しかし，本書のように地域に根差した共的世界の視座から自然資源管理を考える上では，特に共同所有の非効率性と関係して，いくつか慎重な検討が必要と思われる箇所がある．1点めは，所有される対象の性質に関して彼があまりにも無頓着であることだ．第2節でデムセッツは，商業的価値の高い毛皮を持つ森林性の動物と，商業的価値の低い草原性の動物を比べて，前者で所有権が発達したことは外部性を内部化するためであると述べる．しかし，ここでは商業的価値の高い草原性動物に対する視点が欠落している．実際には北米大陸にはそのような動物はいなかったのかもしれないが，いると仮定して立論を試みてもかまわないだろう．デムセッツが述べるように，商業的価値の高さは乱獲の誘因となりうる．しかし草原性で移動範囲の広い動物を対象とする場合，他者を排除したなわばりを形成することは非常に難しい．このような場合においても，はたして私的所有が発達するであろうか．むしろ狩猟領域を同じくする共同体が共同的な管理を行うほうが，費用が最小化されるのではないか．筆者らは本書において主たる対象とする地域の共的領域における天然資源管理について研究するなかで，対象となる資源や社会を規定する生態系の存在が大きな

意味を持つと位置付けている．デムセッツの議論は，あたかも天然資源の効率的な利用上，私有制の存立が不可避であるかのように述べながら，その実，資源や地域社会を大きく規定する自然環境の存在をまったく無視している．さらに，「営巣する森林性動物」「共同所有される土地」「株式会社」といった性質の異なるものを同一線上で比較し，天然資源の利用においても私的所有が効率的であると論じる姿勢は，あまりにも一面的であり，かつ，一方的なものといえよう．

2点めとして，深い検討のないまま取引費用をとにかく大きいものとしている点にも疑問を呈すべきであろう．これもまた，人間社会の本質に対してあまりにも無頓着な態度ではないだろうか．純粋な経済活動の主体である株式会社の株主間と，生活の様々な場面で共同関係にあることの多い共同体の成員間とでは，取引費用は当然異なるはずである．両者は利害関係のあり方が異なるだけではない．市場を通じておよそ世界中のあらゆる人間が関与しうる株式会社の株主と，生活の基盤を共有する地域共同体の成員とでは，共有する知識や経験の量が当然異なる．この差異は，合意に至るための交渉の費用の違いに帰結するだろう．また，目が届く範囲に居住する人々の間では，監視の費用は小さいだろう．さらに，先に述べた資源の性質も，取引費用の大きさを変化させる要因となりうる．ゆえに，交渉や監視の費用がいつでも非常に大きいと仮定して，私的所有が最適であるとする論は共的領域への目配りを欠いており，地域社会の実情を無視した偏った議論であるといわざるを得ない．

以上を要約すると，ローカルなコモンズとグローバルなコモンズを詳細に吟味することなく同列に扱っていることが，デムセッツの論文の議論を慎重さに欠ける印象にしている原因と考えられる．本書『コモンズ研究のフロンティア－山野海川の共的世界』では共的領域における天然資源の利用と管理について，コモンズを論じている．1.1に詳述したように，自然環境と人間の経済制度のあり方は，コモンズのあり方と密接に関連するのだが，デムセッツの議論ではこの差異をすくい上げることができない．ゆえに，株式会社の合理的な形態に関する整理にはうなずける部分もあるものの，同じ文脈上で共同体による土地所有や狩猟なわばりを持ち込むことは腑に落ちないのである．

とはいえ，本書が対象として取り上げるコモンズとグローバルなコモンズは

完全に別ものとはいえない．非常に興味深いことに，土地所有パラダイムを株式会社に対して拡張してみせた後，デムセッツはこのパラダイムが著作権や特許権について拡張可能性を持つかどうかについて検討している．分量的にはあくまでも付け足しであり深く検討されているわけではないが，彼はここでも同様に，アイディアが無料で私用に供せられるのならば，新しいアイディアを生み出そうとするインセンティブが欠乏すると述べている．よく知られているように，インターネットの出現以降，著作権や特許料の問題はコモンズ研究の新しいフロンティアと化している．1967年の本論文においてこの領域についての言及があることは，今日の現状への予言にも感じられる．しかし，筆者らはここでもまた，デムセッツに対する反例について思いをめぐらすことになる．たとえばLinuxのようなオープンソースのソフトウェアプロジェクトや，無償で自分の創作物を公開する多くの表現者がそれにあてはまる．デジタル・コモンズもまた，共有されるものの性質に関する問題を指摘するといえよう．

さて，デムセッツ自身の論述は，効率的な土地所有パラダイムを提示した上でその考え方を株式会社に拡張している．しかし筆者らはこのような，さらには次に示すような発展段階論的史観および思考が同論文に貫かれている点にこそ，最大の批判点があると考える．すなわち，原著第3節の冒頭部に，次のような1文がある（p.354）――「この後に続く分析の目的は，共同体志向から私有へと向かう所有権の発展を支配する，広範な原則を理解することにある」．本書では現代のローカル・コモンズ研究に根差した視角から，このような考え方に賛同しない．ローカル・コモンズは決して古臭い，消滅を運命付けられた存在ではない．なるほど時代の変化に応じて解体され，私有に移行したローカル・コモンズも確かに存在する．しかしそれは，その共同体，そのコモンズの個別の事情であり，共同的関係と資源や財の共同管理の枠組み全体を否定できるものではない．いみじくもデムセッツ自身が定義するように，所有権とは社会の装置である．私有のほうがうまく機能する場合もあれば，共同所有のほうが優れた装置となるというだけのことであり，いずれか一方が他を圧倒し消滅させるわけではない．また，市場が必ずしも共的世界を豊かにするわけではない．市場を通じた取引が外部性の内部化に有効であり，そのために所有権が発達すると論じられているが，原著論文第2節で取り上げている北米先住民の狩

猟なわばりの場合，毛皮交易市場の進出こそが，乱獲という外部性を出現させた要因であることは歴史的に明らかである．この点においても，デムセッツの議論は不用意に前提とされるべきではないといえるであろう．

本書『コモンズ研究のフロンティアー山野海川の共的世界』では，第2章から第5章までの現代日本に息づくコモンズの実態をつぶさに紹介し，その総合的な意義について第6章で考察を行う．現代に生きるコモンズの事例を通じて，コモンズの現代的な意義と課題を明らかにしようとする本書の試みは，デムセッツ論文への1つの反証にもなるだろう．

1.1.4 近年のコモンズ論

『入会林野とコモンズ』では，執筆時点の2003年度までの国内外のコモンズ論に関するサーベイを試みた．その後もコモンズ研究の蓄積は着々と進んできた．数多くの出版物の刊行やセミナー・シンポジウムなどの開催は，そのことを端的に物語っている．本節では，それらを取り上げて紹介する．とはいえ，筆者らの限界により，海外の研究動向ないし国内における議論を網羅的に取り上げることは不可能であることをあらかじめ断っておく[3]．

(1) 様々な分野での進展

まず，本書とも深く関係する林学の分野からは，北尾 (2005)，半田 (2006a)，半田 (2006b) 等において，林政面からコモンズ論の可能性と課題に迫るような議論を展開している．林業経済学会・中日本入会研究会などでは，コモンズ論に焦点をあてた特別企画が組まれているほどである．半田や北尾の場合，生産力論の視点からコモンズをとらえ，「広域コモンズ」に向かうガバナンスの道筋が展望される．現行の伝統的入会林野に対する再評価や期待感はほとんど見あたらず，それをどのように開くかという議論が展開されている．また，岡田 (2007) は，各地域の現場で機能する森林政策の策定の実現に向けて重要な役割を果たす政策的中間組織の重要性を，イギリス南部のニューフォレスト

---

[3] また，天然資源の持続的管理に焦点をあてる本書では，インターネットや住環境に関するコモンズの議論は，サーヴェイの対象から外している．

の事例をもとに展開している.このような森林コモンズに関連した議論の展開を受け,林業経済学会の50周年を記念して刊行された『林業経済研究の論点:50年の歩みから』(林業経済学会編,2006)の第2部・第4章では,コモンズ論が「入会林野論」のなかに位置付けられ,一連の議論が紹介されている.

また,経済学の分野でも,コモンズに関する議論は活発である.藪田(2004)は,経済学的分析を通じて明らかにしたコモンプール財の特性をふまえ,公共政策を考える上での課題を明示している.他方,2004年には,財政と公共政策に関する幅広い領域の理論的・実証的研究を所収する『財政と公共政策』を刊行し,年3回のシンポジウムを開催している財政学研究会(事務局:京都大学大学院経済学研究科財政学(植田)研究室)主催で,「コモンズの現代的意義と課題」と題するシンポジウムが開催され,学際的な議論が繰り広げられた(財政学研究会編,2005)[4].さらに翌2005年12月にも同研究会主催のシンポジウム「社会関係資本と公共政策」が開催され,そのなかで社会関係資本論とコモンズ論との接点に関する議論が1つの重要な論点となった.このときの報告者の1人である環境経済学者の諸富徹は,社会関係資本論とコモンズ論との接点を探り,その双方の議論をふまえつつ,持続可能な経済社会像を描き出そうとする意欲的な論考を発表した(諸富,2006)[5].また,経済学と隣接分野といってもよい農業経済からは,関(2005)が,フィリピンにおける伐採フロンティア社会の精緻な現地調査を通じて,共的資源管理の安易なる政策適用に警鐘を鳴らす研究を展開した[6].他方,学会レベルでも,先述した林業関連の学会同様,変化の兆しが見られる.環境経済・政策学会では,2006年からは,独立した1つのセッションとしてコモンズ論のセッションが設けられるようになった.また,2007年8月にイギリスのイングランドで開

---

[4] 同シンポジウムでは,コモンズとその外部にある空間との関係性を議論の土俵に挙げた経済学者・間宮陽介による「ウチ・ソト論」,地域固有の環境資源の特性を考慮に入れた政策立案の重要性を喚起する生態人類学者・秋道智彌による議論,アジアの環境問題に精通する森昌寿らによるコモンズ論への接近など,学問領域を超えた幅広い議論が展開された.

[5] とはいえ,その当時,ガバナンス論や社会関係資本論とコモンズ論の関係性に混乱が見られることに鑑み,筆者のうち三俣と嶋田は,大野智彦とともに,これら3つの議論の整理を行った(三俣・嶋田・大野,2006).

[6] 海外研究でいえば,イギリスや北欧のコモンズ研究が徐々に進められつつある(三俣・室田,2005;嶋田・室田,2007など).

催された国際財政学会では，コモンズが1つの重要なテーマとして設定され，本書の執筆者の1人である嶋田は，同学会で報告を行った (Shimada, 2007). コモンズ研究は，1.1.2で述べたとおり，生態系と人間の経済社会制度の両面を扱うゆえ学際性を帯びたものになる．2006年6月には，環境三学（環境法制学会，環境経済・政策学会，環境社会学会）によって「環境政策研究のフロンティアⅦ；コモンズの現代的意義」と題するシンポジウムが開催され，本書の編者の一人の森元が報告した．

また，2006年9月からは，専門分野を異にする研究者で組織された科学研究費補助金・特定領域研究『持続可能な発展の重層的なガバナンス』（研究代表者：植田和弘）の下にある「グローバル時代のローカルコモンズ管理」（代表：室田武）が同志社大学を拠点にして開始され，すでに活発な議論が始まり，徐々にその成果も報告され始めている．

人類学の分野では，コモンズ論に大きな示唆的を与えてきた秋道智彌が『コモンズの人類学』（秋道，2004）を公表して人間中心主義を相対化する視点を提起し，カミのいる所有論・コモンズ論の必要性を説いた．本書刊行直前にも『資源とコモンズ』（秋道 編，2007）が上梓された．

フィールド調査を重んじるという点で人類学とも多分に共通性を持ち，林政学や民俗学などの研究者からの論文投稿や報告のなされることが多い環境社会学からも，注目すべき研究が次々に公表されている．森林政策を専門とする井上真は，地域住民を中心とする環境資源の管理を'協治'と呼び，そのために必要となる要件として，①コモンズ内部のあり方，②その外部（公的機関・NPO・よそ者）との関係性，を挙げた．①については'開かれた地元主義 (open-minded localism)'，②については'かかわり主義'という視点を提起し，正当性が問われる後者に関しては，実用的正当性・道徳的正当性・認識的正当性があることを指摘した（井上，2004）．正当性に関する議論をさらに推し進めた民俗学を専門とする菅（2006），宮内 編（2006）などは，コモンズを開く可能性のみならず，それによって生じる問題等を考える上でも大きな示唆を与えるものである．また，コモンズ研究に深く関わるものとして，新崎・比嘉・家中 編（2006）の議論にも多くの示唆が含まれている．一方，地理学からは，入会林野・地先漁場が未来に向けて持続可能であるための条件を探ろう

とする池（2006）の緻密な研究も見られる．

　他方，コモンズ研究の重要性を現場レベルで生かしていこうとする動きが現れつつある．2005年に設立されたNGO「いりあい・よりあい・まなびあいネットワーク」の活動がその一例である．2006年には，国家による慣習林収奪の危機に瀕するインドネシアの慣習林利用者と日本の入会林野の管理にあたる入会権者らの交流が実現した．双方による両国における現場視察や交流だけにとどまらず，コモンズの持つ可能性や課題に関する議論が徹底的に討論された（島上，2007）．

　このように，研究分野だけでなく，実際の入会ないしそれに相当するような外国の共的制度下にある自然資源の管理や利用をめぐって，そのあるべき道を模索する動きが年々活発化してきている．国内外を問わずそのような現場にあっては，実際に制定される法令に多大な影響を受ける．法案や制定後の法制度運用の分析・評価などに重要な役割を果たすのは法学である．では，その法学領域からのコモンズ研究の動向はどうであろうか．

(2) 法学における展開

　近年，法学からのコモンズ研究が盛んになりつつあるので，その動向を簡単にサーベイしておく必要があろう．法学とりわけ，法社会学からコモンズ研究をいち早く展開したのは，イギリス法制史研究の第一人者の平松紘である．平松は，イングランド・ウェールズのコモンズが19世紀以降，オープン・スペース化していく歴史的考察を深め，環境資源を排他的に私有するのではなく，第三者がその利用・管理に関与（発言）できる「自然共用制」の考え方を提起してきた．特に，資源管理の視点にたった英国・北欧研究が少ないなかで，平松による研究から示唆を受ける点が多かっただけに，その早過ぎる逝去が惜しまれる．

　しかし，他の法社会学者のなかからも，コモンズ論の議論が萌芽していることに，注目したい[7]．鈴木・富野編（2006）などはその典型であろう．入会林から住宅景観訴訟に至る現代的な問題までを扱う同書では，法社会学者からかな

---

[7] 2004年以前にも，法学分野において現在のコモンズ論につながる重要な研究が展開されている．たとえば，楜澤（1998）や加藤（2001）の研究などがある．

らではのコモンズ研究の成果を見ることができる.

他方,経済学者である宇沢弘文の社会的共通資本の概念やここまでで紹介したようなコモンズ研究の活発な議論に触発されるかたちで,2006年4月には,イギリス法制史に詳しい戒能道厚らによる「コモンズ・所有・新しいシステムの可能性：小繋事件が問いかけるもの」と題するシンポジウムが開かれた.日本の入会裁判の原点ともいえる岩手県二戸郡小繋（現・一戸町）で起きた小繋事件に焦点をあてた同シンポジウムでは,当時の事件に関わった弁護士や学者たちが一堂に会し,小繋事件を振り返るとともに,現代における入会制度の現代的な意味を問い直した（早稲田大学21世紀COE《企業法制と法創造》総合研究所『基本的法概念のクリティーク』研究会 編,2007）.

このように,近年,法学分野においてもコモンズ研究の新展開が見られるようになった.法学分野からの議論の進捗はコモンズ研究にとって長らく期待されていたことである.というのも,実際のコモンズのありよう（本書でいうところの開閉の度合い等）を規定するのは,一国の法制度によるところが大きいためである.もちろん,法と現場のありようはときに大きく食い違いを見せる.「国家法」と「生ける法」という表現が,まさにそれを物語るものであり,そのようなズレのなかにこそ,資源管理のための重大なヒントを見出すこともできる.しかしその一方,法改正によって,どれだけ大きな変革が現場にもたらされるかについては,明治以降の入会の現場が証明してきたところである.そのような意味においては,コモンズを解体するのも,生かすのも,国がどのような法制度を有するかということに大きく依存するといっても過言ではない.法社会学は長らく,零細な農民の持つ入会権をどう擁護していくか,という難問に挑戦してきた学問領域である[8].

以上のような法学分野における近年のコモンズ研究の展開は,筆者らにとって極めて明るい展望を与えるものに映る.しかし,法学のみの間での議論に終始する傾向が強まれば,せっかくの議論も,豊かな自然環境とその上に実現する地域住民の生活を守っていこうというコモンズ論の根幹にある思想からは外

---

[8] 自らの大学の職をなげうって,小繋事件に関わった戒能（1964）はその代表であろう.また,乱開発や原発などの環境汚染・破壊型施設などによる地域破壊行為に入会権でどう対抗するか,という問題に取り組んでいる中尾英俊らもその1人であろう.

れ，法学の細分化された議論のなかへと狭く限定されていってしまうことになろう．このことは他の諸学にも同様にあてはまる．1.1.2ですでに述べたように，人間の経済社会を解明しようとする諸学問はもとより，その土台に座する生態系の仕組みを解明しようとする学問との建設的な議論を通じた研究の展開が現代のコモンズ研究には必要である．

　この点に関して学ぶことが多いのは，山口県熊毛郡上関町の入会権の存否をめぐる裁判である[9]．同裁判は，原発建設の危機に対し地元住民が入会権を盾にして闘っている裁判（2006年の地裁判決では入会権者勝訴，2007年の高等裁では入会権者の全面敗訴）であり，法学者・人類学者・生態学者らが，それぞれの専門性を生かして，四代(しだい)地区の入会権者を勝訴へ導こうと尽力している（室田，2007）．同裁判の高裁判決は，まったく根拠を欠く理由で，同地における入会権の存在を否定した．公権力とそれと複雑に絡み合う私的部門の圧力を前にして，地域住民の保証されるべき暮らしや権利そして土地や海（コモンズ）を守っていくことは，多難を極める場合が多い．諸学が協業することによって，現実世界における不正や理不尽に軌道修正を加えていけるだけの力を蓄積していくようなコモンズ研究の展開が，今，必要とされている．

1.2　山・里・海に生きるコモンズ

1.2.1　森林の共的世界

(1) 入会地の利用側面から見た分類

　森林を所有主体別に見ると，国有林・公有林・私有林など様々である．そのなかには，字・旧村といった比較的小さい生活単位の主体が含まれている．このような主体が所有・管理する林野は，「入会」という日本特有の土地制度と深い関係を持っている場合が多い．入会は「関係性」を示す言葉と考えてよく，それはある一定の地域住民が，当該地域に存在する自然資源を共同で利用・管

---

[9] 入会裁判は終わっていない．全国各地に係争中の裁判があり，人間の基本的人権をも脅かすような外部からの開発や圧力に対して，入会権が盾となっている事例が散見されるのである（三輪，2007）．

理するにあたって生成してくる諸関係性の体系（慣行・制度）である．このように入会とは，地域住民が共同で自然資源に働きかける制度や組織（換言すれば，「対象資源との関係性，成員間の関係性」を示す用語）を意味する言葉であるが，それに対し「入会」対象の自然資源は，山林，海，川，温泉，ため池など，自然資源一般であるゆえに，その内容は多様である．人間が利用・管理する制度（関係性）とその対象としての自然資源の名称を組み合わせたもの（総体）が，入会地，入会林野，入会漁場などという言葉ということになる．つまり，これら「入会～」という語は，自然資源とそれに利用関係をともなって折り重なりあう人間の制度・組織が一体としてとらえられているわけである．人間が生態系（エコシステム）の一員であり，自然環境と人間社会が不可分に規定されあう関係にあることを象徴的に示すこの入会というあり方に，近年，資源管理，持続的発展などを考えようとする多くの人たちの関心が集まるようになってきたのは，この語の成り立ち1つをとっても理解できよう．

　さて，その入会地や入会林野は，山菜，キノコ類，柴草，薪炭，建材，茅，秣などの供給，さらには牧野や植林地として人間の生活上極めて重要な役割を担ってきた．他方，海・川の入会である入会漁場もまた，海面漁業・河川漁業を問わず，岩のり，海草，雑魚など，数多くの海の幸の「おかず」を提供する重要な役割を担ってきた．それら入会地（林野）や入会漁場を人間による利用の側面から見れば，それは次の3つに分類できる．すなわち，①利用する村々の関係性からの分類，②資源利用の相違からの分類，③所有形態からの分類，である．

　①には，さらに3つの形態が存在する．1つの村内に存在する天然資源をその村の入会権者のみで利用する村中入会，数村に広がる天然資源を複数村の入会権者で利用する村々入会（数箇村入会，数村持入会ともいう），他村内に天然資源に当該村以外の村の入会権者が入会う他村持入会である．これは林野における入会だけでなく，海・川の入会漁場に関しても同様である．

　②の資源の利用の相違からの分類は，特に陸上の入会，すなわち入会地や入会林野の場合，「毛上利用」という言葉が使われることが多い．これには，(a) 共同利用形態，(b) 直轄利用形態，(c) 分轄利用形態，(d) 契約利用形態の4つの形がある（中尾，1962）．(a) は村の成員が同一期に共同で入会地

に入り，茅や下草などを自由に採取する形態の入会であり，時代を遡るほど多く見られるため「古典的利用形態」と称されたりもする．また (b) は，入会対象資源の商品化を行う場合，その保育・施業管理を村（入会集団）が行うときそれを (b) の直轄利用形態と呼ぶ．直轄という言葉は村による対象資源の直接的統括という意味である．この場合の多くが，村（入会団体）全体の「共益」を増進させる方向で，対象資源の売却収益金が使われる場合が多いが，地域によっては個人配分を行うところもある．共益増進の具体的な内容とは，福祉施設・教育施設などへの補助，公民館の修繕，道路の整備，神社やお寺の維持管理などである．このような入会対象資源の商品化に要する管理施業を村単位ではなく，個人単位で行う場合もある．それが (c) の分割利用形態であり，割地・割山などがその代表である．入会地を個々人に割り振り排他的な利用の道を開くこの形態は，通常，各入会権者（家単位）にその利用権が委ねられてはいるものの，売却や取引（処分権）などは当該個人の意思のみではなしえないことが多い．これは，割地・割山化した後もなお，それはあくまでも利用上の便を図るために割り付けただけであり，そこはひと続きで村全員のもの，という意識が働いているためである．(d) は (b) の直轄利用形態の 1 形態であるが，対象資源の利用内容は契約により決められ，(b) だけでなく (c) の形をとる場合がある．

　③の所有形態の分類から見るとき，入会は，国有地入会，公有地入会，私有地入会に分類できる．先に，入会という言葉を「複数人による対象資源への，また成員間の関係性」を示す語と説明した．それを理解すれば，国有地入会，公有地入会，私有地入会という具合に，入会が土地所有主体の如何を問わず成立するものであることがわかる．また，入会集団が入会う対象地を所有しているか否かという相違によって「共有の性質を有する入会権」（民法第263条）と「共有の性質を有さない入会権」（民法第294条）がある．したがって，しばしば用益権のみを入会権と同一視する解釈がなされることがあるが，共有の性質を有する入会権があることを鑑みれば，それは間違いである[10]．

　ここまで，入会対象資源を利用する人々のことを単に「地域住民」と表記した．より正確にいえば，それは入会権を有する人たちであり入会権者と呼ばれる．入会権とは，民法上の慣習的な物権であり，原則として共同体を構成する

成員各個人にではなく，各戸に対して認められる権利である．

　入会権者の資格は村によって異なる．しかし，それはおおむね入会集団の成員であり，入会集団内部のルールを遵守し，義務を履行する者である．入会集団の構成単位は，藩政時代の村，すなわち1998（明治22）年の町村制施行後の部落（大字）と合致する場合が多いが，それ以下の集団（小字など）などで構成される場合や入会権を持たない新規住民までがそのメンバーに含まれている場合もあり，近現代の行政上の境界のみをして，入会集団を規定することはできない．これまであえて，村とだけ表記せず，村（入会集団）と表記してきたのは，このような理由からである．

　資源利用や管理を規定する入会集団内のルールは，利用範囲の境界，成員の条件，役員の選出基準，議決方法，資源の利用期間，採取方法や採取量，伐採規定，資源管理に要する賦役，違約者への罰則規定など極めて多岐にわたる．この入会内部に通用するルールの策定とその実践が，資源の持続的管理を遂行する上で大変重要になる[11]．

　次に，この入会が歴史的にどのような変遷を遂げ，現在はどうなっているのか，について簡単に説明しておくことにしよう．この際，入会の対象たる資源，特に本書で分析・考察する林野に関し，それの持つ意味・意義を時代をおって確認していくことにする．

(2) 明治以降の入会地・入会林野の軌跡

　入会林野はさらに3つの時期（表1.1に記した第0期，第1'期，第2'期）に大きな変革をともない今日に至っている．

　明治以降の入会地の変容過程は政策・法制度面と，森林資源の持つ役割・意義の変容の2点から説明できる．

---

10) これは，総有や入会における権能についての解釈にもつながっている．村落全体が管理権能を掌握し，入会集団を構成する個々人の入会権には収益権能のみが与えられている，という我妻（1952）や舟橋（1960）の質的分属説がある．一方，入会権者の持つ入会権は，入会集団の有する「持分」に他ならず，それゆえに入会権（持分権）を有する入会権者の全員一致により，入会対象は売却・処分されうるのであるという反論が中尾英俊によって行われている．このように入会権能に関する見解は分かれている．

11) このような特に，コモンズ内のルールと資源保全との関わりに注目した研究としては，本書第2章や三俣・小林（2002）などがある．

表1.1 入会林野の軌跡とその利用・意義の変遷

時代	入会林野の行方	関連法規・政策	特に森林コモンズの有した意義	備考
【第0期】	国有林へ	官民有区分政策	自給利用 自給意義	
【第1期】 1889− 明治の大合併	市町村有林・旧財産区有林などへ	市制・町村制 財産区制度誕生		
【第1'期】 1910−1939	同上	部落有林野統一政策	地域財源的機能	部落有林荒廃の復旧・新市町村財政基盤の確立.
【第2期】 1953− 昭和の大合併	市町村有林・新財産区…などへ 財産区(新財産区)多数出現	財産区制度,再び適応. ←地方自治法 改正地方自治法	第1切断期	旧市町村有林の移動あり. 新市町有へ62.6%, 財産区へ18.9%, 旧市町村の部落・団体・個人へ18.5%.
【第2'期】	私有化および私的性格を担う生産森林組合へ	入会林野近代化法	第2切断期 第3・4切断期	昭和45年の財産区有林面積は38万4072 ha.
【第3期】 2000年− 平成の大合併			新たな意義・価値の模索 環境保全・地域再生・統合の象徴	平成14年度の財産区面積は28万9884 ha.

表中の □□□ は人間と林野の関係性が切断したおおむねの時期を示している.
出典)三俣(2006).

・入会林野政策・法制度

　入会地に決定的変革をもたらしたのは,「入会消滅政策史」とも呼びうる明治以降の林業政策である. 地租改正に向けた官民有区分政策により, それまで

慣習利用に付されてきた入会林野の多くは，所有権を立証できないまま国有林となった．これに抗した農山村民は，村山を自村に取り戻そうとする国有林下戻し運動を各地で展開したが，徒労に終わったものが多い．一方，市町村合併を契機とする入会林野の公有化政策も1889年の町村制から始まった．合併前の村持ち山（部落有林）を新市町村有林に編入させることを狙った政府に対し，農山村民は徹底抗戦した．そのため政府は，名目上は公有とするが，実質的な管理は旧村が独自にこれを行えるものとする財産区制度を創設せざるを得なくなった．しかし，その後も政府は部落有林を市町村有林に編入する狙いで部落有林野統一政策（1910年-）を押し進めたが，入会林野の解体には成功せずにこの政策は1939年に終わった．

　国公有化に加え，私有林に転じた入会林も多い．明治政府による徳川・毛利などの華士族，三井・三菱などの財閥への払い下げによる土地・山林の集積が進んだ．第二次世界大戦後，1966年に制定された入会林野近代化法により，多くの入会林野が解体（入会権の消滅）し，私有林や林業経営主体として期待された生産森林組合となった．明治から一貫した入会林野の国公有化・私有化政策の展開にもかかわらず，現在も入会林野は約90万ha存在する．

　このように，明治以降一貫した公私二分解する過程にあって，入会地や入会林野は近世村落＝ムラの支配する領域（総有）から，新しく近代法に適合することを余儀なくされたのであった．その結果，新市町村下に統一されたものや財団法人，社団法人，財産区，一部事務組合，生産森林組合，記名共有など様々な形で現在にまで引き継がれることになった．外装は近代法制度下に適合した様相で，しかし内装は使用や分配のルールなどを地域独自で規定する慣習（入会に基づく管理運営）が残ったのである．

・入会林野の持つ機能・意義の変容
　一方，法制度面を離れると，入会う対象資源の持つ意味合いもまた大きく変容した．日常生活に供するため，町村有林や財産区有林などの形態をとる入会林野は，山菜，キノコ類，柴草，薪炭，建材，萱，秣の一大供給源として，地域の自給領域を支え続けてきた．このような自給的意義は，明治のみならず，昭和の市町村合併時においても依然として大きく存在していた．やがて，林野

の利用が植林部門へと比重を移すにしたがって，その役割は次第に地域財源的機能へと変容していった．ここでいう地域財源的機能とは，入会に起源を持つ記名共有林，町村有林や財産区有林等から得られる木材売却収入が，当該地域の道路整備や学校建設だけでなく，文化，環境といった地域の基盤形成に役立てられ，地域自治を推進する役割を担ったことを意味する．昭和の合併時には，自給的意義，地域財源的機能の両者の意義を強く有する入会林野を持つ地域が多く，それが市町村合併の障壁となったのは当然のことであった．

　しかし，これら自給的意義，地域財源的機能の意義が急速に変容することになったのは，1960年代以降のことである．特に石油文明に裏打ちされた高度経済成長期の到来がその変容の原動力を担うことになった．自給的意義の具体的内容の1つである薪炭林は，暫時，石油やガスという地下資源に代替されていった．一方，地域財源的役割を発揮させる原動力となったのは，スギ・ヒノキなどの人工林伐採収益であった．入会林野においても，政府の推進した拡大造林政策の波にのって造林をしたところが多い．多くの地域では，財産区有林や町村有林に，地域で必要不可欠となるものを自前で調達することのできる自主財源としての役割を期待したのであった．ところが，昭和40年代からの構造的な林業不況はとどまるところを知らず今日まで続いている．この間，まずは間伐材需要が減少し，その後スギ・ヒノキの丸太材や，さらには付加価値の高い化粧材もその需要量が頭打ちになった．この過程で「人と森林の関係性」は所有の如何を問わず，切断される方向へと向かい，入会林野もこの波を受け，現在，多くの課題を抱えている．林野の持つ自給的意義や地域財源的機能の役割・意義を変化させ，そのいずれもが微弱になってきた現在，森林の持つ新たな価値の創出が模索され今日を迎えているのである．

1.2.2　海の入会を支える漁業権

(1)　海の生物・漁法の多様性と海のローカル・コモンズ

　漁業は農業や林業と同じく，自然環境を基盤として成立する営みである．しかし，自然環境と営みとの関係性に着目するとき，漁業には農業や林業には見られない特徴が2点ある．1点めは野生生物に強く依存することだ．農業や林

業では栽培された生物が収穫の対象となることが多いが，漁業の対象は農林業とは異なり，大半が自然環境に生息する野生生物であり，人工的な生殖管理が難しいことが多い．

　2点めは，対象生物の多様性にある．林業の対象はほぼすべてが樹木であり，分類学的にいえば，被子植物門と裸子植物門に属する生物がその対象となる．農業の場合，穀物や野菜，花卉などは林業同様，被子植物門または裸子植物門に属する生物であるが，担子菌門または子嚢菌門（きのこ類）やシダ植物門（ワラビ等）も栽培の対象であり，林業の対象生物よりは少し幅が広い．また農業に含まれる畜産業の対象となる牛，豚，羊などの哺乳類と鶏などの鳥類は，すべて脊索動物門に含まれる生物である．

　一方，漁業はどうか．日常，食料品店などで目にする範囲に限っても，脊索動物門（魚類，鯨類，ホヤ類），節足動物門（エビ，カニ類），軟体動物門（イカ・タコ類，貝類），棘皮動物門（ウニ類，ナマコ類），不等毛植物門（ワカメやコンブ），紅色植物門（ノリやテングサ），緑色植物門緑藻綱（アオノリやアオサ）と，多様な分類群の生物が販売されている．分類群だけでなく，生態もまた多様である．クロマグロのように広大な太平洋を回遊する魚種もあれば，ブリのように日本近海を回遊するというものもあり，カサゴやアイナメのように一定の岩礁周囲に定着する種もある．マサバ基本的に一年を通じて漁業の対象となる種がある一方，サケ・マスなどの遡河性回遊魚では，漁期は限定される．

　このような対象生物の分類学・生態学上の多様性は，漁業という営みの多様性を生み出している．サザエやアワビなど固着性の磯根資源をとる漁業もあれば，回遊魚を捕まえる漁業もある．また，同じ魚種を狙っていても，遠洋に出る漁もあれば沿岸に回遊してくる魚を待ち受ける漁もある．この相違は，漁具・漁船等の設備をはじめ，漁民の暮らしぶりそのものの違いとなって現れる．

　さらに漁業の多様性は，水産資源の管理方法の多様性や流動性にもつながる．世代交代を通じて再生産する水産資源は，再生産する速度と漁獲量とが均衡していれば，基本的には持続的に利用可能な資源である．したがって水産資源の持続的な利用を達成するためには，①対象生物の生態を熟知し，②漁獲圧の適切な管理を行うことが重要となる．しかしこの2つを同時に満たすことは容易

ではない．海洋の生態系については未解明の部分が多く，対象生物の変動要因を正確に把握することは難しい．一方，漁獲圧の調整は漁業海域や漁期や漁具の制限をともなうことがあり，漁業者の利益を一時的に減ずる可能性があるため，対象資源を利用する多様な漁業間での対立が生じうる．とはいえ，なんらかの手立てを講じなければ，南極海のマゼランアイナメのように「コモンズの悲劇」に陥る可能性が常に存在する（クローバー，1996）．ところが，現実ではすべての漁業が「コモンズの悲劇」に陥っているわけではない．沿岸域の地先漁場の場合，現実はむしろその逆である．対象生物を熟知した漁村共同体が，経験に裏打ちされた独自のしきたりに基づき，長期にわたって資源枯渇を回避すべく漁場利用者間の利害調整を図ってきた事例は，世界各地で散見されている（Ruddle and Akimichi ed, 1984；Berekes, 1985；Feeny et al, 1990）．このような沿岸域における共同利用は海のローカル・コモンズと表現できよう．

水産資源自身とそれに関わる人間のあり方の双方が多様であるゆえ，海のコモンズという言葉もまた多様な概念を包含する．しかし，1.1.1で既述したように，本書は共的領域（地域の持つ力）について考察するものである．したがって，以下では日本の海のローカル・コモンズを法制面から支える漁業権を概観し，そのなかでも特に重要な共同漁業権についてその性格を明らかにする．

(2) 漁業権と日本の漁業制度

日本の海のローカル・コモンズには1つの大きな特徴がある．それは，地域共同体による資源利用の「しきたり」が「共同漁業権」として法的に認められていることである．共同漁業権は「海の入会権」とも呼ばれる（浜本，1996）．陸に村人が緑肥や薪炭等を共同で採取できる入会林野が存在してきたのと同様，沿岸漁村にはムラ総有の漁場がある．これは「前浜」とか「地先」という言葉で表現される海域であり，そこでは，日々のおかず（貝類や海藻類）や，釣り餌（ゴカイ類），田畑の肥料（海藻類や海草類）の採取が行われてきた．

海の入会権である共同漁業権について詳述する前に，日本の漁業制度全体を概観しておく．日本の漁業は，漁業法や漁業慣行を根拠として「自由漁業」，「漁業権漁業」，「知事許可漁業」，「大臣届出漁業」，「大臣許可漁業」の5つに区分される．表1.2は，こうした現在の日本の漁業制度区分と根拠法令などの

写真 1.1　漁業権の表示（2005 年 6 月　別海町にて撮影）

表 1.2　漁業権の構成

海域	漁業制度にもとづく分類		免許又は許可者	根拠法令
沿岸	自由漁業		なし	なし
↓	漁業権漁業	定置漁業権	都道府県知事	漁業法 6 条
		区画漁業権		漁業法 7 条
		共同漁業権		漁業法 6 条
		入漁権	漁協間の設定行為または海区漁業調整委員会の裁	漁業法 7 条
	知事許可漁業	一般知事許可漁業	都道府県知事	都道府県漁業調整規則
		法定知事許可漁業		漁業法 66 条 2 項
	大臣届出漁業		農林水産大臣	承認漁業等の取締まりに関する省令 1 条 3 項
遠洋	大臣許可漁業	指定漁業	農林水産大臣	漁業法 52 条 1 項
		承認漁業		承認漁業等の取締まりに関する省令 1 条 2 項

出典）漁業方研究会（2005）より作成．

概略を一覧するものである．

　これらの区分は上述した漁業対象種および漁業の多様性と深く関連している．つまり，沖合を広く利用する漁業や漁獲効率の高い漁業は行政庁による公的管理の対象になり，沿岸の漁業になるほど，共的管理が主体となるのである．

　表 1.2 中の「知事許可漁業」，「大臣許可漁業」の二者は「許可漁業」と呼ばれる漁業である．これらの漁業は漁業調整や水産資源保護の観点から原則として出漁隻数が制限されており，行政庁が許可を与えた漁業者のみが営みうる．許可には都道府県知事によるものと農林水産大臣によるものがある．知事許可

漁業はさらに，一般知事許可漁業と法定知事許可漁業に区分される．一般知事許可漁業は，漁業法と水産資源保護法に基づく各都道府県の漁業調整規則により知事が許可する漁業である．小型まき網漁業，船曳き網漁業等をはじめ多種多様な漁がこの許可漁業の対象となる．法定知事許可漁業とは，漁業法に根拠を持ち，農林水産大臣が知事許可の最高限度を定めている漁業であり，中型まき網漁業などの4種類がある．一方，大臣許可漁業は，農林水産大臣の許可ないし承認を要する漁業のことで，これには「指定漁業」と「承認漁業」がある．指定漁業には，沖合底びき網漁業，遠洋底びき網漁業などがある．承認漁業には，ずわいがに漁業，東シナ海はえ縄漁業などがある．また大臣届出漁業は，農林水産大臣に届け出れば操業できる漁業である．かじき等流し網漁業，沿岸まぐろはえ縄漁業などがある．

「自由漁業」とは，営むにあたり許可や免許が必要ではないという意味で，「自由」に営むことができる漁業である．釣りや刺し網，はえ縄漁業などがそれである．漁船登録をしていれば原則的に誰でも操業できるが，次に述べる漁業権漁業などを営む人々の利益を損なうことのない範囲での「自由」であり，地域ごとに異なる慣習には従う必要がある．

「漁業権漁業」とは沿岸域の漁業で，漁業権に立脚して営まれる漁業である．漁業権とは，排他的に漁業を営む権利のことをいい，現行の漁業法では，その第6条が，「共同漁業権」，「区画漁業権」，「定置漁業権」の3種類を最初に規定している．区画漁業権とは，養殖漁業を営むためにいけすやいかだなどを設置するための権利で，第一種から第三種までの区画漁業権と，特定区画漁業権の4種類がある．定置漁業権とは定置網を設置するための権利である．共同漁業権は先述したように「海の入会権」とも呼ばれる，ムラ総有の漁場を利用するための権利であるが，漁業法第6条第5項においては「一定の水面を共同に利用して営むもの」とされ，さらに第1種から第5種までの5種類に区分される（図1.2）．

第1種共同漁業は，地先水面の定着性水産動植物（アワビやサザエなど磯の根付資源）を対象とする漁業であり，基本的に個々の漁業者が入会利用する（古典的共同形態）．これらの資源は浮き魚に比べて枯渇しやすいため，漁場全体での資源管理が必要となる．第2種-第4種共同漁業には，地先水面で浮き

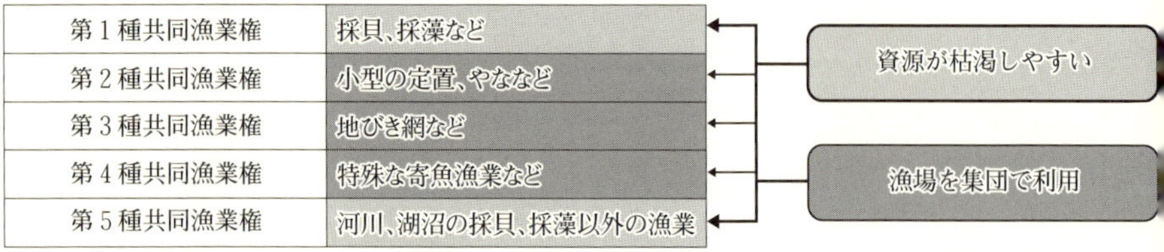

第1種共同漁業権	採貝、採藻など
第2種共同漁業権	小型の定置、やななど
第3種共同漁業権	地びき網など
第4種共同漁業権	特殊な寄魚漁業など
第5種共同漁業権	河川、湖沼の採貝、採藻以外の漁業

第1〜3種：資源が枯渇しやすい
第4〜5種：漁場を集団で利用

図1.2　共同漁業権の規定内容

魚を待ち構えて捕る漁業が分類される．第2種共同漁業は，総有の漁場内に個人の漁具（小型の定置網ややな，えりなど）を設置し漁を行うものがある（個人分割利用形態）．また地引網などでは，入会集団が共同で漁場を利用する（団体直轄利用形態）．第5種共同漁業権には，河川・湖沼等の内水面や特定の閉鎖性海域で行われる定着性水産動植物以外の漁業が分類される．つまり営まれる漁業の種類を問わず内水面という漁場の地理的性質によって区分されている．

上述した漁業権が侵害されるような場合に重要になるのは，漁業権の性質に関する漁業法第23条であり，同条の第1項は「漁業権は，物権とみなし，土地に関する規定を準用する」と定めている．漁業権が，陸の入会権と同等の効力を有する強い権利であることを同条文が裏づけている．なお，漁業権漁業のなかには，上記の3種類に加えて，入漁権に基づく漁業もある．入漁権は，漁業法第7条で定義されており，他人の共同漁業権や特定区画漁業権などの設定されている漁場で漁業を営む権利である．小規模な漁を営む漁民が有することの多い入漁権もまた，漁業法第43条で「入漁権は，物権とみなす」と法的に確固たる地位を与えられていることを確認しておく．

他方，漁業権には営む漁業の種類によるのではなく，免許を受ける主体による区分がある（田中，2002）．すなわち，漁業を営む事業者自らが免許される経営者免許漁業権と，漁業協同組合（以下，漁協）または漁業協同組合連合会に免許される組合管理漁業権である．共同漁業権は後者の組合管理漁業権にあたる．共同漁業権に基づいて組合員が漁業権を行使する権利を漁業行使権と呼ぶ．漁協は組合員の漁業権行使にあたり，漁業権行使規則と呼ばれる規則を設けている．漁協が，地域ごとに異なる海の生態的特徴等を反映した禁漁区の設

定や解禁日を独自に設定しうる根拠は，この漁業権行使規則にある．

(3) 共同漁業権の歴史

日本では，古くから沿岸域の漁場利用秩序が形成されてきた．18世紀前半，徳川吉宗の時代には「山野海川入会」の概念が確立し，「磯猟は地付根付き次第也，沖は入会」と定められた．これは磯の漁業については沿岸集落の排他的利用を認め，沖の漁業については隣り合う集落の漁民が共同で利用することを認めた文言であり，当時の法律書である1741年（寛保元年）の『律令要略』（石井，1939）やその前後の『当時御法式』，『御当代式目』など（茎田，1980）に繰り返し登場する．このとき「磯」とは櫂が立つ深さの水域であり，「沖」とはそれよりも深い水域を意味した．1つの沿岸集落が独占的に利用する地先漁場は，「一村専用漁場」と呼ばれ，集落総有の漁場であった（浜本・田中，1997）．

明治維新により日本政府が誕生すると，集落による共的利用のなされてきた沿岸漁場にも一元的な公的管理が実施されることになる．明治政府は，1875年に太政官布告を出して海面官有宣言を行った．これにともない，漁業者は漁場の借用許可が必要となったが，借区届出に際する集落間抗争の激化などにより，この政策はたちまち破綻をむかえた．布告翌年，政府は旧慣を継承する入会団体の権利を認めるという政策転換を図り，1886年には漁業組合準則を制定し，沿岸漁業集落の入会団体に漁業組合の法的地位を与えた．

海面官有制の破綻後，農商務省水産局は全国で漁業慣行調査を行い，それを踏まえ1901年に漁業法（以下，明治漁業法）を制定した．ここで初めて，海の入会権は「専用漁業権」，「定置漁業権」，「区画漁業権」，「特別漁業権」の4つの漁業権として法制化された．明治政府はこれに際し，以下の4つの措置を講じた．①漁業権を物権とする，②漁業権は入会集団に免許され，入会集団は管理を行い，各構成員は行使権を持つ，③入会集団である沿岸漁村に漁業権を免許するために，沿岸漁村を「漁業組合」として法人化する，④入会慣行は漁業組合の規約として継承される．

第二次世界大戦敗戦後，GHQの指導により民主化を目的とする漁業制度改革が行われた．この結果，1949年に漁業法が改正され（昭和漁業法），漁業権

は以下のように再編されて今日に至っている．なお，この昭和漁業法の成立に際し，一本釣り漁業や延縄漁業は第一種共同漁業権（明治漁業法の専用漁業権）の一部に組み入れられず，自由漁業となった．

　農地と異なり，水域は分割所有できない．したがって，漁業制度改革でも，集落全体に対して排他独占的な漁場利用の権利を認めることが適切とされた．そのため，沿岸漁業集落に立脚する法人に対して漁業権が免許される仕組みは継承されたのである．ただし，免許主体は水産業協同組合法により設立される漁協とされた．これは，1漁村に2つの団体は必要ないとするGHQの指示によるものである．以来，事業を協同で営む経済主体である漁協が，伝統的な入会慣行を継承して地先水面の利用を管理する漁業権管理主体としての性質をあわせ持つようになった（浜本，1996；田中，2002）．

　しかし，実際には多くの漁協は経済事業体としてよりも，ムラの集団としての性格を強く残しており，漁協組合員はムラの構成員として地先漁場に「われ

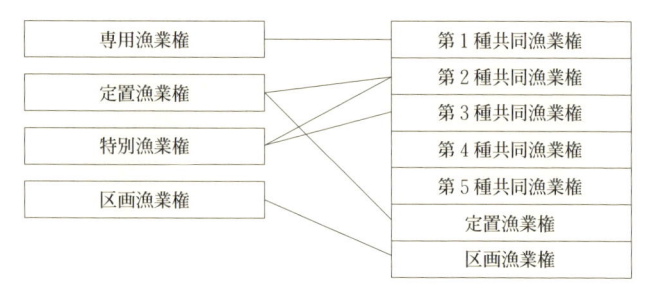

図1.3　漁業法改正にともなう漁業権の再構築

表1.3　入会関係の歴史的変遷

	前近代	近代（明治漁業法）	現代（昭和漁業法）
入会集団	沿岸漁村	漁業組合	漁業協同組合の関係地区
（根拠法）		漁業組合準則 漁業法	漁業法 水産業協同組合法
入会権者	村人	漁業組合組合員	関係地区漁民
入会漁場	一村専用漁場	専用漁業権漁場	共同漁業権漁場

われの海」という認識を抱いているといわれる．たとえば，水産庁に属し，漁業法を漁民の立場から，そして水産資源保全の方向で運用することに尽力した浜本幸生（1929-1997）は，漁協が地先水面を利用して漁業を営む組合員から，漁場行使料や定置網の迷惑料などを徴収する根拠は，漁業法ではなく「われわれの海」に立脚する「地先権」の慣習である，と述べた．さらに彼は漁業者は伝統的な感覚に基づいて漁業権を「水面を排他的，独占的に利用する権利である」と考えており，両者の見解にずれがあることを指摘している．筆者のうち，京都府丹後半島沿岸に位置する蒲入地区で調査を続けてきた田村は，漁協の総会の場で，組合の役員とともに，区長をはじめとする集落の役員が選出されるのを目撃した経験がある．漁協がムラと折り重なっている１つの証左である．

(4) 共同漁業権の現代的意義と課題

　上述の通り，共同漁業権の本質は，沿岸地域共同体に漁場秩序の自治を認める点にある．これは東西に細長い日本列島の沿岸で，多種多様な生物資源を利用する日本の漁業には極めて合理的な制度である．というのも，同種であっても，太平洋側と日本海側，あるいは九州と北海道では成長の速度や産卵期が異なるからである．中央集権的に漁期や漁法を管理するよりも，地域の自然環境に応じた自治的管理を認めるほうが，より有効な資源管理を可能にするだろう．しかし，このような自治的制度の内容を骨抜きにしてしまおうとする動きがあることに注意したい．民法学者の三好登は，共同漁業権の法的な性格について対立する学説を次のように紹介している．

　　　共同漁業権は漁業協同組合にのみ帰属するのかそれとも組合員の総有かという
　　基本的な問題がある．これについては，共同漁業権は入会権的なものであり，管
　　理権能は組合に帰属するが，実質的な収益権能は個々の組合員に帰属するという，
　　いわゆる"総有説"と，共同漁業権は法人たる漁業組合に帰属し，組合員の漁業
　　を営む権利は，漁業協同組合という団体の構成員としての地位に基づいて行使す
　　る社員権的権利であるとする，いわゆる"社員権説"とが対立している（三好，
　　1995）．

　ここでの社員権説とは，大阪府泉大津漁業の補償金配分をめぐる訴訟事件に

関し，最高裁判所第一小法廷が1989年7月13日に下した判決に象徴されるもので，「共同漁業権が法人としての漁業協同組合に帰属するのは，法人がものを所有する場合とまったく同一であり，組合員の漁業を営む権利は，漁業協同組合という団体の構成員としての地位に基づき，組合の制定する漁業権行使規則の定めるところに従って行使することのできる権利であると解するのが相当である．」という判示が語る説である（漁業法研究会，2003）．このような見解に立つと，漁協の判断のみで，漁業に関する重要な決定事項のすべてが下されてしまい，他方，組合員個々人の意見は圧殺されてしまう可能性が高い．

これに対し，

> 総有説では，共同漁業権は，その実質が明治以前の入会漁業と同じ性質の権利であり，陸における入会山野が実在的総合人である部落（一定地域の住民団体）に総有的に帰属し，その管理は部落が行うが，収益機能は部落を構成する各人に平等に帰属するのと同様，共同漁業権が漁業協同組合に帰属する場合にも，組合は単なる形式的権利主体であって，管理権能を有するにすぎず，実質的な漁業を営む権利は組合員に帰属するとする説である（漁業法研究会，2003）．

ここでの総有説は，法学者の我妻榮（1897-1973）が，いわゆる「我妻鑑定書」（我妻，1966）で論じた質的分属説[12]と同じものである．

総有説は，海を地域の漁民の生活を保障するコモンズとして活かそうとするだけでなく，その副次的効果として，海の生態環境の保全にも資する考え方である．他方，社員権説に立てば，漁民にとって死活問題となる漁業権放棄などの重要事項についても漁協総会での多数決で簡単に決定されてしまうことが起こりうる（終章参照）．そのような説にしたがっていたのでは，日本の海は到底守れないであろう．今後のコモンズ研究は，地域漁民総有の海という日本漁業の原点を改めて噛み締めるところから出発すべきではないだろうか．

---

12) 我妻は，同鑑定書で，ローマ法理に適う形で漁業権の質的分属説を論ずる（ローマ法によるゲルマン的性質の入会の法的位置づけ）一方，各々の入会権者が「入会地の処分管理等に参与する」（我妻，1983）という見解を別書で示している．一方で所有主体と用益主体の分属を論じ，他方，個々の漁民の持つ漁業権を持分権であるとも解しうるこの矛盾をどう解釈すべきか．推測の域を超えぬが，外装はローマ法をとりつつも，漁業権の喪失，漁業補償などの重要事項に漁民個人が関与できる道を開くべき，との考えが我妻にはあったのではないだろうか．

1.2.3 コモンズとなる場

(1) 草地・草原

　温暖で湿潤な日本列島では，植生遷移が滞りなく進むと森林が発達する自然条件にある．それでは，なぜ日本列島にかつて広い範囲の草原が存在し，現在でもその一部が存続しているのだろうか．日本列島に分布する草地，あるいは，草原といわれるものは，自然草原と半自然草原に分類することができる（加藤，2006）．

　自然草原には，氾濫原，海岸風衝草原，火山性草原などがあるといわれている．氾濫原では川の氾濫が，海岸風衝草原では強い海風と砂の絶え間ない移動が，火山性草原では溶岩流にともなう火災や火山灰の堆積などが植生遷移を阻み，草原を維持してきた（写真1.2）．

　一方，日本列島に見られる草原の多くは，人々によって意図的に維持されてきた半自然草原であり，本項でもこれに着目する．これらの草地は，田畑にすき込む肥料，屋根を葺く茅，牛馬の飼料など，人々に多くの資源を供給する場所として，日本列島に広く分布し，その多くは，入会地として存在し，入会採草地，あるいは，入会農用林野と称された（小栗，1958）．

写真1.2　自然草原（写真奥）と半自然草原（手前）
（2005年3月　大分県由布岳にて撮影）

・入会採草地としての利用

　金肥や化学肥料が盛んに利用される以前には，草地は，自給的農業と直結し，草肥の供給源としての機能を有していた．鷲谷（2001）によると，いつ頃から田畑に植物由来の有機物をすき込んで，土壌を改良するようになったか，それを明らかにする確かな手がかりはこれまで見出されていないものの，少なくともこの数千年の間，日本列島で暮らす人々は，定住生活を営み，野山を焼いて畑を作り，水を治めて田を広げ，木や草を採って肥料・燃料・建材としてきたとされる．

　採草地の利用については，江戸時代には入会のしきたりが整ったとされる．たとえば，日を決めて草刈を始める口開け，雇い人を使用しての草刈の禁止，馬による草の搬出や刈り置きの禁止，使用する刃物の種類に関する制限など，持続可能な資源利用のための様々な工夫が見られた．それによって，草木は毎年，ある程度の成長を経た後，翌年の成長を妨げることがない程度の量が刈り取られた（鷲谷，2001）．

　一般的に，比較的均質な生息・生育場所の内部においては，生物間の競争により競争力の大きい種が優占し，それ以外の種が排除されて多様性が低下する．入会採草地のように，人間の採取による自然環境への攪乱やストレスが作用すれば，競争力の大きい種の育成が抑制され，競争による排除が起こりにくくなり，多様な動植物が共存できる（鷲谷，2001）．

・利用形態の変化と消失

　入会採草地の変遷をめぐる一般的傾向は，自然地理的要因により地域ごとに多様な変遷を遂げてきたので一概にはいえないが，関戸（1992）によると，近代的な市場経済の発達に対応して，農業用の採草地から薪炭材の供給地となり，さらに経済的価値を生じた用材林育成へと推移したとされている．この点を見るために，関戸（1992）に従い，奈良県曽爾村の事例について概観する．曽爾村は，奈良県の東部を占める宇陀郡に属し，三重県と境界を接する．曽爾村の周囲は，室生火山岩からなる1000m級の山々で囲まれ，山の麓には木津川の支流である青蓮寺川が流れている．

　曽爾村では，明治中期頃，広大な草山がみられ，伝統的な入会林野として機

能していた.しかし,その後,採草地は急速に減少する.これは,1897年の森林法を契機に火入れの規制が行われたこと,1910年に開始された部落有林野統一事業によって,1927年に入会林野が曽爾村有地となり,基本財産造成のためスギ・ヒノキの植林が開始されたこと等が要因である(関戸,1992).

こうして多くの採草地が姿を消すなか,お亀池周辺の原野だけが茅場として

写真1.3 茅場として維持されてきた半自然草原
(2006年10月 奈良県曽爾村にて撮影)

写真1.4 火入れ前の延焼を防ぐ防火帯(2006年10月 奈良県曽爾村にて撮影)

残っている（写真1.3）．これは，お亀池周辺の原野が1970年に国定公園の一部として指定され，奈良県が土地の買収を行い，茅場の保全が行われたためである．具体的には，県と地元集落との契約により，防火帯のための草刈と芝焼き（写真1.4），春の山焼きなどの管理作業が集落の出役で行われる代わりに，集落に茅を刈り取る権利が与えられている．茅は，文化財の維持のために需要があり，現金収入がもたらされる（関戸，1992）．

また，都市近郊では，用材林ではなく，ニュータウンやゴルフ場の開発用地となった場合も多く見られる（横張・栗田，2001）．林野をめぐる利用形態の推移は，林野固有の要因というよりは，市場経済や農業技術の発展などの様々な社会的要因との関係のなかで規定されてきたといえるであろう．たとえば金肥や化学肥料の普及により田畑にすき込む緑肥の必要性が低下した．それから石油エネルギーによって動く耕耘機やトラクターが普及したことにより役畜が不要になり，さらには，牛馬を育てる飼料さえ草地から得るのではなく輸入肥料に頼るようになった．また，住居の屋根も茅葺きから瓦や金属に移行している．いずれにせよ，コモンズとしての草地は，経済的な利用価値を急激に低下させ，その面積が大幅に減少してきている．

・環境保全における評価と再構策に向けて

採草地は，ため池，共有林，里道など他のコモンズと同様，その経済的利用価値が低下する反面，環境保全という観点からその重要性が再認識されている．室田（1979）が指摘するように，かつての，入会採草地・茅場における資源利用は，身近に得られる再生可能資源を，生態系の物質循環の範囲内で利用するものとして機能していた．これらは，個々の地域を持続可能にするだけではない．個個の地域が持続可能であることによって，地球全体の持続可能性が高まる．また，これらの資源利用は，資源の供給や廃棄物の処理という点で，他地域への依存度を低くし，地域の自治という観点からも重要な役割を果たしていた．さらには，こうした資源利用が，結果的に競争力の強い種の育成を抑制し，多様な動植物が共存することを可能にしている．すなわち，入会採草地や茅場に見られた資源利用は，物質循環を通じた地球の持続可能性，地域の自治，生物多様性という観点から評価することができる．

今後の課題は，これら重要な役割を保持していた入会採草地や茅場を，現代社会に適応可能な形でいかに再構築していくかにある．全国各地で草原を維持するための活動がボランティアなどの力を借りながら行われている．こういった活動では，草地の保護だけを目的にするのではなく，地域内の物質循環そのものを取り戻す利用と保全のあり方を目標に据えていくことが，持続可能な社会への道筋を探る上で重要になるのではないだろうか．これは，私たちの経済活動が地下資源や輸入資源に依存するにつれて弱まりつつある人と自然の関わりを再構築する試みでもある．農業，人々の生業と深く結び付いたコモンズをいかに再生するかが重要な課題である．

(2) 里山・ため池

　日本には近年の言葉で里山といわれる地域が存在している．里山は，集落の周りの田畑，雑木林，竹林，畦道(あぜ)などの総称であり，農薬散布などのない限り豊かな生物相に恵まれた空間である．特に水田が重要で，そこへの水の源は，沢水であったり，湧水であったり，ため池であったりする．里山は平地にもあるが，多くは傾斜地にあるため，水田は棚田の形をとり[13]，生物多様性の宝庫となり得るだけでなく，人々の眼に美しい景観に映り，エコツーリズムの対象地となる地域もある．

　1950年代末から60年代にかけての燃料革命（エネルギー革命）以前の人々の暮らしは，そうした里山が提供してくれる燃料（薪や木炭）や水，そして緑肥に依存する部分が多かった．里山の多くは，入会山でもあった．沢水を引いての灌漑用水や，雨水・湧水を貯えるため池の管理は，歴史的に国や私企業にはよらず，その地域の住民によってなされたし，今もそのように管理されているところが多々ある．この意味において，里山は入会的な存在であり，コモンズの要素を含んでいる．

　その一方で，減反などの国策により，放置された水田は全国各地に広がっており，そこに住まない人々が地元の土地所有者からそれを借り受けて耕作する

---

[13] 棚田における灌漑については，滋賀県堅田市仰木地区において下流農業者が水配分において強い権利を持つ井堰親制度の事例研究が，コモンズ論の視点から詳細に分析されている（山本，2003）．

など，新しい活用法も見られる．

　ここで特にため池に焦点を合わせてみると，水田稲作の長い歴史を有する日本では，古来，灌漑用水源としてのため池が発達し，今に至っている．この結果，今日の日本にはおよそ20万ものため池があるものと推定される（写真1.5）．

　1960年代の高度経済成長期における都市化の進展，農山漁村における人口減少，減反政策などにより，20世紀後半の日本では水田は減少するようになった．これにともない，ため池の数も減少傾向にある．とはいえ，1989年度を対象年度とする農林水産省構造改善局地域計画課の都道府県別ため池数の調査では，全国に21万3893のため池が分布していた．1952〜1954年度には28万9713（沖縄県を除く），1978年度には24万6153であった．2007年度現在でおよそ20万という上記の推定はこれらの数値を根拠にしたものである．

　1989年度調査で判明した全国21万3893のため池のうち受益面積2ha以上のもの6万8853に関して誰が事業主体であり，誰が所有し，誰が管理しているのかを見ると，それは次のようになる．

　ため池灌漑などの事業主体を見ると，集落または申し合わせ組合が最も多く，ため池地区数で全体の40.2％，次いで市町村21.2％，土地改良区2.4％，個

写真1.5　芝焼きによるため池堤防の管理
（2007年2月　奈良市秋篠町いぬい池にて撮影）

人 2.4%,都道府県 1.4%,国 1.0%,その他 43.4% であった(内田,2003 の p.56 の表 1-10 より算出).所有者としても,集落または申し合わせ組合が最も多く,ため池地区数で全体の 48.8%,次いで市町村 21.2%,国 14.3%,個人 7.2%,土地改良区 5.1%,都道府県 0.5% の順になっており,その他 2.6% であった(同上).管理者としても,集落または申し合わせ組合が最も多く,ため池地区数で全体の 69.3%,次いで市町村 11.1%,土地改良区 9.9%,個人 8.2%,都道府県 0.1%,国 0.1% の順となり,その他が 0.9% であった(同上).

事業主体,所有者,管理者という 3 つの側面のどれについても,集落または申し合わせ組合と土地改良区を合わせると,市町村,都道府県,国といった公的部門を超えるかそれに匹敵する.その一方で,私的な所有や管理にゆだねられているため池は極めて少ない.いい換えれば,ため池については,公的部門や私的部門の関与よりも,小さな地域社会の関与が大きく,したがってその管理はコモンズ的な要素を強く持つといえる.

面積 2 ha 以下のものも含むため池地区数の都道府県別分布(1989 年度)については,兵庫県が全国一で 5 万 3100,2 番めが広島県で 2 万 998 であり,以下,香川県が 1 万 6158,山口県 1 万 2482,岡山県 1 万 284,大阪府 6396 となっており,瀬戸内海と大阪湾を囲む地域に多いことがわかる.逆にため池地区数の最も少ないのは東京都で 9 である.続いて神奈川県 20,沖縄県 75,山梨県 123 である.概して東日本には少ないが,それでも宮城県 6071,新潟県 5641 など,米どころの場合,必ずしも少ないとはいえない.また,北海道は 985 である.

なお,先にため池の事業主体などを見たが,事業主体,所有者に関し,その他に分類されるものがいくつかあった.そこでの"その他"の中身の詳細は不明だが,財産区が所有するものが含まれるものと推定される.本書の別の箇所で述べるように,財産区には山林,原野,鉱泉地など様々なものがあるが,財産区の分類のなかには,用水地・沼地,堤塘もあり,それらはため池を指す場合が多いものと思われる.経済学者の泉留維らは,2006 年から 2007 年にかけて日本全国の財産区のアンケート方式による悉皆調査を行ったが,その中間報告によれば,2007 年現在の日本には合計 3445 の財産区がある(浅井ら,

2007). これらのうち用水池・沼地は604で全体の18.5%, 堤塘は55で1.7%である. それらを仮に"ため池財産区"と呼ぶことにすると, ため池財産区が全国で最も多いのもやはり兵庫県で253である. 次いで大阪府232, 岡山県34, 滋賀県25, 長崎県23, 奈良県21である.

日本のため池の歴史や現況については, 応用地理学者の内田和子による優れた分析がある. それによれば, ため池は近年減少傾向にあるとはいえ, その存在意義を新たに見直す動きが各地で見られる. それは, ため池の持つ多面的機能を指摘し, 積極的にその保全を図ろうとするものである. 内田 (2003) が挙げているため池の多面的機能は, 農業用水の供給, 食糧生産・養魚, 地下水の涵養・水質浄化, 気候の緩和, 生態系の保全, 洪水調節, 非常時の防火用水・生活用水の供給, 水辺景観・アメニティの形成, レクリエーション空間, ため池をめぐるコミュニティの形成, 地域固有の文化遺産, 学習・教育, という12項目がある.

これらのうち, 農業用水の供給などはため池本来の機能であり, それ自体としては特に目新しいものではないが, 改めて注目したいのは, ため池は農業用水の水源内訳において, 戦後日本においても, 無視し得ない大きさの貢献をしていることである. 1946年における内訳は, 河川68.3%, ため池18.3%, 地下水5.3%であった. 1984年には河川87.3%, ため池11.1%, 地下水1.6%となっている. 1990年代半ばの数値としては, 1996年版『日本の水資源』(国土庁水資源部, 1996) の挙げている河川88.1%, ため池10.3%, その他 (地下水等) 1.6%という値が知られている (内田, 2003).

これらは日本全国についてであるが, 香川県農林部の1984年の調査では, 地域によってはため池の貢献度がずっと高いところもあり, 近畿臨海で41.7%, 沖縄で36.4%, 中国山陽で26.8%などとなっている. いい換えれば, ため池がなければ農業そのものが崩壊してしまうような地域も日本にはあるということで, それほどまでにため池は地域社会の存続にとって重要なのである.

こうしたため池本来の機能に加えて, 最近では小地域における寒暖差の緩和, 生態系の保全 (生物多様性の確保), 新しい水辺景観の創出といった新しい機能が期待されるようになってきている. ため池保全を条例で定めている地方自治体もあるが, その保全を現実に担うのはなんといっても地元住民であり, そ

こでもまたコモンズの意義を再認識することができる．

さて，ここまでコモンズとしての里山やため池について見てきたが，そのいずれもが農業水利と不可分の関係にある．古い歴史を有し，法令第2条（「慣習」を法認するもので，現在の「法の適用に関する通則法第3条」のこと）にその根拠を持つ慣行農業水利権についても付記しておく必要があろう．河川行政によりこの慣行水利権は整理される方向へと追いやられてきたが，現在も農業を支える上で重要な権利として生き続けている．慣行農業水利権の財産権上の法的解釈としては，法律上の規定がないため幾通りかの解釈が存在する．しかし法社会学者の渡辺（1968）は，「入会権類似の物権」であるとし，個人主義的共有ではなく，村落総有の性質を有すると論じている．東郷（2000）は，コモンズ論を分析視座にすえて，この権利の再解釈を試みている．

(3) 温泉

日本は，火山国であり，地震国である．私たち日本人はプレートとプレートのぶつかりあいに起因するものはもとより，火山活動にともなって発生する大地震の被害には長らく悩まされてきた．その一方で，火山の産物の1つである温泉は，皆が楽しめる憩いの場として存在し続けている．「温泉」と一口にいっても，国有地内に自噴し，まるでオープン・アクセスのような温泉（岩手県安比温泉など）から，リゾート温泉旅館として完全に私的に囲い込まれた温泉地まで多種多様である．コモンズとして所有・管理されてきた温泉も非常に多い．

川島編（1968）の分類によれば，温泉の管理主体には①市町村，②財産区，③組合，④会社などがある．これに国，都道府県，財団法人などを加えれば，温泉資源の管理や所有がかなり多様であることが推測できよう．

住民による管理がより強いものの例としては，長野県野沢温泉がある．同温泉は，旧野沢温泉村そのものといってもよい野沢組によって長らく管理されてきた．1956年隣村との合併時に設立された財団法人野沢会に主業務が移行された後も，野沢組が村の行事の一切を取り仕切りその管理が実質的に続いている伝統的なコモンズである．村営スキー場や観光に訪れる外部の人に対しても，13箇所の共同浴場が無料で開放され，源泉から共同浴場，共同洗い場までの

一切の管理は,「湯の子」と呼ばれる地域住民が担ってきた.

一方,川島の分類で②にあたる財産区制度下で管理・運営される温泉地もまたコモンズの性格を強く有する.直近のデータによれば,温泉財産区は全国で12箇所存在している(浅井ら,2007)[14].それらの1つに,長野県上田市別所温泉財産区があり,一般的には別所温泉の名で知られている.この温泉では,3箇所が共同浴場となっており,安価な料金で地域外の住民にも開かれている.野沢温泉と同様,共同洗い場も同地区にあり,住民はそこで山菜や野菜を湯がいたり,洗濯をしたりしている(写真1.6).

筆者らのうち三俣が,2004年12月,総合地球環境学研究所の斎藤暖生氏と共同で行った調査では,a. 専門家ないし研究機関に委託し,科学的に温泉の量・質の把握に努めていること,b. それに基づき野沢では野沢会が,別所では別所温泉財産区が厳格に利用規定や供給規定を策定し,温泉資源の量・質が保たれる範囲内での利用を図っていること,c. 野沢会,別所温泉財産区はともに,温泉資源の持続性を左右するものとして近隣の森林や地下水の保全を認識していること,d. 温泉の管理に向けて地域住民の賦役・協調行動が存在し

写真1.6　別所温泉財産区にある集落の洗い場
(2004年12月 長野県上田市にて撮影)

---

14) 財産区に関しては,総務省(旧自治省)の『地方自治月報』という統計資料がある.1957年(1957年12月31日現在)の『地方自治月報』によれば,温泉財産区は8つ存在している.

てきたこと，e. 泉質や湧出量を維持すべく域内での私的な自由掘削を禁止していること，f. 日常生活において地域住民による共同浴場や共同洗い場の利用が存在し，それが同時に温泉資源に対するモニターリングの役割を担っていること，などの共通性が存在することが明らかになった．

筆者らは，前出の川島編（1968）の分類による①市町村有や④会社所有の温泉に関しての具体的な調査は行っていないので，それらについては実態を正確に記すことができないが，川島編（1968）に基づき簡潔に説明しておく．まず市町村有の形態をとる場合，温泉掘削や管理については，市町村の公示する条例により規制される．とりわけ，地域の源泉に対する権利（源泉権）を市町村が独占的に握っている場合には，地方公共団体の実施する規制が，旧総有団体の掘削・利用規制と同一の機能を果たす．既得温泉利用権者は，条例に基づいて優先的に利用権を確保し，しかも条例により譲渡制限・新規加入制限等の規定を定めている場合が多く，旧来の入会的な温泉利用関係が維持されている．一方，会社所有をとるものには，旧温泉権者が温泉権を現物出資して会社に譲渡する形態，温泉権を保留して利用権だけを会社に委任する形態等が見られる（川島編，1968）.

近年の温泉をめぐる訴訟にも触れておかなければならない．その代表的なものとして，大分県堀田東温泉の訴訟を挙げることができよう．同温泉は，別府市西側における堀田地区の住民の共有財産として長らく管理されてきた．歴史的には，掘田地区住民が掘削し，自らの共同浴場として，外部者には開かない形で長らく管理してきた温泉である．この意味で，本書の第2章と第3章で取り上げる塔区の記名共有の形と似た「閉じたコモンズ」を形成してきた．同温泉は，1日あたり地域住民約250名が利用してきた．もちろん，先祖から代々共有財産として受け継いできた「私的性格」を強く有する温泉であるゆえ，地区住民が無料で利用し続けてきたのは当然のことである．同温泉は，泉質もよく温泉湧出量も豊富であるため，格好の開発対象として狙われたようだ．別府市は，市内から九州横断道路を結ぶ道路の拡張工事の計画を持ち出し，同温泉地に住む住民の一部を立ち退かせるだけでなく，この道路わきに大型温泉施設を建設するという案を浮上させた．

堀田東温泉の浴室のある地盤は，地区の氏神・秋葉社の名義になっているも

のの，温泉浴室自体は未登記であり，同市は市の所有であると主張した．2000年，住民らは理不尽なる公的権力の行使に対抗すべく「掘田に共同温泉を残す会」を結成し，入会権研究者である中尾英俊弁護士（西南学院大学名誉教授）に「湯口権」の帰属証明の鑑定などを依頼した．その結果，中尾氏は「地区住民は元来'湯口権'を持ち，市による一方的な廃止は違法」と結論付けた．にもかかわらず，同市は一部自治会委員との間での話し合いに基づき，2003年4月に掘田東温泉への給湯停止措置を強行した．太刀打ちできないほどの強い権力で刃を向ける公権力によって生じるコモンズ内の混乱・解体の問題は，もはやコモンズ内のみでの解決能力の域を超える．2000年前後から，公共事業がこれほどまでに非難を浴びてきた一因もそこにある．

(4) 里道
• 里道とは
里道（りどう）は，さとみち，あかみち，赤線などとも呼ばれ，近年，コモンズ研究において注目されつつある（嶋田，2007；嶋田・齋藤，2007）．法的には，道路法による道路に認定されていない道路，すなわち，国道，都道府県道，市町村道として認定されていない道路（認定外道路）のうち，公図（旧土地台帳法施行細則〈昭和25年法務省令88号〉第2条1項に基づく旧土地台帳付属地図）上赤い帯状の線で表示されているものをいう．里道は，認定外道路の代表的存在といわれており，林道や自然公園道などとして利用されているものもある（寳金，2003）．

まず，里道の由来から見ていこう．里道という概念は，現在の法律には見あたらず，その由来は，道路等級ヲ廃シ国道県道里道ヲ定ム（明治9年6月8日太政官達60号）だといわれている．そこでは，道路の等級を廃止し，国道，県道，里道に分類するとしている．また，里道には，1等里道，2等里道，3等里道がある．1等里道は，いくつかの区をつなぎ，あるいは，区から隣の区に通じる道路を指す．また，2等里道は，用水や堤防，牧畜，坑山，製鉄所などの重要施設などのために，当該区の人民の協議によって別段に設ける道路を指す．そして，3等里道は，神社仏閣や田畑の耕作のために設ける道路を指すとされている．

写真 1.7 開発をまぬがれて散策道としてよみがえった里道（2007 年 3 月 神奈川県鎌倉市腰越地区にて撮影）

　このような里道のうち，重要なものについては，1919 年 4 月施行の旧道路法において，市町村道に認定するように当時の建設省の指導が行われた．そして，その後も指導が行われて，認定作業が進められてきたという．1975 年に当時の建設省が行った推計によると，全国で総延長 145 万 8000 km，面積約 2670 km^2 にもおよぶ里道が存在したとのことであるが，現時点でどのくらいの里道が存在するのかは，はっきりしていない．

　里道などの認定外道路は，大多数が明治維新以前に存在していた．幕藩体制期には誰でも自由に利用することを本来の姿とした道路に対して，その利用者が近代的な所有意識に近い意識を持つことは極めて稀であったと考えられている．この所有意識が希薄な状態は，明治維新以降も現在まで続いており，不動産登記はおろか，国有財産台帳に登記することも考えつかないという状態であった．これが，現在も里道がどのくらい存在するのかが正確にわかっていない理由である．

したがって，里道は，現在は廃道同様になっているものであっても，その由来をよく調べてみると，かつては人々が足しげく往来した重要な生活道路であったり，村民共同の墳墓地に至る道路であったりする．そのような由来を調査することによって，里道の正確な形状や幅員を知る手がかりを得る場合もあるという．これらの里道の大部分は，国土交通省所管の国有財産と解されてきたが，これらは，2000年4月1日から2005年3月31日までの間に市町村に譲与されることとなった．

上記の里道と同様の法的性格を持つ河川である青線(あおせん)にも言及しておこう．青線は，普通河川のうち公図上青色の線で示されているものをいい，普通河川の代表的存在である．なお，普通河川とは，河川法や下水道法など河川管理に関する特別法の適用ないし準用のない河川で，運河，公共悪水路，堀，堤塘等を総称する．青線はその多くが農業用水であるが，大阪府の道頓堀川や京都府の高瀬川などのように，都市部にも存在する（牧，1977）．

• コモンズとしての里道

次に，里道のコモンズとしての性格について見ていきたい．近年，環境破壊的な開発の計画に対して，その開発予定地に入会地が含まれていれば，入会権が環境保全の有効な手段になることが活発に議論されている（室田，2007b）．これと同様に，開発予定地に里道や青線が通っている場合，里道や青線が環境破壊的な開発を阻止できるのであろうか．このような場合の具体的な制度については，各市町村の条例などによって定められている．これらの制度は各市町村でそれぞれ異なるので，一概には論じることができない．

そこで，実際に，一般・産業廃棄物管理型最終処分場の建設計画をめぐって，それらが与える環境への影響から係争が起こり，里道がその争点の1つになっている山梨県身延町の事例を嶋田・齋藤（2007）をもとに議論する．身延町では，里道に関する制度は，「身延町公共物管理条例」「身延町公共物管理条例施行規則」「身延町公共物管理事務処理要綱」に定められている．これらは，山梨県町村会のものが基礎となり，それらをもとに各市町村が作成しているという．

開発により里道や青線などの公共物の用途廃止が行われる場合，開発を行う

申請者は，次の2つの同意書が必要となる．第一に，公共物の隣接地に申請者以外の所有する土地がある場合，その所有者の同意書が必要となる．第二に，公共物に利害関係を有する者の代表者，たとえば，農業委員，水利組合長，自治会長，区長，土木委員などの同意書が必要になる．

また，公共物の用途廃止が行われ，廃止された施設の代替施設の設置が必要とされる場合，申請者は，以前と同等以上の機能を有する施設を設置し，町に寄付しなければならない．その場合も，新たに作られた通路や水路などの寄付施設が，申請者以外の所有する土地を通る場合，その土地所有者の寄付承諾書などが必要となる．

実際，今回の産廃建設予定地となっている林野にも，里道や青線が広い範囲にわたって存在し，それらの用途廃止と代替施設の寄付に関して，手続き上の不備を理由に，町は認可を出していない．手続きには，隣接する土地の所有者や利害関係者の同意や代替施設設置のための土地の寄付が必要であるため，地域住民の十分な同意が得られない開発行為は，このことによって防げられる可能性が高い．このように，開発にともなう環境の改変について，地域の人々の同意を得る必要があるという里道や青線に関する仕組みは，コモンズ的な要素を多分に有するものといえるであろう．

(5) 焼畑

日本の焼畑に関する研究の第一人者であり民俗学者の佐々木高明の著書『日本の焼畑』では，焼畑農業（以下，焼畑）を以下のように定義している（佐々木，1972）．

> 焼畑農業とは熱帯および温帯森林・原野において，樹林あるいは叢林を伐採・焼却して耕地を造成し，一定の期間作物の栽培をおこなったのち，その耕作を放棄し，耕地を他に移動せしめる粗放的な農業である．

また，焼畑は切替畑，伐畑ともいい，焼畑の呼び方は，地域，火入れの時期，また経営方法によってアラキ，刈野（カンノ），ナギ畑などと呼ばれる場合もある．

日本の焼畑は，交通の便が悪く，寒冷な気候・急峻な地形などにより稲作が

難しい「孤立した集落」で行われてきた．佐々木（1972）によると，全体的傾向として，日本の焼畑は，日本海沿岸地域と四国・九州の山地の集落で，かつ人口密度が1km²あたり200人以下の地域に多く分布している．ただし，そのような条件にあてはまりつつも焼畑が行われていない例外的地域も存在する[15]．その理由として，これらの地域は，東北地方のなかで開拓が行われていなかった地域，中部地方のなかで地形が急峻ではなかった地域であったと同書では既存研究をもとに指摘している．また，その他の理由として，例外地域の山地土壌，気候植生，歴史的条件，林業や牧畜の状況も挙げられている（佐々木，1972）．

そのような孤立した山間地域では，穀物生産の場所として，集落の常畑か周辺の山林を伐り開き焼畑を行うことでしか生き抜く手段がなく，生業の1つとして，焼畑が非常に重要な役割を果たしてきた．焼畑の主要作物は，1936年の農林省山林局による『焼畑及切替畑に関する調査』，1950年の『世界農業センサス』によると，ソバ，アワ，ヒエ，大豆，小豆であり，これらの植物が全国的に植えられていた．その他には，大根，カブなどの根菜類，ナタネ，エゴマなど油脂作物，サトイモ，サトウキビなどイモ類（九州・沖縄），コウゾ，ミツマタなど樹木作物（四国）があった（佐々木，1972）[16]．

焼畑は，集落を取り囲む山林を伐り開いて行うことが多いため，歴史的に焼畑地は入会地のなかに設けられ，存続してきた事例が多い．たとえば，長野県下水内郡栄村秋山地域，福島県大沼郡本名村（現・金山町本名），岐阜県大野郡白川村・荘川村（現・高山市荘川町）・高鷲村（現・郡上市高鷲町），山梨県南巨摩郡早川町奈良田などでは，入会地のなかに焼畑地が設けられていた[17]．一方，地主から土地を借り受けて，農民が焼畑農業を行っていた事例もある．たとえば，岐阜県郡上市白鳥町石徹白では，山林の大部分は6-7名の地主が所有していた．多くの農民は，地主の山林を借りて耕作していて，数年間耕作し

---

15) たとえば，青森県，北関東，長野県北部，岐阜県東北部から愛知県東部，京都北部・若狭，紀伊半島東部・南部，中国山地南西部などがある．

16) ただし，コウゾや山桑などは，戦後に焼畑から消滅した．

17) 秋山については明川・星野・柳田（1997），田口（2005），本名村は佐々木（1972），白川村・高鷲村は佐々木（1972）と文化庁文化財保護部（1997a），奈良田は，文化庁文化財保護部編（1997b）を参照．

た後に，杉を植林して返却していた（文化庁文化財保護部 編，1997a）．また，高知県吾川郡仁淀川町椿山では，歴史的に名本といわれる1人の地主に山林所有が集中していた．多くの農民は，名本から土地を1株ずつ分けてもらい，小作料を払わずに耕作し，1年のうち何日間かは名本のために働く義務があった（福井，1974）．熊本県球磨郡五木村でも，幕末期から地頭，ダンナといわれる大地主の林野を借用し，地代の代わりに賦役（トウド）を行う慣行があった（佐々木，1972）．

焼畑に使われていた入会地は，村中入会，村々入会の両方であった．白川村・高鷲村では，「仲間地」ともいわれた（佐々木，1972；文化庁文化財保護部 編，1997a）．村中入会の場合，比較的自由に焼畑を行っていた．たとえば，白川村と高鷲村では，木の枝を切って焼畑地の境界の目印としていた．場所の選定について話し合いが行われず，自由に選定された．この枝切りは毎年ではなく，1年おきに行われていた（文化庁文化財保護部，1997a）．また，秋山の場合，他の世帯に焼畑として使うことを連絡することはあったが，特に取り決めはなく，世帯が自由に焼畑地を開墾することが多かった．本家・分家の上下関係は関係なく，集落の住民であれば平等に焼畑地を開墾することができた（明川・星野・柳田，1997；田口，2005）．また，福島県沼沢村大志（旧・大沼郡金山町）では，「カノのヤマノクチ」という日を7月4日に定め，住民が競って適地の占有につとめたという（佐々木，1972）．一方，数村持入会の場合，焼畑地の境界が必ずしも明確ではなく，紛争が絶えず発生していた．

入会地の焼畑は，山割りをして世帯ごとに焼畑地を設定するため，分割利用形態といえる．高知県では，入会地での耕作権を「株（かぶ）」と呼び，何人かで入会地の焼山を分割して，耕作していた．複数の焼畑地を複数の農民が利用する場合，均一反別割りではなく，石高の均等割りがとられていた．たとえば，高知県吾川郡いの町となった旧本川村では，1780（安永9）年の史料によると，7枚の焼畑の石高12石6斗を21人で割り，1人あたり6斗播きの区画に区分していた．また，1つの入会地では土質・日照りが同一条件にあるので，均一反別割りとなることが多かった（文化庁文化財保護部，1997a）．また，椿山では，入会地が10株とすると，焼き山を終えた畑に10人が等間隔に並び，境界の目印を付けて割り山を行ったという（文化庁文化財保護部，1997a）．

コモンズである入会地を焼畑地として利用している場合，火入れ，耕起・畝立てといった労働力集約的に必要な作業は，「結い」などの共同労働で行われる場合が多かった[18]．ただし，それ以外の作業は世帯で占有的に利用するため，それぞれの焼畑地が固定化し，明治以降は，入会地を分割し，個人所有地となる焼畑地も多数あった．たとえば，白川村の平瀬部落では，1924年の部落有林統一の際，私有地としてこれらの土地を登記している（佐々木，1972）．

　幕末から拡大した焼畑農業は，明治後期に最盛期を迎えるが，それ以降衰退をたどる．まず，1897（明治30）年に森林法が制定され，植林の推奨，火入れの制限，保安林の設定が行われ，それまで自由に行われてきた焼畑が制限されることとなる．たとえば，白山山麓では，「出作り」といって，焼畑地が母村から離れて点在しているため，周期的もしくは固定して母村から離れて住居を構え焼畑を行っていた．しかし，保安林が設定され，出作り型の焼畑経営に大きな制約を与え，衰退の要因となった．また，同地域では，明治末期から大正初期にかけての北海道への移住，平野部の都市への労働力の流出により衰退の一途をたどる（佐々木，1972）．秋山では，1875（明治8）年から水田の開墾も始まり，少しずつ焼畑の重要性が低下していく．また，産業道路の開通，林業の急速な発展により焼畑跡地の植林が促進された．さらに第二次世界大戦後は，それまで閉ざされていた集落も道路開発により市場へのアクセスが容易となり，食料の流通が向上する．また，木材価格の上昇により，共有林は分割され植林地に変容していった．日本全体の傾向としては，1950年の『世界農業センサス』のなかには「焼畑及び切替畑」という調査項目があったが，1960年のセンサスでは，この項目がなくなっている（佐々木，1972）．

　総括すると，日本の焼畑は，交通の便が悪く，寒冷な気候・急峻な地形などにより稲作が難しい「孤立した集落」を中心に発展してきた．地主が台頭している地域では，焼畑地が私有的形態をとる場合も見られたが，多くの場合，人口に比べて豊富な山林に取り囲まれた地域であったため，入会的利用形態をとっていた．資源量の豊富さから，集落住民が出作りのように比較的自由に利用している場合も見られた．集落周辺など土地がある程度稀少な場合は，本家・

---

18) ただし，小規模な焼畑地では共同作業ではなく，世帯労働のみで行われている事例もある（佐々木 1972）．

分家も関係なく各世帯に「平等」に焼畑地が割りあてられた．土壌や日照条件に応じて，面積ではなく収量が平等になるように分配されていた．このように，稲作が困難な地域であったため，集落住民全員が自給自足できるようにコモンズとしての焼畑利用が発展してきたといえよう．ただし，1897年の森林法制定以降，産業道路の開通，電源開発・木材運搬業・出稼ぎなど現金収入獲得機会の増加，家族状況の変化（少子化，進学率の増加），集落自体がダム開発により消滅するなどして，焼畑を行う重要性が低下していく．その結果，1955年頃には全国的には焼畑が姿を消すことになった．

1.3 イギリスと北欧諸国のコモンズの歴史と現在

1.3.1 イギリスのコモンズ

(1) イングランド，ウェールズのコモンズ

「イングランドには山はないの？」ロンドンを出発した電車の車窓を流れる景色から，ふとこんな疑問を持ってしまう人もいるかもしれない．事実，イングランドには，日本人がイメージするような「森林」は少ない．しかし，イギリスでも，北イングランド，スコットランドのハイランド，ウェールズには，1000 m級の山々がそびえる．したがって，イギリスのコモンズには，主として平地部とりわけ都市近郊に展開する都市コモンズがあり，また山岳地帯に広がる高地コモンズもある，というわけである．

現在，イングランドやウェールズには，数多くのコモンランドがそれぞれの州に存在している．1965年の入会地登記法に基づき，面積，所有者，入会権者などが登録されているため，基本的な数的データの把握が可能である．登記されたコモンランドの数から見ると，南東・北西にその多くが分布している．また，面積から見ると，イングランドには約36万7000 ha（国土総面積の約3％に相当）が存在し[19]，特に湖水地区で名を馳せる北西地域には約33％のコモンランドが存在し，特有の高地農業が営まれている．

入会地全面積のほとんど半分にもなる18万haについては，各入会地の一部ないし全部が，法的に「特別に科学的重要性が認められる地域（Site of

Special Scientific Interest, SSSI)」に指定されている．そして，全体の48%以上にあたる17万8500 haは，それと同時に，土地の一部ないし全部が国立公園のなかにある．全体の31%にあたる11万3134 haについては，その土地の一部ないし全部が，法的に「自然の美しさがぬきんでている地域（Areas of Outstanding Natural Beauty, AONB）」に指定された地域内にある．

一方，イングランドと同様，ウェールズには，約18万3500 ha（国土総面積の8.5%に相当）の入会地が存在している．その規模は1 ha 未満から数千ha の面積を持つものまである．ウェールズにも，SSSIが設定されており，その指定地域の25%が入会地内にある．同地域の入会地も私的所有地が大半を占めるが，所有者不明の入会地も存在する．現在，イギリスのコモンズ上には，イギリス政府による農業・景観政策だけでなく，EUによる環境・景観保全指定の網がかかっている．イギリス国内には，環境・景観保全を目的とする指定が実に多い．（表1.4）．

(2) 都市コモンズ

イングランド，ウェールズのコモンズは，英国の環境・食料・農村省（Department for Environment, Food and Rural Affairs, Defra）のレポート（2005）に基づくと，おおむね次のような管理形態下で管理されている．①任意団体（Voluntary Bodies）；入会権者連合（Federation）を組織，②法令上の組織（Statutory Bodies）；保全理事会，旧慣的管理組織，コモンズの所有・管理ないしは協議に応じる社会的機関，③その他；寄付に基づく組織，財団，政府，に分類されている[20]．このような形で21世紀の現在を生きるイギ

---

19) 同法の対象にはなっていないが，入会権に基づく利用が続いてきたニュー・フォレスト（6万7000 ha）やエッピング・フォレスト（2430 ha）を加えると，目下のイングランドには，約44万haほどのコモンランドが存在することになる．また，イングランドにおいて同法が適用されている入会地の件数は，7039件である．それらの大半は私有地であるものの，1900件については，所有者が誰か不明である．地理的には同一の土地に複数種類の入会権が設定されているのはごく普通のことであり，「1965年入会地登記法」の下で実際に認められた入会権は2万4157件であった．それらが先述の7039件の入会地に設定されているわけである．

20) Board of Conservatorsを保全理事会，Ancient Management Systemsを旧慣的管理組織，Social Authorities Owing and Managing Commons, or Responding to Consultationsをコモンズの所有・管理ないしは協議に応じる社会的機関と仮訳したが，機関の実態・特性をつかんでおらず適訳でないかもしれない．暫定訳としておきたい．

表1.4 英国内の特別指定地域（主要なもの）

	SSSI	ESAs	AONB	SPAs	SACs
正式名称	Site of Special Scientific Interests：特別に科学的重要性が認められる地域	Environmental Sensitive Area：環境上特に傷つきやすい地域	Areas of Outstanding Natural Beauty：自然の美しさがぬきんでている地域	Special Protection Areas：特別保全地域	Special Area of Conservation：保全特別地域
数	4000	12500	36	252 (UK), 78 (England)	236
面積(ha)	913000 (England)*	650000 (England)**	1956500 (England)***	1559558 (UK), 648638 (England)	244101 (UK), 130410 (England)
登録管轄主体	Natural England	Defra	England：Natural England　Wales：Countryside Council for Wales　Scotland：Scotish Natural Heritage	Bird Directive (単位はEU) 窓口はNatural England	European Habitats Directive 窓口はDefra
対象	眼を見張る美しい生態系．広大な湿地，草花豊かな牧草地，海岸，高地，泥炭湿地．	農地が多い．湿地，荒蕪地，海岸湿地，渓谷．	景観．	鳥の生息地．	開発から鳥を守る目的．
備考	他のESAsなどと重複あり．	1987年よりUK開始．2005年3月3日よりEnvironmental Stewardshipに引き継がれる．	スコットランドのAONB＝National Scenic Area.	1979年4月に施行されたEC Directive on the conservation of wild bird 第4条に基づく．UKでは1980年中頃に導入．	SPAsとよく似ている．法令もSPAsと同様の法律に基づく．

＊イングランドの面積の7％．＊＊イングランド農地の10％．＊＊＊イングランドの面積の15％．
出典）三俣（2007）．

リスのコモンズのうち，ロンドン周辺の都市コモンズについて，どのような利用・管理がなされているかを事例を挙げて見ておくことにしよう．

ロンドンや大都市近郊には，万人のアクセスを許すコモンズが多数存在して

いる．これら都市コモンズの管理・運営にあたって，もし，近隣住民や入会権者の関与・参画がなく，公的サービスとして提供されているのであれば，それはもはやコモンズとは呼び得ない．

　しかし，ウィンブルドン・プトニィコモン[21]やエッピング・フォレスト[22]，ハムステッド・ヒース[23]などの管理・運営には，入会権者や地域住民の強い関与がある．ウィンブルドンの場合は，先述した保全理事会（Board of Conservators）という主体によって管理されている．入会権者をはじめ同区住民は，コモンの維持・管理に要する費用をまかなうべく特別税を納めている．理事会のメンバーも政府指名の理事3人に対し，8名は住民から選出される．1990年からは，同コモン1.2 km以内の居住者ないしプトニィ教区の住民の納める税金（区が定める保有財産への課税基準に比例）が，コモンの管理・運営を支えている．

　他方，エッピング・フォレストやハムステッド・ヒースは，コーポレーション・オブ・ロンドン[24]という半ば公的性格の強い組織の管理下にあるものの，その具体的運営に関しては，入会権者の意見が尊重され，その結果，大都市ロンドンのハムステッド・ヒースやエッピング・フォレストでは，地域固有の生態系維持という観点からも入会慣行に基づく放牧が続いている．このような共

---

[21] 19世紀，土地所有者である第5代スペンサー卿が，同入会地を売却しようしたが，ピーク卿を筆頭に入会権者がこれを阻止した．それ以降，万人に開かれたオープン・スペースになった歴史がある（三俣・室田，2005）．

[22] エッピング・フォレストは，19世紀に領主による囲い込みの危機に瀕していた．しかし，この頃にはすでにコモンズ保全協会が設立（1865年）されており，同会による強力な援助も後押しして，「1878年エッピング・フォレスト法」が成立し，オープン・スペース化する形で，その保全が決定した（三俣・室田，2005）．

[23] ハムステッド・マナーは，もともとウェストミンスター僧院が所有していた．1830年頃までに，ヒースの周りに邸宅が立つようになり，地価が上昇し始めた．当時の領主・ウィルソン卿は財力を増やそうと考え，囲い込みの私法案を25年にわたり7回国会に提出したが，すべて否決された．ヒースを開発しようとする彼と，それを阻止しようとする人たちの論争は，彼が亡くなるまで42年間続いた．彼の死後，エステートを相続した息子は，そこを首都圏工事局に売り渡す決断をし，その結果，1871年ハムステッド・ヒース法が誕生した．これに基づき，同局はヒースの管理者として，そこを囲い込まず，建物を建てず，その自然の状態を保つという条件の執行者となった．今日では自治法人ロンドン（Corporation of London）の管理下にある．

[24] 筆者らが「自治法人ロンドン」と訳す同機関は，「地方行政サービスをイギリスの金融と商業の中心であるロンドン・シティ（ザ・シティ，City of London）に提供している」（泉・三俣・室田，2005）．

同的な資源管理は予定調和的に突如,生成してきたわけではない.ハムステッド・ヒースやエッピング・フォレストなどの旧コモンランドの多くで,その存亡をかけた争い・駆け引きが入会権者と土地所有者の間で繰り返し行われてきた(三俣・室田,2005).本書では,脚注にて要約した以上に,これら各々の歴史的変遷を論じるだけの紙面的余裕がない.詳しくは,室田・三俣(2004)や三俣・室田(2005)を参照されたい.

大都会にあって,「開いたコモンズ」の形で生き続けるコモンズは,ヒートアイランド現象を抑え,排ガスを吸収し清浄な空気へと転換する役割を担っている.それだけではない.晴れた日には大勢の人が無料でそのような空間を楽しむことができる.開いたコモンズは,都市環境の浄化・アメニティ機能を担う存在として現代的な役割を負っている.開いた形のコモンズとしては,イングランド・ウェールズだけでもすでに22万5000 km^{2}を超えると見られているパブリックフットパス(ランブラーズ協会,ウェブサイト)や,タウン・グリーン(town green),ビレッジ・グリーン(village green)と呼ばれる比較的小面積の町村緑地があり,これらは,日本における里道・長狭物(1.2.3(4)参照)などの法定外公共物と似た性格を持っている.

(3) 高地コモンズ

これまで日本では,イギリスのコモンズについて概して都市・都市近郊にあるオープン・アクセス化したコモンズの研究が進められてきた.しかし,コモンズとはいっても,都市と高地では随分とその様相は異なる[25].19世紀半ばからの都市のコモンランドのオープン化の波は,イギリスのみならずEUによる環境保全・景観保全政策の強い圧力と相まって,高地コモンズ(北イングランドやウェールズ)の農業者に放牧制限を,さらにはコモンズランド上における万人のアクセス権の設定を迫るものとなった.このような動きは,北イングランドやウェールズの高地コモンズにおける高地農業の存続上,危機をもたらすことになった.

---

[25] 歴史的展開・現在の管理において,この両者の相違をある程度理解しておかないと,イギリスのコモンズはもはや都市コモンズのようにすべてがオープン・スペース化している,などというような誤認が生み出されうる.

この結果,高地では「開きながら閉じた形」でコモンズが存在しているように見える.つまり,高地に点在する組合を連合化し,政府や環境保全団体からの圧力から,高地農業地としてのコモンズを死守しようとしているのである.その意味では,閉じたコモンズである.しかし,注目すべきはむしろ次の点にあるように思われる.すなわち,同連合を組織するのは,入会権者だけではない,という点である.各コモンズに関わる人たち,土地所有者,入会権者(高地農家),環境保全団体,政府,環境コンサルタント会社が同連合に属し,各ステークホルダーにとって望ましい高地コモンズ利用・管理を模索しているのである.カンブリア州の場合,「カンブリア入会権者連合」という名称で,各コモンランドの入会権者が連合組織を形成し,高地農業の存亡の危機を乗り越えようと模索している.入会権者だけでなく,彼らと利害対立関係にあることの多い土地所有者,政府,環境保全団体が参画し,望ましい政策像を描き出そうとしている.この点では,この種の連合組織は,岡田(2007)のいう「政策的中間組織」といってもよいかもしれない.

ここまでイギリスという表現を使ってきたが,その分析・考察の対象は,イングランドとウェールズに限定してきた.では,スコットランドではどうであろうか.スコットランドには法律上,コモンズは存在しない.しかし,歴史

写真1.8 ブラッケン(シダ植物の一種)が繁茂する湖水地区のアンダーミルベッグコモン(写真右)

写真 1.9 パブリックフットパスを歩く親子づれ（2007年8月 イギリス，ウィンダミアにて撮影）

写真 1.10 コモンズに隣接して「No Footpath」とかかれた私道がのびる（2007年8月 イギリス，ウィンダミアにて撮影）

には，イングランドのコモンズに極めて近いコモンティ（commonty）という入会地が存在してきた[26]。ハイランドでは，18世紀から，領主らが，半農半漁で生計を立てていたクロフター（crofter）と呼ばれる人たちから入会放牧の権利を奪い，さらには彼らを追い出すために住宅の焼き討ちをする暴挙に出た。ハイランドクリアランスと呼ばれるこの残酷極まりない事件にも屈せず，抵抗を続けた一部のクロフターらを世論が支持し，今や彼らの放牧権は法律で確固たる地位を得ている。他方，スコットランド・アバディーン州には外部から資金調達を行い，かつてのコモンティの森を復活させたバース・コミュニティ・トラストがある[27]。調達した資金によってコモンティの森の運営経費をま

---

[26] 入会権者のみが使えたコモンティは，1695年コモンティ分割法によって，分割されていない私有財産と定義されるようになった。同法は，王室コモンズを除き，スコットランドのすべてのコモンランドを私有財産の形に変える契機を与えた（Callander, 2003）。

[27] ハイランドクリアランス，クロフターの入会放牧については，三俣・室田（2005）で詳しく紹介している。また，バース・コミュニティ・トラストに関しては，室田（2006）を参照されたい。

かない，人口わずか500人程度のバース教区の住民に金銭的な負担がおよばないようにしている．同地区内のメンバーシップに関しては，外に開こうとはしていない．外部から寄付金を集めることには積極的であり，自主自立的とはいえないものの，かつてのコモンティをよみがえらせ，それを共同で管理し，労働を生み出し，地域の利にともしている．

(4) 日本の入会との比較

　同じイングランドでありながら，南の大都市ロンドンのコモンズと北の山がちの農村地帯であるカンブリア地方のコモンズとでは，歴史や地形はもとより，利用や管理の形態が違う．しかし，ともにコモンズとして，存亡の危機を乗り越えて21世紀の今を生きている．ロンドンの場合，19世紀半ばに大都市化が進み，宅地開発などの波にあってコモンズは存亡の危機に見舞われたものの，「万人に開く」という方向でその存続が可能になった．その過程で，コモンズ保全協会が歴史に残る大きな仕事をした．これに対し，カンブリア地方のコモンズのなかにも，存続が危ぶまれているものがある．ただこの場合，依然として入会放牧は少なからぬ数の人々にとって生業であり，万人に開いてしまうと，生来の場としての意義が消滅してしまう可能性が生じる．日本について考えると，政策決定に強い影響力を持った政治家や学識経験者らが力を出し合えば，異なる地域の入会権者らによる連合などの実現を通じて，山村社会の暮らしや地位をより強く保証しえたかもしれない．

　しかし，上述したカンブリア州とは異なり，概してそういう方向には進まず，入会林野の運営を競争的な市場経済のなかへと組み入れることで，入会ひいては農山村を「近代化」することに終始した．具体的には，生産森林組合などの私的性格の強い団体の創設へという路線をひた走ったのである．今後，イギリスのコモンズ研究においては，日本の入会林野政策・森林政策に生かせるような部分を検討していくのと同時に，学び得ない部分や導入困難な部分を両国の歴史，文化，経済的背景や変遷を考慮に入れつつ，吟味していく必要があろう．

1.3.2 北欧諸国の万人権

　自然環境の利用権，すなわち万人権の問題は，自然と人との関わり方を考える，あるいは，自然は誰のものかという問いを考える上で非常に重要な問題の1つであり，コモンズ論における重要な論点とも一致する．ここで，万人権とは，自然を破壊せず，他人に迷惑をかけないという原則のもと，誰もが他人の土地に立ち入って自然環境を享受する権利である．万人権は，狭い意味におけるコモンズの権利とはやや性格が異なるものであるが，自然に対する重層的な権利を把握することは，今後のコモンズ論，特に日本におけるコモンズ論においても非常に重要である．以下では，嶋田・室田（2007）をもとに北欧での万人権について概観する．

　北欧諸国では，古くから，他人の土地に立ち入り自然環境と野外生活を楽しむ権利が慣習法として生成されてきた．これは，たとえばノルウェー語では，allemannsrett に相当し，他の北欧諸国，スウェーデン，フィンランド，デンマーク，アイスランドでもそれぞれ該当する用語が異なる．しかし，これらの用語が意味する基本的内容は同じである．ここで allemanstrett とは，「すべての」（alle）「人の」（mann）「権利」（rett）であり，万人権と訳すことができる[28]．北欧における野外生活の伝統の基礎的な構成要素となったこの万人権の歴史は，少なくとも中世の国法にまで遡って確認できる（Sandell, 2006）．

　このように，慣習法として認められてきた万人権であるが，現在では，北欧各国の様々な法律のなかで規定されている（表1.5）．

　ノルウェーの万人権[29]は，1957年から野外生活法（Friluftsloven）によって位置付けられている（Ministry of Environment，ウェブサイト）．本書では，ノルウェー語の Friluftsloven を野外生活法[30]と訳出する．ノルウェー政府は，Friluftsloven に Outdoor Recreation Act という英語をあてており，

---

28) 石渡は，これを「損害を与えないという条件の下に他人の所有する土地，山野などに自由に立ち入り，果実を採取し，水浴びをしたりすることのできる，社会のメンバーの権利である」（石渡，1995）という意味内容から自然環境享受権と訳している．その他，万民自然享受権（阿部，1979）等の訳が存在する．
29) 公的な英訳語では right of access と表記される．
30) 石渡（1995）においても野外生活法と訳出されている．

表1.5 北欧諸国における万人権の法制度

	主要な法律	関連する法律	基本的内容	採取が認められている林産物
ノルウェー	野外生活法 (1957)	刑法,自然保全法,野生生物法	耕作地(居住地,農場構内,幼齢期の植林地などを含む)以外のすべての公・共・私有地への立ち入り.	ベリー,キノコ,花,薪など.
スウェーデン	自然保全法 (1964)	刑法	居住地以外のすべての私有地への立ち入り.ただし,耕作・植林への侵害がある場合は禁止.	ベリー,キノコ,花など.販売目的も可.
フィンランド	固有の規定なし	刑法,建築法,廃棄物回収法,野外法	昔からの土地利用の慣習としている.ただし,宅地,農園,草地,その他耕作されている土地への立ち入り,危害を与えることは禁止.	ベリー,キノコ,花など.
デンマーク	自然保護法 (1969)	森林法,刑法	公有林への自由な立ち入り.5 ha以上の私有林への,日没から日の出の住居から50 m以上離れた林道への立ち入り.土地所有者の拒否権が強く,万人権への制限が多い.	ベリー,ナッツなど.販売目的は禁止.
アイスランド	自然保護法 (1971)		非耕作地,非囲い込み地における,土地所有者の居住を妨げない範囲での立ち入り.	ベリー,キノコ,海藻など.その場での食用が原則.

出典)嶋田・室田(2007).

そのまま直訳すると,野外レクリエーション法となる.本書において,野外レクリエーション法ではなく野外生活法という訳語を用いるのは,万人権が持つ意味内容においても,それはより生活に密着したものであり,日本においては単なる労働の気晴らしや娯楽を意味する言葉として用いられるレクリエーション[31]とは性格が異なるためである.また,ノルウェー語の意味から判断してもfrilufts (outdoor life:野外生活),loven (law:法律)であり,野外生活法という訳語が適切である.

その他の関連する法律としては,自然保全法,野生生物法,刑法,などがあり,林産物の採取については刑法により規定されている.一般的に,万人権が

---

[31] たとえば,代表的な国語辞典の1つである『広辞苑』でレクリエーションを調べると「仕事や勉強などの精神的・肉体的な疲れを,休養や娯楽によって癒すこと」とある.

認められている場所では，ベリー[32]，キノコ，そして花の採取が認められている（State of the Environment Norway，ウェブサイト）．また，9月半ばから4月半ばまでの間は，薪の採取も認められている（Norwegian Ministry of Agriculture, 2003）．

スウェーデンの万人権[33]は，基本的には慣習法として発展してきた．万人権を1つにまとめて規定した法律は存在しないが，1964年自然保全法に万人権が明記されている．また，刑法においても規定があり，刑法第12章第4条では，他人の宅地，農園，その他の所有地に立ち入り，損害を与えることは禁止されている．しかし，通行は，徒歩，自転車，あるいはスキーの利用であるならば許されている．歩行のできるところであれば，休息，水浴などのための短期の滞在も許されるし，48時間内のテント設営による宿泊もできる（石渡，1995）．また，万人権の対象となる土地では，ベリー，キノコ，花の採取が認められている．土地所有者の権利を侵害しない範囲では，商業目的での採取も認められている（Swedish Environmental Protection Agency，Webサイト）．

フィンランドにおいては，万人権[34]は昔からの土地利用の慣習であるが，権利の限界は，1889年刑法に規定されている．刑法以外には，建築法，廃棄物回収法，野外法において，関連する規定が存在する（石渡，1995）．フィンランドは，広大な自然に恵まれているため，他人の土地において万人権を行使する際の規則に関しても，特に固有の法律はなく，慣習法やその他の様々な法律の規定に委ねられている．それらに共通する万人権の伝統的な考え方は，土地の所有にかかわらず，自由に立ち入り，ベリーやキノコなどの自然資源を採取できる，というものである．また，この権利は，外国人にも適用される（Ministry of Environment，ウェブサイト）．

廃棄物による自然環境を悪化させる行為については，廃棄物回収法第33条

---

32) 本章でベリー（berry）という場合，植物学的な用法ではなく，通俗的用法のものを指す．すなわち，本章でのベリーには，クランベリー，ブルーベリーだけでなく，ブラックベリーやラズベリーなども含む．
33) スウェーデン語では，allemansrättと表記され，公的な英訳語ではright of public accessと表記される．
34) フィンランド語では，jokamiehenoikeusと表記され，公的な英訳語はeveryman's rightである．

によって刑罰の対象になっている．廃棄物を捨てた者が不明のときは，地方自治体が廃棄物を回収して環境を浄化するよう要請する権利が土地所有者に認められている．万人権が他人に行使されるのを拒むために，土地所有者が住居近くに立ち入り禁止の標識を出したり，柵を設けたりすることは，フィンランドでは特に禁止されていない．

デンマークにおいては，万人権[35]に関する規定は，1969年の自然保護法にある．その他，森林法や刑法にも関係する規定が存在する．デンマークは，北欧諸国のなかで最も人口密度が高く，万人権に対する制限も多い．また，特徴としては，規定における主要原則の1つとして，土地所有者の拒否権が強調されている点が挙げられる．

自然保護法第54条により，全面的に草に覆われておらず，また，人工的な草地ではない水辺の地域には，散歩，短期滞在，水浴のため誰でも立ち入ることができるが，滞在と水浴のためには，住居から50 m以上離れていることが必要である．また，国家や地方自治体などが所有する公有林には誰でも自由に立ち入ることが可能である．私有林であっても，5 ha以上の森林であれば，日の出から日没までの間は，住居から50 m以上離れている林道を散歩することができる．その際，ベリーのような天然の果実をその場で食するために採取することは認められているが，販売目的で採取した場合には，刑法第276条によって窃盗罪に問われる（石渡，1995）．

アイスランドでは，1971年の自然保護法が万人権[36]を規定している（石渡，1995）．それによると，土地に作物が植えられていない，あるいは土地が囲われていない場合には，土地の所有者の居住を妨げないことを前提に万人権が認められる．万人権が認められている土地では，その場での食用を原則に，ベリー，キノコ，海藻などの採取が認められている（The Environment and Food Agency of Iceland，ウェブサイト）．

---

35) デンマークでは，他の北欧諸国で見られるような万人権は存在しない（Kaae, 2006）．しかし，これに近い概念（公的な英語表現で public access to nature）は，政府の環境政策にも位置付けられており，対象となる土地の面積も近年広がりつつある（Danish Environmental Protection Agency，ウェブサイト）．本書でデンマークの万人権という場合はこれを指す．

36) 公的な英語訳は public rights である．

参考文献

明川忠夫・星野公一・柳田洋一郎（1997）『秋山郷の民俗』初芝文庫.
秋道智彌（2004）『コモンズの人類学』人文書院.
秋道智彌 編（2007）『資源とコモンズ』弘文堂.
浅井美香・泉留維・斉藤暖生・山下詠子（2007）「ローカル・コモンズとしての財産区の現状：2007年悉皆調査より」環境経済政策学会2007年大会報告論文.
阿部泰隆（1979）「万民自然享受権—北欧・西ドイツにおけるその発展と現状①」,『法学セミナー』Vol. 23, No. 11, pp. 112-117.
新崎盛暉・比嘉政夫・家中茂 編（2006）『地域自立 シマの力』コモンズ.
池俊介（2006）『村落共有空間の観光的利用』風間書房.
石井良助（1939）『近世法制史料叢書［第二］』弘文堂書房.
石渡利康（1995）『北欧の自然環境享受権』高文堂出版社.
泉留維・三俣学・室田武（2005）「スコットランド西部とイングランド南部の入会地」,『専修大学論集』（研究ノート）第39巻, pp. 303-363.
井上真（2004）『コモンズの思想を求めて』岩波書店.
内田和子（2003）『日本のため池』海文社.
岡田久仁子（2007）『環境と分権の森林管理：イギリスの経験・日本の課題』日本林業調査会.
小栗宏（1958）「入会農用林野の解体といわゆる共同体的所有について」,『地理学評論』31号, pp. 406-416.
戒能通孝（1964）『小繋事件—三大にわたる入会権紛争』（岩波新書A59）岩波書店.
加藤雅信（2001）『所有権の誕生』三省堂.
加藤真（2006）「原野の自然と風光—日本列島の自然草原と半自然草原」,『エコソフィア』第18号, pp. 4-11.
川島武宜 編（1968）『注釈民法（7）物権（2）』有斐閣.
川島武宜（1994）『温泉権』岩波書店.
関東弁護士会連合会 編（2005）『里山保全の法制度・政策』創森社.
北尾邦伸（2005）『森林社会デザイン序説』日本林業調査会.
漁業法研究会（2005）『逐条解説 漁業法』時事通信社.
茎田佳寿子（1980）『江戸幕府法の研究』巌南堂.
国土庁水資源部（1996）『日本の水資源 1996年度版』国立印刷局.
楜澤能生（1998）「共同体・自然・所有と法社会学」, 日本法社会学会 編『法社会学の新地平』有斐閣, pp. 182-193.
財政学研究会 編（2005）「特集シンポジュウム コモンズの現代的意義と課題」,『財政と公共政策』第27巻第2号, 財政学研究会, pp. 16-26.

栄村史堺編編集委員会 編（1964）『栄村史 堺編』長野県下水内郡栄村.
佐々木高明（1972）『日本の焼畑』古今書院.
佐竹五六・池田恒男他（2006）『ローカルルールの研究 海の「守り人」論 Part2―ダイビングスポット裁判の検証から―』まな出版.
島上宗子（2007）「'入会交流'がつなぐ日本とインドネシア」加藤剛 編『国境を越えた村おこし：日本と東南アジアをつなぐ』NTT 出版, pp. 31-61.
嶋田大作（2007）「コモンズ研究と里道」,『Local Commons』第 2 号, 文部科学省科学研究費補助金・特定領域研究『持続可能な発展の重層的環境ガバナンス』'グローバル時代のローカルコモンズの管理' 発行, pp. 12-13.
嶋田大作・齋藤暖生（2007）「山梨県身延町現地調査報告―環境保全の砦としての里道・青線―」,『Local Commons』第 3 号, 文部科学省科学研究費補助金・特定領域研究『持続可能な発展の重層的環境ガバナンス』'グローバル時代のローカルコモンズの管理' 発行, pp. 6-8.
嶋田大作・室田武（2007）「ノルウェーにおける万人権とコモンズの現況：重層的な自然資源管理と環境保全の視点から」, 文部科学省科学研究費補助金・特定領域研究『持続可能な発展の重層的環境ガバナンス』（研究代表者・植田和弘）Discussion Paper No. Jo 7-06.
菅豊（2006）『川は誰のものか：人と環境の民俗学』吉川弘文館.
鈴木龍也・富野暉一郎 編（2006）『コモンズ論再考』晃洋書房.
関良基（2005）『複雑適応系における熱帯林再生：違法伐採から持続可能な林業へ』御茶ノ水書房.
関戸明子（1992）「奈良県曽爾村における林野所有と林野利用の変容過程」,『地理学評論』65A-5, pp. 373-394.
相馬正胤（1959）「高知県寺川部落における焼畑経営の構造」,『地理学評論』32 巻 5 号 pp. 229-246.
中尾英俊（1962）「林野利用の諸形態」, 潮見俊隆 編『日本林業と山村社会』東京大学出版会, pp. 239-364.
寶金敏明（2003）『新訂版 里道・水路・海浜―長狭物の所有と管理―』ぎょうせい.
田口洋美（2005）「近代における市場経済化と生業の変化」『季刊 東北学』2005 年 5 月号, pp. 84-105.
田中克哲（2002）『最新・漁業権読本：漁業権の正確な理解と運用のために：漁協実務必携』まな出版企画.
田中克哲（2003）『最新・漁業権読本―漁協実務必携』まな出版.
多辺田政弘（1990）『コモンズの経済学』学陽書房.
チャールズ・クローバー（脇山真木訳）（2006）『飽食の海：世界から sushi が消える日』岩波書店.

東郷佳朗（2000）「慣行水利権の再解釈—「共」的領域の再構築のために—」,『早稲田法学会誌』50巻, pp. 103-146.
永松敦（2002）「狩猟と焼畑」, 赤坂憲雄 編『さまざまな生業』岩波書店.
浜本幸生（1996）『海の"守り人"論—徹底検証・漁業権と地先権』まな出版企画.
浜本幸生・田中克哲（1997）『マリン・レジャーと漁業権』漁協経営センター.
半田良一（2006a）「入会集団・自治組織・そしてコモンズ」, 中日本入会林野研究会 編『中日本入会林野研究会会報』第26号, pp. 6-22.
半田良一（2006b）「'コモンズ論'を論評する」,『山林』pp. 2-11.
平松紘（1999）『イギリス緑の庶民物語：もうひとつの自然環境保全史』明石書店.
平松紘（2002）『ウォーキング大国イギリス—フットパスを歩きながら自然を楽しむ』明石書店.
平松紘（2003）「イギリスにおける'歩く権利法'と自然保護—自然共用制に向けて—」環境法政策学会 編『環境政策における参加と情報的手法』商事法務, pp. 166-174.
福井勝義（1974）『焼畑のむら』朝日新聞社文化庁文化財保護部 編（1997a）『焼畑習俗 岐阜県・高知県』国土地理協会.
舟橋諄一（1960）『物権法（法律学全集18）』有斐閣.
文化庁文化財保護部 編（1997a）『焼畑習俗Ⅰ 岐阜県・高知県』国土地理協会.
文化庁文化財保護部 編（1997b）『焼畑習俗Ⅱ 山梨県・宮崎県』国土地理協会.
細川修（1982）「第七節 山仕事と農作業」. 馬瀬良雄〔ほか〕編『秋山郷のことばと暮らし』第一法規, pp. 205-228.
牧英正（1977）「高瀬川・三田用水・道頓堀川床の所有権—土地所有権の近代化と河川敷の所有権」, 手塚豊教授退職記念論文編集委員会 編『明治法制史政治史の諸問題』慶応通信, pp. 409-441.
間宮陽介（2002）「環境資源とコモンズ」, 佐和隆光・植田和弘編『環境の経済理論』（岩波講座環境経済・政策学第1巻）岩波書店, pp. 181-208.
三井昭二（2006）「コモンズ論における市民社会と風土：半田報告に対するコメントにかえて」, 中日本入会林野研究会 編『中日本入会林野研究会会報』第26号 pp. 33-39.
三俣学（2006）「市町村合併と旧村財産に関する一考察：地域環境・コミュニティ再考の時代の市町村合併の議論にむけて」『民俗学研究』pp. 67-98.
三俣学・小林志保（2002）「共有山と灌漑用水管理をめぐる共的ルールの検討—滋賀県甲賀郡大原地区と高島郡高島地区を事例として—」,『エコソフィア』（民族自然誌研究学会）, 第9巻, pp. 81-97.
三俣学・嶋田大作・大野智彦（2006）「資源管理問題へのコモンズ論, ガバナンス論, 社会関係資本論からの接近」,『商大論集』vol. 57(3), pp. 19-62.
三俣学・斉藤暖生（2005）「温泉資源の持続的利用と地域経済」,『コモンズと生態史研究会報告書』（文部科学省科学研究費補助金特定領域研究"資源人類学"研究会報告

書），pp. 167-183.

三俣学・室田武（2005）「環境資源の入会利用・管理に関する日英比較」,『国立歴史民俗学博物館研究報告』第123集, pp. 253-323.

三俣学（2007）「英国・カンブリア州におけるコモンランドの歴史と現在：現地での本格的共同調査に向けて」環境経済・政策学会2007年大会報告論文.

宮内泰介 編（2006）『コモンズをささえるしくみ：レジティマシーの環境社会学』新曜社.

三好登（1995）「漁業権の内容と法的性質」，日本土地法学会編『漁業権・行政指導・生産緑地法』有斐閣.

三輪大介（2007）「入会地の環境保全型利用；沖縄県国頭村辺戸区の入会係争事例調査から」, 文部科学省科学研究費補助金・特定領域研究『持続可能な発展の重層的環境ガバナンス』（研究代表者・植田和弘）, *Discussion paper* No. J07-08, pp. 1-30.

室田武（1979）『エネルギーとエントロピーの経済学』東洋経済新報社.

室田武・三俣学（2004）『入会林野とコモンズ』日本評論社.

室田武（2006）「水車の新たな夜明け―スコットランドから日本を考える」, 財団法人リバーフロント整備センター『月刊FRONT』10月号（第18巻, 第1号）, pp. 30-31.

室田武（2007）「瀬戸内海北岸における入会地, 神社有地, 漁業権の危機：上関原発計画をめぐる司法判断の批判的検討」科学研究費補助金・特定領域研究『持続可能な発展の重層的環境ガバナンス』（研究代表者・植田和弘）, Discussion Paper No. J07-11.

諸富徹（2006）「環境・福祉・社会関係資本：途上国の持続可能な発展に向けて」,『思想』岩波書店, No. 983, pp. 65-81

藪田雅弘.（2004）『コモンプールの公共政策』新評論.

林業経済学会 編（2006）『林業経済研究の論点：50年の歩みから』林業経済学会.

早稲田大学21世紀COE ≪企業法制と法創造≫ 総合研究所「基本的法概念のクリティーク」研究会 編（2007）『コモンズ・所有・新しいシステムの可能性：小繋事件が問いかけるもの：シンポジウム記録報告書』.

鷲谷いづみ（2001）「保全生態学から見た里地自然」, 竹内和彦・鷲谷いづみ・恒川篤志 編『里山の環境学』東京大学出版会.

山本早苗（2003）「土地改良事業による水利組織の変容と再編―滋賀県大津市仰木地区の井堰親制度を事例として―」,『環境社会学研究』9, pp. 185-201.

山脇直司（2004）『公共哲学とは何か』筑摩書房.

横張真・栗田英治（2001）「里山の変容メカニズム―埼玉県比企丘陵地帯を例に―」, 竹内和彦・鷲谷いづみ・恒川篤志 編『里山の環境学』東京大学出版会.

我妻榮（1952）『物権法（民法講義Ⅱ）』岩波書店.

我妻榮（1966）「昭和41年大阪府泉大津漁業の補償金配分をめぐる訴訟事件に関する鑑

定書」,浜本幸生ほか (1996)『海の"海の守り人"論―徹底検証:漁業権と地先権』まな出版企画, pp. 385-403 に再録.

我妻榮 (1983)『新訂 物権法 (民法講義Ⅱ)』(補訂:有泉亨) 岩波書店.

Berkes, F. (1985) "Fishermen and the tragedy of the commons", *Environmental Conservation*, 12(3): 199-206.

Callander, R. (2003) "The History of Common Land in Scotland," *Commonweal of Scotland-Working Paper* No. 1 (Issue 1), Caledonia Centre for Social Development.

Demsetz, H. (1967) "Toward a Theory of Property Rights," *American Economic Review*, 57(2), pp. 347-359.

Department for Environment, Food and Rural Affairs (2005) *Agricultural Management of Common Land in England and Wales*, Appendices.

Feeny, D., Berkes, F., McCay, B., and Acheson, J. (1990), "The Tragedy of the Commons : Twenty-two years later", *Human Ecology*, 18 : 1-19.

Kaae, B. (2006) "Ecotourism in Denmark," in Gössling, S., and Hultman, J. eds., *Ecotourism in Scandinavia : Lessons in Theory and Practice*, Oxfordshire, UK : CABI.

Norwegian Ministry of Agriculture (2003) "Norwegian Forests-Policy and Resources" Norwegian Ministry of Agriculture.

Ruddle, K. and Akimichi, T. eds. (1984) "Maritime institutions in the Western Pacific", National Museum of Ethnology.

Sandell, K. (2006) "The Right of Public Access : Potential and Challenges for Ecotourism," in Gössling, S., and Hultman, J. eds., *Ecotourism in Scandinavia : Lessons in Theory and Practice*, Oxfordshire, UK : CABI.

Shimada, D. (2007) "The Changes and Challenges of Traditional Commons in Current Japan : A Case Study on *Iriai* Forests in Yamaguni District, Kyoto-City," presented at 63rd Congress of the International Institute for Public Finance, University of Warwick, UK.

Tamanoi, Y., A. Tsuchida, and T. Murota (1984) "Towards an Entropic Theory of Economy and Ecology," *Ecoomie appliquée* XXXⅦ (2), pp. 279-294. (邦訳:玉野井芳郎・槌田敦・室田武「永続する豊かさの条件:エントロピーとエコロジー」, S・クマール著, 耕人舎グループ訳『シューマッハーの学校』ダイヤモンド社, pp. 239-257)

参考ウェブサイト

別府・堀田東温泉問題を考える会：http://horitaonsen.npgo.jp/

ランブラーズ協会：http://www.ramblers.org.uk/

Danish Environmental Protection Agency, "Biodiversity—Nature protection and public access to nature"：http://www2.mst.dk/udgiv/publications/2002/87-7972-279-2/html/kap05_eng.htm

Ministry of Environment (Finland), "Everyman's right"：http://www.ymparisto.fi/default.asp?contentid=49256&lan=EN

Ministry of Environment (Norway), "Outdoor Recreation Act"：http://www.odin.dep.no/md/english/doc/regelverk/acts/022005-990514/dok-bu.html

State of the Environment Norway, "Right of access"：http://www.environment.no/templates/themepage__2147.aspx

Swedish Environmental Protection Agency, "Allemansrätten"：http://www.allemansratten.se/templates/firstPage.asp?id=2058

The Environment and Food Agency of Iceland, "Public Rights"：http://english.ust.is/of-interest/NotesforVisitors/Accessrights/

第2章
外的要因がコモンズに与える影響

2.1 なぜ外部との関わりに着目するのか

　第1章で見てきたように，自然環境の持続性という側面から，コモンズが着目されている．しかし，その一方で多くのコモンズが近代化とともに消滅してきたことも事実である．植田（1996）が指摘するように，現代社会に適応したコモンズはいかなる条件のもとで成立するのか，その条件を解明することは，学問的にも社会的にも重要な意義を持つ．

　特に先進工業国におけるコモンズの存立条件を議論するためには，いわゆる「コモンズの悲劇」論で議論されていたようなコモンズ内部での議論，すなわち，個々人が利己的な動機に従って行動すれば，過剰な利用により資源が枯渇するという資源の共同利用の状況において，いかに悲劇を回避し持続的な資源利用制度を構築していくか，という議論だけでは十分ではない．コモンズが外部との関わりを持つ機会が格段に増大するなかで，コモンズが外部からの衝撃にどう対応するのかが重要になってくる．

　本章では，外部からの影響として，他地域からの転入者の増加と経済のグローバル化に焦点を絞って議論する．従来から集落住民が共同で管理を行ってきた森林コモンズが，外部からの影響に対して，どのように管理運営の制度を変容させてコモンズを維持し，現在どのような役割を果たしているのか．そして，今後も存続するための条件は何か．この点を明らかにするために，本章では，京都市右京区山国地区を具体的な事例として取り上げる．

図 2.1　山国地区の位置
出典）白地図ソフトケンマップを用いて嶋田作成．

2.2　京都府山国地区の概要

　本章，および第3章で事例として取り扱う山国地区[1]は，京都市の北部に位置しており（図2.1），2005年に行われた京都市との合併以前の旧京北町にある6地区の1つである．2006年現在での山国地区の世帯数は523戸，人口は1724人である．山国地区は，歴史的にも先進林業地帯として知られており，日本林業史の通史として定評のあるコンラッド・タットマンによる『緑の列島（The Green Archipelago）』（Totman, 1989）においても，先進的な林業地帯としてたびたび紹介されている[2]．また，山国林業の歴史的展開過程について体系的に論じたものとして本吉（1983）がある．

　本吉（1983）によると，山国地区は，794年の桓武天皇の平安遷都に際して

---

[1]　山国，あるいは，山国郷と称される地理的な範囲は，歴史的に変遷しているので一概にはいえないが，本書で山国地区という場合，1889年の市町村制の施行により誕生し，1955年に京北町に合併されるまで存続した山国村と同じ範囲を指すものとする．
[2]　Totman（1995）においても同様．

2.2 京都府山国地区の概要

禁裏御料地となったと伝えられる．そして，中世には，天然材を伐出し，貢納する採取林業が展開されていた．近世に入ると，山国地区と京都を結ぶ大堰川（桂川）の改修が進むにつれ山国材の生産量は増大し，近世中期には，人工造林が開始された．そして，明治維新以降，木材需要の増加は，大堰川水路により京都の消費市場と直結していた輸送条件・市場条件の有利性が維持されている限りにおいて山国林業に一層の進展をもたらした．現在においても，山国地区の林業は，山国林業，あるいは，山国地区を含む旧京北町全域の林業を指す京北林業[3]と称され，地域の重要な産業となっている．

この地域の林野に目を転じると，地域の総面積 4735 ha のうち林野面積が 4562.8 ha であり，林野率は約 96.4％ である．また，林野面積のうち国有林は 3.0 ha と極めて少なく，約 99.9％ の 4559.8 ha が民有林である．民有林の内訳は，スギが 1671.9 ha で民有林の約 36.7％，ヒノキが 602.4 ha で約 13.2％，マツが 834.5 ha で約 18.3％，その他針葉樹が 172.1 ha で約 3.8％ を占めており，これら針葉樹の合計が民有林の 72.0％ を占めている．また，広葉樹は 1262.3 ha で民有林の 27.7％ を占めている．その他，伐跡無立木地，竹林，特用樹林，更新困難地がそれぞれ民有林の 1％ 未満の面積を占めている（表 2.1）．

次に民有林の管理・利用形態を見ると，山国地区は，京北地域のなかでも比較的慣行共有林の多い地域で，森林面積の約 12.0％ が慣行共有林となっている（表 2.2）．山国地区内の集落を共有林の管理単位で見ると，小塩，初川，元井戸，寺山，大野，比賀江，中江，辻，塔，鳥居，下の 11 集落が存在する．これらの 11 集落は，大堰川（桂川）およびその支流に沿って点在し（図 2.2），共有林を主にスギ・ヒノキの人工林，マツタケ採取権の入札販売を行うアカマツ林として利用している．各集落の共有林管理の制度的側面については 2.3 節で論じる．

本章では，外的要因がコモンズに与える影響というテーマを扱うが，その際には，調査対象地区の産業構造の変化に関する情報が参考になるので，ここで整理しておく．ただし，山国地区という単位でのデータが存在しないため，山

---

[3] 京北町産業振興課林政室（2002）．

86　第2章　外的要因がコモンズに与える影響

表 2.1　山国地区の民有林の内訳

樹種	針葉樹					広葉樹	伐跡無立木地	竹林	特用樹林	更新困難地
	スギ	ヒノキ	マツ	その他針葉樹	針葉樹合計					
面積 (ha)	1671.9	602.4	834.5	172.1	3280.9	1262.3	6.7	3.4	0.3	6.3
民有林に占める割合 (%)	36.7	13.2	18.3	3.8	72.0	27.7	0.1	0.1	0.0	0.1

民有林面積の合計は 4559.8 ha.
出典）京都府京北地方振興局 (2003) より作成.

表 2.2　山国地区の森林の経営形態別面積

	森林面積	国営	公営					私営							
		国	府	市町村	財産区	緑資源開発公団	森と緑の公社	会社	社寺	森林組合	生産森林組合	学校	慣行共有	個人	その他
面積 (ha)	4562.8	3.0	0.0	2.9	228.2	0.0	10.0	99.9	93.7	22.7	0.0	0.0	549.0	3553.4	0.0
森林面積に占める割合 (%)	100.0	0.1	0.0	0.1	5.0	0.0	0.2	2.2	2.1	0.5	0.0	0.0	12.0	77.9	0.0

出典）京都府京北地方振興局 (2003).

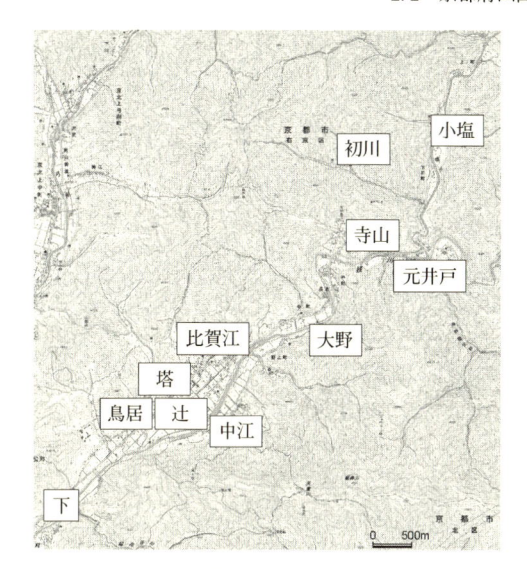

図 2.2　山国地区の 11 集落の位置

出典）国土地理院発行の 2 万 5 千分の 1 の地形図をもとに嶋田作成.

国地区の他に黒田地区，弓削地区，周山地区，細野地区，宇津地区を含む旧京北町という単位でのデータを用いる．

1955 年から 2000 年の 45 年間での目立った動きとして，農業および林業などの第 1 次産業従事者の減少が挙げられる．農業における 1955 年の 15 歳以上就業者数は 2835 人で，旧京北町における 15 歳以上の全就業者数の約 50.6% を占めていた．これが，2000 年の段階では，就業者数が 309 人となり全体に占める割合は約 10.0% にまで落ち込んでいる（表 2.3）．林業も同様で，就業者数，構成比はそれぞれ，1955 年の 969 人，17.3% から 2000 年の 195 人，6.3% まで減少している．他方，第 2 次産業と第 3 次産業の就業者数全体に占める割合は年々増加している．第 2 次産業全体の構成比は，1955 年の 10.1% から 2000 年の 25.9% へ増加し，第 3 次産業でも同じ期間に，構成比が 22.1% から 57.3% へ増加している．

88　第2章　外的要因がコモンズに与える影響

表2.3　産業別15歳以上就業者数

区分		1955		1975		1995		2000	
		就業者数（人）	構成比（%）	就業者数（人）	構成比（%）	就業者数（人）	構成比（%）	就業者数（人）	構成比（%）
総数		5605	100.0	4145	100.0	3411	100.0	3095	100.0
第1次産業	農業	2835	50.6	988	23.8	382	11.2	309	10.0
	林業・狩猟業	969	17.3	418	10.1	221	6.5	195	6.3
	漁業・水産養殖業	0	0.0	1	0.0	0	0.0	0	0.0
	計	3804	67.9	1407	33.9	603	17.7	504	16.3
鉱業		94	1.7	7	0.2	0	0.0	0	0.0
第2次産業	建設業	254	4.5	328	7.9	351	10.3	333	10.8
	製造業	217	3.9	872	21.0	656	19.2	469	15.2
	計	565	10.1	1207	29.1	1007	29.5	802	25.9
第3次産業	卸売り・小売業	372	6.6	444	10.7	422	12.4	400	12.9
	金融・保険・不動産業	61	1.1	44	1.1	45	1.3	28	0.9
	運輸・通信業	200	3.6	187	4.5	139	4.1	138	4.5
	電気・ガス・水道業		0.0	33	0.8	19	0.6	18	0.6
	サービス業	416	7.4	654	15.8	966	28.3	1001	32.3
	公務	187	3.3	165	4.0	199	5.8	189	6.1
	計	1236	22.1	1527	36.8	1790	52.5	1774	57.3

出典）京北町企画課（2004）より作成．

写真 2.1 住宅の造成が進む花見月団地（2005 年 2 月 京都市山国地区下にて撮影）

　山国地区は，車やバスを使うと約 1 時間程度[4]で京都市の中心部に出ることができ，京都市中心部への通勤も十分に可能である．このことから，山国地区内のいくつかの集落では，京都市中心部への通勤を前提に転入してくる新住民が増加しており，住宅団地の造成も見られる（写真 2.1）．また，山国地区の古くからの住民にも京都市内中心部へ通勤する者が増加している．京都市内への通勤者数の増減を旧京北町単位で見ると，1975 年の時点では，京都市内への通勤人口は 346 人で，就業者数の約 8.3％を占めていた．これが 2000 年の時点になると 509 人に増加し，就業者数の約 16.4％を占めるようになっている[5]．

2.3　11 集落悉皆調査に見る新住民と共有林管理制度

　本節では，山国地区の各集落が新住民の増加によってどのように制度を変容

---

[4] 利用する交通手段や気象条件により異なるので一概にはいえないが，たとえば，西日本ジェイアールバスの高雄・京北線の時刻表によると，最寄のバス停「周山」から京都市中京区の「二条駅前」までの所要時間は，1 時間 5 分となっている．
[5] 京北町企画課（1979）および，京北町企画課（2004）参照．

させてきたかについて議論する．まず，共有林を管理する組織の形態として3つの組織形態が存在することを見ていき，そのあと，組織形態が3つに分類できたとしても，それらの内実はより多様であることを述べる．さらに，共有林管理組織と氏子組織や檀家組織など集落内の宗教組織との関係も，集落ごとに違った仕組みが作られている点を見る．最後に，集落ごとの制度の多様性について若干の考察を加える．

2.3.1 共有林管理の組織形態

集落悉皆調査において，山国地区の共有林管理組織の形態として次の3つの形態が存在することがわかった．まず，それら3つの組織形態の制度的な特徴など，基礎的な事実を述べる．

山国地区の共有林管理組織の形態として1つめに挙げられるのは，区（集落）の自治組織と同一の組織で共有林を管理する形態（以下では，区による管理という）である．区による管理では，区の自治組織のなかに「山林委員会」等を設けて共有林を管理する．共有林からの収益はすべて区の会計に繰り入れられ，区の運営に用いられる．かつては，ほぼすべての集落が共有林を区有林として管理していたが，次第に区と共有林管理組織を分離していく傾向が見られる．

山国地区の共有林管理組織の形態として2つめに挙げられるのは，区とは別の共有林管理組織（任意団体）を新たに設立する形態である．この管理形態は，従来は区による管理を行っていた集落が，共有林管理組織を設立することによって，共有林管理を区の行政から分離したものである．現在，山国地区全11集落のうち7集落がこの形態で，最も多い組織形態となっている．

3つめの組織形態として，認可地縁団体が挙げられる．これは，区による管理から認可地縁団体による管理に移行したもので，2集落ある．ここで，認可地縁団体と呼ぶのは，1991年の地方自治法改正により創設された制度で，「町又は字の区域その他市町村内の一定の区域に住所を有する者の地縁に基づいて形成された団体」（地方自治法第260条の2）で法人として認可を受けることが可能となったものである．

認可地縁団体，特に入会林野管理組織としての認可地縁団体の役割に関しては，山下（2006）において詳しく論じられているが，ここでは，認可地縁団体の大まかな概要のみを整理しておく．まず，認可地縁団体制度が創設された背景には，自治会や町内会などで保有している不動産の登記をめぐるトラブルがある．全国で29万余りあるといわれる自治会・町内会などでは，公民館や集会所等をはじめとして不動産を保有していることが多いが，従来，自治会などの団体名義で不動産登記を行うことができなかったため，単独または複数の代表者名義で不動産の登記を行ってきた．しかしながら，こうした個人名義での不動産登記は，名義の変更や相続の際に多くのトラブルを引き起こしてきた．認可地縁団体制度の創設は，地縁による団体に法人格を付与することで，団体名義での不動産登記を可能にした．

このような目的で創設された認可地縁団体制度であるが，農山村部では，集落が保持してきた入会林野を認可地縁団体の名義で登記する事例が増加している．2.3節の主題である他地域からの転入者の増加に関して考える際，入会集団と認可地縁団体の目的・収益配分，構成メンバー（加入・脱退の要件）の違いは重要である．したがって，やや長くなるが以下でその点について整理を行う．

まず，目的・収益配分であるが，入会集団と認可地縁団体では大きく異なる．入会集団は，入会権という民法上の私有財産権を持った権利者の集団である．一方，認可地縁団体は，収益権者の集団ではない．入会集団の目的は，入会権者の利益を図ることにあるため，慣習によって入会林野を使用収益したり，収益を構成員に分配したりすることができる．一方の認可地縁団体の目的は，良好な地域社会の形成維持にあり，所有森林からの収益を構成員に分配することはできないとされている．

また，構成メンバー（加入・脱退の要件）においても，入会集団と認可地縁団体は大きく異なる．入会集団は入会慣習によって限定された入会権者（世帯が単位）のみから構成される．そして，入会集団の加入・脱退は入会慣習により定められている．多くの場合，加入には，加入金の支払いや満額の権利を得るまでに数十年を要するなどの制約が課される．一方，集落を離れる場合には，権利を失うのが一般的である（離村失権）．他方，認可地縁団体は，一定の区

域内に居住する全住民（個人）を対象にした組織で，居住すればそれだけで権利が認められ，財産権の取得はともなわない．

2.3.2 多様な共有林管理制度

　山国地区の共有林管理組織の形態は，組織の形態だけを見れば3つに分類できる．しかし，各集落の共有林管理制度を詳細に検討するなかで，それらは単に3つの組織形態に分類できるようなものではなく，各集落の状況に応じて非常に多様な変遷を遂げてきたことがわかる．以下では，集落ごとの違いについて見ていく．

　まず，区による管理を続けている小塩区と大野区であるが，この2つの集落では，区による管理を続けている理由が大きく異なる．小塩区の場合は，区による管理を続けている理由として，共有林の規模が比較的小さいことが挙げられる．聞き取り調査によると，比較的小さい規模の共有財産をめぐって，権利関係を明確化する，すなわち，共有林の収益権者とそうでない者を明確に区別することで，集落の一体性が損なわれることを避けたかったという．小塩区では全46世帯中，戦後にこの地区に転入してきた世帯は，23世帯である．転入世帯の多くは，昭和30年代頃に転入し，林業に従事していた．比較的早い段階で転入してきたこれらの転入者は，その後集落でも中心的な役割を果たしている（山国自治会誌編集委員会，1986）．集落の世帯数の半数が戦後の転入者であった小塩では，比較的小規模な共有林の権利をめぐり集落が二分される危険性を避け，集落の一体性を重視したといえる．

　小塩区ではこのような経緯で，区の行政組織と共有林管理組織を分離せず，区として集落一体の共有林管理を続けてきた．一方，集落への転入者が非常に多いということは，転入者の宗教的背景が必ずしも小塩区のそれと同一のものであるとは限らないので，集落の檀家寺や氏神との関係を望まない住民も存在していることを意味する．この点を考慮して，小塩区では，共有林管理を含む区の行政と氏子組織や檀家組織を分離している．

　一方の大野区は，区による管理を続けている理由として転入者の割合が比較的小さく，権利関係を明確化する必要性が低いことを挙げている．このように，

両集落では同じ区による管理という形態をとりつつも，小塩区は，大きな割合を占める転入者へ配慮し，転入者との一体性を持つために区による管理という形態をとり，大野区では，転入者の影響が小さく制度的な変更を加える必要がないという理由から区による管理という形態をとっている．両者では，区による管理を続けている背景が大きく異なる．

次に共有林管理組織による管理であるが，7集落がこの形態であり最も多い．区の行政組織と分離し，共有林管理組織を設立して管理している理由や背景はそれぞれ異なる．理由として，集落外からの転入者が増加し，権利を明確にする必要性が生じたことを挙げた集落が最も多く，比賀江，塔，鳥居，下の4集落がこの理由を挙げている．

たとえば，転入者の比率が比較的高い塔区では，1970年代以降，転入者の増加にともない共有林の権利と義務を明確化する制度の調整が積み重ねられてきた（嶋田，2007）．それまで，塔区では共有林からの収益を集落の運営費に使っていたが，1972年には，共有林を管理するための共同山林作業などの義務を負う収益権者を明確化した．

転入者が収益権者になるかどうかを選択できる制度のもとで，1980年代に大幅に増加した転入者の多くは収益権者になることを望まなかったので，1990年の時点では，集落の74世帯のうち収益権者は47世帯となり，世帯数と収益権者数のずれが大きくなった．他の集落と同様，共有林からの収益が集落運営の財源として重要な役割を果たしていたが，全世帯で負担すべき集落の運営費を，収益権者の共同山林作業によって支えられている共有林からの収益に頼るのは適切ではないという考えが収益権者の間で徐々に強まっていった．

収益権者の共同作業によって得られる共有林からの収益が，共同作業に従事しない人にも行きわたるという状況は，経済学的にはフリーライダー（ただ乗り）問題と考えることもでき，共同作業に従事する収益権者の負のインセンティブ（誘因）になる可能性が高い．そこで，集落の運営組織と共有林の管理組織を分離する方向で，制度の変更が段階的に行われた．このような制度の変更は，収益権者の権利を明確にすることによって収益権者のインセンティブの低下を防ぎつつ，集落の運営と両立していこうという取り組みと考えられる．

他の集落でも，同様の経緯により集落運営組織と共有林管理組織の分離を行

っている．下区では，下区規約検討委員会という組織を設け，2003年に「共有財産の区行政の分離にともなう各種規約等の検討について」という答申をまとめている．この答申を受けて，各規約が2003年度中に承認された．翌2004年度の第1回総会に提出された資料（下区財産管理委員会，2004）には，「今までは共有財産と区行政は不離一体の体制で，財産の保護育成・管理を果たす一方，その収益を，下区の臨時支出や一般経常にも支援することによって，下区の発展に寄与してきました」とあり，従来は集落運営の一環として共有林の管理が行われてきたことが示されている．そして，これが分離された背景としては「今日，新しい居住者の増加傾向の中で，下区行政としては財産権を有する者のみに限らず，集落内の住民全体に開かれた形で運営し，地域活性化を図ること，共有財産の権利者を再確認すること，権利名義を明確化することなどについて議論」されてきたことがあるとしている．

また，比賀江区での聞き取りでは，集落運営組織からの共有林管理組織の分離にともない，集落全世帯が支払う区費を増額することにより，集落運営の財源を収益権者の労働に依存するのではなく，集落全世帯で負担するようにしていることがわかった．そして，このように集落運営組織と共有林管理組織が分離している集落のなかでも，共有林管理組織の構成メンバーや集落組織との関わりは，それぞれ少しずつ異なっている．

たとえば，塔区では集落の全世帯が区行政（集落の自治活動）には関わっているが，全世帯が共有林管理の収益権者になっているわけではない．しかしながら鳥居では，区行政に関わっている人は，すべて共有林管理組織の収益権者になっている．一方で，鳥居区には，区行政に関わっていない世帯もある．つまり，塔では，区世帯数＝区行政参加世帯，区行政参加世帯≠収益権者という関係が成立しているのに対して，鳥居区では，区世帯数≠区行政参加世帯，区行政参加世帯＝収益権者という関係が成立している．しかし，鳥居区では，新住民のうち何人かが，共有林管理だけでなく区の行事にも関わっていないということを問題視する意見があり，この点については現在も議論が続けられているという．

また，区行政の組織と共有林管理組織を分離した理由に，役割分担を挙げた集落もある．役割分担を理由とした中江区では，他所からの新住民は1世帯で，

その世帯は共有林管理に参加している．若い世代には，集落の運営に集中してもらい，共有林の管理は，定年退職後の世代が担当する形で役割分担することを目的に組織を分離している．残りの2集落は，寺山区と元井戸区であるが，もともと寺山と元井戸は別々の区であり，それらが井戸区に合併した際に，共有林だけは元の集落単位で管理していくことになり，区の組織と分離された．このように，同じ区と分離した共有林管理組織という形態をとっている集落でも，それぞれの集落で，組織が設立される背景や現在の管理の実態が異なることがわかる．

最後に，認可地縁団体に移行した初川区と辻区について見ていく．認可地縁団体に移行した理由としては，どちらの集落でも不動産登記の簡便化が挙げられた．認可地縁団体に移行する前には，区の一部として管理しており，その際には，数名の代表者による記名共有としていた．しかし，登記名義人の相続の手続きに時間と経費がかかるため，認可地縁団体への移行にふみ切ったという．認可地縁団体化は，比較的最近のことで，辻が2002年，初川が2004年である．

新住民という観点から見た場合，両者の認可地縁団体化は大きく異なる．初川は，地区内の転入世帯である3世帯を含めた全世帯で認可地縁団体を構成しているのに対して，辻区は外部からの転入世帯がすべて加入しているわけではなく，加入を希望した転入世帯と旧来からの世帯で地縁団体を構成している．初川区は世帯数が少なく，集落外からの転入者も少ないため，集落一体としての管理を重視している．この意味では，小塩区の共有林管理の実態に近いといえる．一方の辻区の管理は，共有林管理に参加していない世帯は区の行事にも参加していないという点では，先に見た鳥居区の実態に近いといえる．

2.3.3 共有林管理組織と集落内の宗教組織の関係

また，新住民が増加している集落では，共有林管理と宗教の関係も変化しつつある．すなわち，集落の氏神として祭られている神社や檀家寺との関係である．従来は，集落の住民の同質性が高く，住民＝氏子＝檀家＝共有林管理従事者という関係が成立していた．共有林からの収益は，集落内の寺や神社で行われる祭りや各種の伝統行事の運営費にあてられたり，さらには，神社や寺の改

修費用にもあてられたりしてきた．すなわち，集落一体となっての共有林管理が行われていた．

しかしながら，他地域からの転入が主な要因になり住民の同質性が低下するなかで，住民＝氏子・檀家＝共有林管理従事者という関係が徐々に崩れつつある．共有林管理従事者のなかに集落の神社や寺の氏子や檀家でない住民がいた場合，共有林からの収益を神社や寺の維持管理に使うことに対して問題が起ってくる．このような理由により，現在3集落が共有林管理組織と氏子組織や檀家組織といった宗教組織を明確に分離している．さらに，現在明確に分離していない集落においても同様の問題を抱え，分離を検討している集落がある．

一方，このような分離を行わないことを積極的に主張する役員がいる集落もある．分離すべきでないと主張する理由として，役員からの聞き取り調査では，次のような点が判明している．氏神はある特定の宗教というよりもむしろ集落の守り神として存在してきた．祭りなどの集落の伝統文化や伝統行事を神社や寺と切り離すことはできない．集落の伝統文化や伝統行事を守っていくことは集落自治においても重要な点であり，共有林からの収益を用いるのは当然である，という意見である．

共有林管理と宗教の関係性の問題においても，新住民の増加という外部からの影響に対して，各集落がそれぞれ様々な議論を行いながら，集落ごとに新たな仕組みを作りだしてきた．集落内の新住民の多寡，地区の祭りなどの伝統行事や宗教に対する新住民の考え方など各集落の背景の違いに応じて，これらの仕組みは集落ごとに多様な形態となっている．

2.3.4　新住民の増加と制度の多様化

これまで見てきたように，山国地区の各集落には，多様な共有林管理制度が見られる．これは，集落の世帯数，集落外からの転入者の多寡，新住民の集落行事や共有林管理への関わりの度合い，保有する資源の特性などの条件に応じて，各集落がそれぞれ議論を重ねて制度の改正を繰り返してきた結果である．

これらの条件の違いが複雑に関連しあっているので，一概にはいえないが，制度の変更をもたらした主要な要因の1つが，転入者の増加とそれにともなう

フリーライダー問題の可能性である．転入者の数が少ない，転入者が共同作業に従事している，あるいは，共有林からの収益が小さいなど，フリーライダー問題の影響が小さい集落では，集落の一体性を重視する制度が作られてきた．他方，転入者の割合が高く，転入者の多くが共有林の管理作業に従事しないなどフリーライダー問題が発生しやすい集落では，共有林管理組織を集落組織と分離してフリーライダー問題を回避しつつも，集落の運営との両立を模索する傾向にある．

このように，状況に応じて制度の調整を積み重ねることの重要性は，集落の住民によっても強く認識されている．たとえば，比賀江区において集落組織と共有林管理組織を分離する際の「比賀江区規約および諸規定の改正にあたって」（比賀江区，1988）という文書では，「わたしたちの比賀江集落は，今日まで幾多の先輩諸氏のご努力により，改正に改正が加えられ，他の集落に類を見ない規約および諸規定が制定され，それによって区行政が取り進められているところですが，特に最近の社会情勢等の変遷により，現実にあてはまらない面もあり，この度，（中略）規約検討委員会を設けて検討を進める中で，みなさんのご意向をも承って，議論に議論を重ねてまいり，成案をみるに至りました」と記されている．

さらに1994年の「比賀江区改正規約および規定の差し替えについて」という文書では「前回の規約改正から5年[6)]を経過した今，現実にそぐわない面があり，この度，規約検討委員会を設け，縷々検討を重ねて成案に至りました．（中略）近い将来，比賀江区においても社会環境および生活環境が大きく様変わりすると思われますので，規約について根本的な改正を余儀なくされることが予想されます」（比賀江区，1994）とし，規約の改正が行われた直後にもかかわらず，今後とも調整を続けていくことの重要性を指摘している．このように，状況に応じて絶えず制度の調整を重ねながら，集落の運営や共有林の管理を進めることの重要性が住民自身によって認識されている．また，集落の運営や共有林の管理制度は，ある特定の優れた形態があると考えるよりは，常に状

---

6) 検討委員会が設けられ規約が可決されたのが1993年で，この文書が作成されたのが1994年の1月である．この文書が作成されたのは1988年から6年目にあたるにもかかわらず，5年と表記されているのはこのためと思われる．

況に応じて変容し続けるものと理解すべきであろう.

このように,集落ごとの状況に応じて,各集落が制度の変更を積み重ねてきたことにより,共有林の管理が続けられてきた.後掲の表2.4に示すように,11集落のうち9集落では住民による共同管理作業が続けられており,残りの2集落でも作業の委託により管理を続けている.このように,長年に渡り共有林の管理が維持されてきたことは,人工林が公益的機能を発揮することに少なからず貢献していると考えられる.

共同管理作業を実施している9集落のうち8集落は,作業終了後の慰労会を実施している.共同作業やその後の慰労会は,日常の情報交換や集落内の様々な問題について議論する場となっており,住民同士の関係性を強める重要な機会となっていることが聞き取り調査から明らかになった.こうした機会が,地域の社会関係資本[7]を構築する上で重要な役割を果たしていると考えられる.

また,共有林は直接的に集落の伝統文化を支える役割をも担っている.鳥居区では祭りで使う松明を共有林から調達しており,塔区では共有林の一部を祭りで使うシキミの栽培に用いている.これらは,その例として挙げられる.

ここまで,新住民の増加という外部からのインパクトに対して,コモンズが自ら制度の調整を繰り返すことでこれに対応し,現在でも地域における様々な役割を果たしていることを見てきた.次節では,コモンズ外部からのインパクトとして経済のグローバル化を取り上げる.

2.4 グローバル化によるコモンズの変容

2.4.1 間伐体験から見えたこと

経済のグローバル化がコモンズに与えている影響を議論する上で,興味深いエピソードの紹介から始めたい.2005年6月26日,本書の執筆者である室田,三俣,森元,田村,嶋田の5名は,山国地区塔における共有林管理の実態を理

---

[7] ここでは,社会関係資本を人と人との結び付きを意味するものとして用いている.社会関係資本の定義やコモンズ論との関わりについては,大野・嶋田・三俣ら(2004),三俣・嶋田・大野(2006)および,嶋田・大野・三俣(2006)で論じられている.

2.4 グローバル化によるコモンズの変容 99

解するため，この地区の日役（ひやく）と呼ばれる全収益権者による共同山林作業を見学する機会を得た．これは，2004年3月から調査でお世話になっている塔区財産管理会の委員長（在任期間は2003-2006年度）である高室美博氏にお願いし，実現した．

　当日は，塔区財産管理会のメンバーが午前8時に公民館に集合することになっており，筆者ら5名もこれに合流した．最初に簡単なミーティングが行われ，そこでは，参加者の確認と，塔区財産管理会の運営についての短時間の話し合いが行われた．塔区財産管理会のメンバー44名のうち，22名がこの日の作業に加わった．不参加者については，不参金という形で金銭的負担が発生し，その額は数年ごとに変化するが，2005年6月現在では，1日1万円と決められている．ミーティングが終わると数台の軽トラックに分乗し作業現場へと向かった．午前中は，植栽した木の育成を妨げる雑草や灌木を刈り払う作業で，下刈と呼ばれるものである．下刈は，数回の休憩を挟みながら11時30分頃まで続いた．

　午後からは，下刈を続ける班と間伐を行う班に別れて作業が続けられた．間伐を行う班は，森林組合の職員など，林業関係の職業に従事している，あるいは，従事していた塔区財産管理会のメンバー5名で構成されており，筆者ら5名もこれに加わった．間伐は，26年生のスギの人工林で行われ，通直で足場丸太に適したものは出荷のための作業を行い，残りは切り捨てとされた．

　塔区財産管理会の2人がチェーンソーで次々と木を伐採し，足場丸太に適したものについては，適切な長さに切りそろえ，枝を払っていく．残りの3人が丸太の表面に枝の凹凸が残らないように，枝を幹の際から鉈で切り落とす．室田はこの作業に加わり，三俣と嶋田は，林内から林道まで足場丸太を搬出する作業を行った．塔区財産管理会の人たちは，70歳になる高齢の人でも1人で1本の丸太を搬出していたが，三俣と嶋田は1人で運ぶことができず2人で1本ずつ運び出した．森元と田村は，樹皮をはぐ作業を担当した（写真2.2）．この作業を午後4時30分頃まで行い，50本の足場丸太をトラックに積むことができた．この足場丸太は，塔区財産管理会のメンバーによって，原木市場である近くの北桑木材センターまで持ち込まれ，1本500円程度で売却されるという．

写真 2.2　共有林での間伐体験時の様子（2005 年 6 月　京都市山国地区の共有林にて撮影）

ここで，共有林管理の現状を見るために簡単な計算をしてみたい．この日の午後の作業では，50 本の足場丸太が出荷され，1 本約 500 円で売却されたので，約 2 万 5 千円が塔区財産管理会に入ったことになる．この日の作業は，日役という無償の労働でまかなわれたわけであるが，仮に日当が支払われると考えた場合，筆者ら 5 名の労働は抜きにして，熟練した林業就業者 5 人が午後半日間作業したことに対して各自に 5 千円ずつ払えば，2 万 5 千円がすべて消えてしまう．実際には，当日の作業においても，チェーンソーやトラック，その燃費等の諸々の費用が掛かっている．さらには，苗木代に始まり，植林からおおむね 25 年間保育として投下されてきた費用は無視できないだろう．しかし，現行の木材価格では，これらの費用に見合うだけの価格が木材には反映されていない．すなわち，この場合，間伐は経済的にはまったく成り立たない．また，間伐だけでなく，次項 2.4.2 で述べるように，主伐においても同様であり，林業自体が経済的に成り立ちにくい，非常に厳しい状況におかれているのである．

さらに，以上のエピソードを考えた場合，グローバル化が与える影響は，単に安い木材が海外から流入してくるという問題にとどまらない．建築用の足場丸太の価格低迷は，足場丸太が金属製のパイプに代用されてきたことが大きく影響していると考えられる．すなわち，海外からの大量の鉱物資源の輸入が，

国産の木材の利用価値を低減させているのである．薪炭エネルギーから石油・ガスなどの化石燃料への転換，木材からプラスティックなどの石油由来の素材あるいは様々な金属製の素材への転換，など森林資源が海外から輸入される地下資源に代替されている例は枚挙に暇がない．

化石燃料をはじめとする各種の地下資源は，資源の枯渇，採掘時の環境負荷，さらには，使用中の汚染，廃棄する際の汚染，捨て場の枯渇，という面からもその問題性は極めて大きい．同時に，輸入された地下資源の大量使用は，地域の人々によって長年管理されてきた森林の価値を著しく低下させ，間伐など，森林の公益的機能の発揮に欠くことができない管理作業を経済的に成り立たなくさせている．以上の塔区のエピソードで見たように，経済のグローバル化の影響は，日本の集落の共有林管理にも大きな影響を及ぼしている．

2.4.2 日本における木材貿易のグローバル化

以上では，筆者らの現地調査のエピソードから，日本の森林コモンズがおかれている状況について見てきた．では，その背景にある経済のグローバル化が日本の林業に与える影響はいかなるものか．以下では，特に木材貿易に的を絞り，経済のグローバル化が農山村に与えた影響について概観したい．

日本の木材自給率は，1955年の94.5％から2003年には18.5％にまで低下した（林野庁編，2005）．戦後の木材輸入は，1948年にフィリピンからの南洋材丸太で始まり，1960年まで南洋材が主体であった．当時の木材輸入は，厳しい統制のもと占領軍用材または輸出用材に限られていた．当時の日本は，南洋材を輸入し，それを合板などに加工し，欧米などに輸出しており，上述の輸出用材とは，主に加工貿易の原料を意味する（荒谷，2004）．

日本経済が戦後復興期から高度経済成長期へと移行するなかで，国内の木材需要は増加し続けた．急増する木材需要に対応するため，1960年から輸入自由化が行われた．自由化以降，外材の供給量は急増し，1969年には，外材の供給量が国産材の供給量を上回った．その後も外材の輸入拡大が続き，1999年以降は，木材自給率が20％を下回る状況が続いている．

木材の貿易自由化と自給率低下が進行するなかで，林業を取り巻く状況はど

のようなものであったのだろうか．まず，木材価格の動向であるが，スギの山元立木価格を見ると，2003年には1m^{3}あたりの価格が4801円であり，ピーク時である1980年の22707円と比較すると5分の1に低下しており，10年前の1993年からでも3分の1に近い水準まで落ち込んでいる．このように国産材価格が低下し続けるなかで，林業就業者数も減少し続けている．1970年の段階で約20万6千人いた林業就業者数は，一貫して減少を続けており，2000年の段階では6万7千人となっている．すなわち，30年間で3分の1程度に減少したことになり，さらには，就業者の高齢化も目立つ．このように，林業経営は厳しい状況におかれているため，間伐などの手入れが行き届かず，森林の公益的機能が十分に発揮されない状況になりつつある（林野庁 編，2005）．

2.4.3 山国地区での共有林管理の難しさ

2.4.2で概観した木材貿易の自由化がコモンズに与える影響はいかなるものなのであろうか．以下では，山国地区全11集落悉皆調査の結果をもとに，グローバル化が集落単位での共有林管理に与える影響を議論する．

山国地区の各集落では，共有林の経済的利用価値の低下により，従来の「利用と管理」から「管理のみ」へと移行しつつある．従来は，伐期がくれば主伐を行うことにより収益を得て，主伐後は地拵え，植林，下刈などの保育作業を行う「利用と管理」であった．しかし現在では，聞き取り調査を実施したすべての集落が「近年主伐を行っておらず，今後もその予定はない」と回答している（表2.4）．木材価格が低迷しているなかで，主伐は経済的に成り立たない．また，主伐の後は，地拵え，植林，下刈などの集約的な保育作業が必要になることから，現在では，保育作業の必要性を最小限にとどめるために高齢木のまま維持しているという．

経済的利用価値が大幅に低下し，「管理のみ」である現状では，各集落とも管理費をできるだけ抑える利用・管理方法になっている．林業という産業の特質，そして，森林が持つ多面的機能という側面からも，経済的利用価値がなくても「管理」を放棄することは社会的に見ても望ましくない．この「管理のみ」の管理費用を地元の住民だけに押し付けていてもよいのか，この点につい

2.4 グローバル化によるコモンズの変容 103

表 2.4 山国地区各集落の共有林管理の現状

集落名	小塩区	初川	元井戸	寺山	大野	比賀江	中江	辻	塔	鳥居	下
管理組織（組織形態）	小塩区（区）	初川民の会（地縁団体）	元井戸財産管理委員会（任意団体）	寺山財産管理委員会（任意団体）	大野区（区）	比賀江財産管理委員会（任意団体）	中江財産管理委員会（任意団体）	辻区民の会（地縁団体）	塔区財産管理委員会（任意団体）	鳥居区財産管理委員会（任意団体）	下財産管理委員会（任意団体）
世帯数	46	13	38	22	73	78～79	34	32	70	38～39	75
収益権者（世帯）	46（権利を明確化せず）	12	34	12	68	74	34	26	44	34	54
共有林面積	15 ha	40.29 ha	50 ha	90 ha	118 ha	73.27 ha	10.38 ha	14.38 ha	54 ha	49.59 ha	17.17 ha
日役の回数（年間）	0 2003年に中止、林業従事者に10日・人の作業委託	1 1980年代は4回、1990年代は2回、2004年より	1	0 2003年に中止、林業従事者に10日・人の作業委託	3	1または2 1980年代は8回	2 1970年代は5回	2	3または4	0またば1 1995年以前は3回、1995年以後有償化	0または1 1995年以前は3回、1995年から1回
日役不参金（円）	現在なし	8000	12000	現在なし	10000	10000	9000	9000	10000	現在なし	8000
共有林からの収益	2000年以降は収益なものとしては、1980年頃の主伐	1985年以降、主伐なし	マツタケ山の入札による数万円の収益。近年主伐なし	マツタケ山の入札による数十万円の収益。近年主伐なし	年間100万円程度。間伐材収入およびマツタケ山入札による。近年主伐なし	マツタケ山の入札による二十数万円の収益。1995年以降主伐なし	不参金32万円が最大の収入源。近年主伐なし	ここ数年収益なし。近年主伐なし	間伐、マツタケ山入札による若干の収益	マツタケ山の入札による200万円前後の収益	2003年度は収益なし。近年主伐なし
収益の使途	個人配当なし、集落の運営・公共事業	個人配当なし、集落の運営・公共事業	個人配当なし、集落の運営・公共事業	集落の運営費。1995年頃まで、家族連れでの親睦旅行を実施	個人配当あり、集落の運営・公共事業	個人配当あり、集落の運営・公共事業	個人配当あり、集落の運営・公共事業	個人配当あり、集落の運営・公共事業	個人配当あり、集落の運営・公共事業	個人配当あり（現在は個人配当なし）、集落の運営・公共事業	個人配当なし、集落の運営・公共事業
日役終了後の慰労会		あり	あり	なし（2003年以降中止）	あり	あり	あり	なし	あり	あり	あり（一時中断後再開）

2004年から2006年にかけての各集落での聞き取り調査により作成。

ても検討が必要である．また，集落運営の財源としていたので，各集落では，集落運営の維持が将来的に不安になっている．

さらに，「利用と管理」から「管理のみ」という状況に移行しつつも，何とか共有林の管理作業を維持してきた山国地区の各集落も，近年，日役の維持が困難になりつつある．集落悉皆調査では，山国地区全11集落で日役の回数が減少していることが確認できた．さらに，いくつかの集落では日役への参加率が低下しており，3集落が全戸出役の義務日役を中止している．義務日役の中止は，2003年以降に起こっており，日役の維持の困難性が近年高まりつつあることがわかる．

一方で，役員の間では日役を重要視する声も聞かれる．すなわち，共有林を管理する労働力としてだけでなく，日役・その後の慰労会は重要な住民同士のコミュニケーションや議論の場となっているという点で重要だと指摘されている．聞き取り調査では，田舎といえども住民同士の接触の機会が減少しているので，日役は住民同士のつながりを深める場として貴重なものとなっているというのである．このような指摘は，コモンズでの活動が社会関係資本を蓄積する上で重要な役割を果たす可能性があることを考える上でも注目すべき点である．

前節で見てきたように，経済のグローバル化は，地域の資源を地域で利用することを経済的に成り立ちにくくし，共有林の管理を難しくしている．木材価格の低迷という問題は，コモンズ内部での取り組みがおよばない次元での問題であり，コモンズ内部だけでの解決は難しい．また，すでに述べたように，森林管理の公益的機能という点を考えると，その便益は下流域を中心に広範囲におよぶため，「管理のみ」の費用が地域住民に負わされている現在の状況を再考する必要があるだろう．

2.5 現代的意義と問題区分の重要性

本章をまとめるにあたり，以下では，森林コモンズの現代的意義について整理した上で，その再生に向けた議論を行う．まず，森林コモンズの現代的意義であるが，本章でこれまでに述べてきたこと，および既存研究[8]で指摘されて

きたことを統合すると，以下の5点が挙げられる．

1点めは，住民が地域の自然環境と関わる機会を生み出している点である．先進林業地帯として知られる山国地区でも，2.2節で見たように，職業として地域の自然環境と関わる第1次産業の従事者は激減している．また，職業としては直接的に関わらない場合でも，かつては自給用の薪炭の採取や遊び場としてなど，人々が森林と関わる機会は多かったが，こうした機会はエネルギー革命などとともに減少している．このように，地域の人々と森林との関わりが希薄化しているなか，共有林の共同管理作業で山に入る機会が設けられていることは，人と自然の関わりの積み重ねが環境保全につながるという面から重要である．

2つめに挙げられるのは，伝統や知識の伝承である．1つめの点と関係するが，人々と森林との関わりが希薄化するなか，地域の若い人々が熟練の林業就業者や地域の自然環境に詳しい年配者と一緒に共有林の共同管理作業をすることで，様々な知識，経験，技術，地域への思いのようなものが伝承されている．また，共有林は，学校林として活用される事例もあり，山国地区でも子供会活動など環境教育や郷土教育に活用されている．これらは，地域の自然環境を長年にわたって良好に保つ上で重要なものである．

3つめは，上記の2点とも関連するが，この地域の共有林は，土砂流出防備保安林や水源涵養保安林に指定されている場所もあり，適切な管理が行われることが，環境保全機能にもつながることである．また環境保全的機能が発揮された際の便益は，山国地区の範囲を超え，下流部を中心により広い範囲におよぶと考えられる．

4つめに挙げられるのは，共同管理作業が地域の人と人のつながり，すなわち，社会関係資本を蓄積する上で非常に重要な機会になっているという点である．山国地区でも地域の住民同士が顔を合わせる機会は減少しつつあり，人々が集まり，地域のことについて話し合う場として，共有林の共同管理作業が重要な役割を果たしていることは，山国地区での聞き取り調査でも明らかになっている．

---

8) 第1章を参照．

5つめは，地域自治の経済的基盤としての役割である．この機能は近年低下しているものの，これまで共有林からの収益は，学校や社寺，公民館などの建設や改修の費用，祭りをはじめとする地域の様々な行事に必要な費用の財源となり，地域自治の経済的基盤としての役割を果たしてきた．

上記のような意義を持つコモンズが今後も存続するための条件は何か．それを明らかにするため，本章では，コモンズが外部からのインパクトにどう対応したかに着目して議論してきた．経済のグローバル化が進行している先進工業国の日本では，コモンズが外部からの影響を受ける機会は増大しており，むしろ外部との関わりがあるなかでコモンズをどう維持していくのかが問題となる．本章では，外部からの影響に関して，新住民の増加と経済のグローバル化という点に絞り議論してきた．

新住民の増加という現象に対しては，2.3節で論じたように，各集落が集落ごとの状況に応じて制度を柔軟に変容させることで対応してきた．一方，経済のグローバル化に対しては，2.4節で論じたようにコモンズ内部の取り組みだけでは対応することが厳しく，共有林の共同管理作業を維持することが困難になりつつあることが判明した．

それでは，コモンズの存続・再生のためにはどうすればよいか．これまでの議論から，コモンズ内部で解決可能な問題と解決不可能な問題に分けて考えることが必要だと考えられる．2.3節で論じたように，コモンズは時代の変化や集落ごとの状況の違いに応じて制度を柔軟に変化させながら存続してきた．塔区財産管理会前委員長（2003-2006年）の高室美博氏が指摘するように，コモンズは時代や状況に応じて自らを変化させる「軟体動物」であり，その過程で蓄積されたものは「知恵の集積」なのである（高室，2007）．したがって，コモンズ内部で解決できる問題に，政府が介入し，型にはめてしまうような政策は，地域ごとの多様なコモンズの進化を阻害する可能性がある．

一方，2.4節で見たように，経済のグローバル化が与える影響はコモンズ内部での取り組みによって対処できる次元を超えており，コモンズの内部だけでは解決することが困難である．グローバル化がコモンズに与える衝撃を緩和するための政策が地方自治体や国などの上位機関によって実行されることが必要である．さらに，コモンズが担っている環境保全的機能の便益がおよぶ範囲を

考えると，以前は「利用と管理」であったのが経済的利用価値の低下により「管理のみ」となっている共有林の管理費用を，地域の住民が負担する現在の状況も再考されなければならない．地域の資源管理が持つ正の外部性に応じて，何らかの政策が検討される必要がある．このように地域内で解決できない問題，あるいは，その影響が地域内だけにとどまらない問題には，より上位の機関の対応が必要となる．自由貿易にともなう様々な外部性の内部化政策としての政府の貿易措置（Daly and Farley, 2004）だけにとどまらず，森林認証制度やウッドマイレージなど，域内の木材利用を促進する効果を持つ市町村・都道府県レベルの各種の政策，第1章で紹介したイギリスのカンブリア州で見られるようなコモンズの連合化なども，本章でいう上位機関の対応に含まれる．コモンズが持続的であるためには，グローバル化の衝撃を緩和し，コモンズ再生の条件を整備する政策がより積極的に展開される必要がある．

　コモンズが外部からの衝撃にどう対処するかという問題は，グローバル時代のコモンズの管理をめぐる重層的なガバナンスのあり方の問題でもある．コモンズ内部で対応可能な問題と対応不可能な問題を区別し，コモンズ内部で対応可能な問題についてはコモンズの自発的な取り組みに解決を委ね，グローバル化のようなコモンズ内部だけの取り組みでは十分ではない問題に対しては，より上位の機関が対応する必要がある．これが本章での結論である．しかし，上位機関の政策は，コモンズ内部の自発的な取り組みを妨げるものであってはならない．すなわち，コモンズが自発的な取り組みを行うための条件を整えることが，地方自治体や国家などの上位機関の役割と考えられる．これは，補完性の原則にも合致する考え方であるといえるだろう．なお，外部からの衝撃が特に強大である事例については，本書の終章で述べる．

参考文献

荒谷明日兒（2004）「木材貿易と森林認証制度」，堺正紘 編『森林政策学』日本林業調査会．

大野智彦・嶋田大作・三俣学・市田行信・太田隆之・清水万由子・須田あゆみ・礪波亜希・鷲野暁子（2004）「社会関係資本に関する主要先行研究の概要とその位置づけ―概念整理と流域管理への示唆―」プロジェクト3-1ワーキングペーパーシリーズ

WPJno. 11, 総合地球環境学研究所・プロジェクト 3-1 事務局.
植田和弘 (1996)『環境経済学』岩波書店.
京都府京北地方振興局 (2003)『北桑の林業統計』京都府.
京北町企画課 (1979)『京北町統計書―昭和 53 年度版―』京北町.
京北町企画課 (2004)『京北町統計書―平成 15 年度版―』京北町.
京北町産業振興課林政室 (2002)『京北林業』京北町.
嶋田大作・大野智彦・三俣学 (2006)「コモンズ研究における社会関係資本の位置づけと展望―その定義と分類をめぐって―」,『財政と公共政策』28 (2), pp. 51-56.
嶋田大作 (2007)「伝統的森林コモンズの現代的変容―京都市右京区山国地区塔の共有林管理を事例に―」, 文部科学省科学研究費補助金・特定領域研究『持続可能な発展の重層的環境ガバナンス』(研究代表者・植田和弘) Discussion paper No. J07-01.
下区規約検討委員会 (2003)『共有財産の区行政の分離に伴う各種規約等の検討について (答申)』下区規約検討委員会.
下区財産管理委員会 (2004)『平成 16 年度下区財産管理委員会第 1 回総会提出資料』下区財産管理委員会.
高室美博 (2007)「読者の声 "生産森林組合を憂う" ―林政から等閑視されたアポリア―」,『林業経済』第 60 巻第 2 号.
中尾英俊 (2003)『入会林野の法律問題 新装版』勁草書房.
農林統計協会 編 (2002)『農業集落カードシステム 京都』農林統計協会.
比賀江区 (1988)『比賀江区規定および諸規定の改正にあたって』比賀江区.
比賀江区 (1994)『比賀江区改正規約および規定の差し替えについて』比賀江区.
三俣学・嶋田大作・大野智彦 (2006)「資源管理問題へのコモンズ論・ガバナンス論・社会関係資本論からの接近」,『商大論集』, 57 (3), pp. 19-62.
室田武 (1979)『エネルギーとエントロピーの経済学』東洋経済新報社.
本吉瑠璃夫 (1983)『先進林業地帯の史的研究―山国林業の発展過程―』玉川大学出版部.
山国自治会誌編集委員会 (1986)『山國自治會誌』山国自治会.
山下詠子 (2006)「入会林野における認可地縁団体制度の意義―長野県飯山市と栄村の事例より―」,『林業経済』59 (8), pp. 17-32
林野庁 編 (2005)『平成 16 年度 森林・林業白書』日本林業協会.
Daly, Herman E. and Joshua Farley (2004) *Ecological Economics―Principles and Applications*, Island Press.
Ostrom, E. (1990) *Governing the Commons : The Evolution of Institutions for Collective action*, Cambridge University Press.
Totman, C. (1989) *The Green Archipelago : Forestry in Pre-Industrial Japan*, Ohio University Press. (日本語版 : コンラッド・タットマン著, 熊崎実訳 (1998)『日本人

はどのように森をつくってきたのか』築地書館.
Totman, C. (1995) *The Lumber Industry in Early Modern Japan*, University of Hawaii Press.

第3章
伝統的コモンズと住民意識
－共有林・私有林の比較分析

3.1　管理形態別の意識の違い

　本章の関心は，入会林野近代化政策，国産材価格の低下，薪炭材利用の低下などにより，日本の入会林野の管理を取り巻く環境が非常に厳しいにもかかわらず，「なぜ地域住民はコモンズとして，入会林野を維持するのか？」という点に集約される．本章の前段階の研究である室田・三俣（2004）では，財産区を中心とする入会林野の複数の事例をもとに比較研究し，現在，入会林野の管理が積極的に行われていない事例の共通性を導き出している．まず挙げられたのは，資源管理主体にとって対象資源へのアクセスが悪く，距離が離れていることであり，もう1つは，対象となる資源が現在は利用されておらず，管理の必要性がなくなったため，管理が十分には行われていないというものであった．また，割山によって共的な森林管理が行われている事例からは，利用者がお互いを認識できる利用者の規模となっていること，利用者で管理可能な資源規模となったこと，さらに，集落間でお互い割山をモニタリングできる程度に卑近な位置に存在していたことなどが指摘されている．そして，これらの入会林野の事例研究から，環境保全，乱開発防止，地域自治活動の経済的基盤整備の財源・資源として，入会林野が地域社会に果たしてきた，あるいは，果たしている歴史的・現代的意義を明らかにしてきた．

　また，本書の第2章では，京都市右京区山国地区の共有林制度の比較研究から，社会経済状況の変化に対して，地域住民がどのような選択を行い，共有林管理を継続してきたのかについて，詳細な分析を示した．同地区では，入会林

野の解体や生産森林組合を推し進める外的な動きが常に存在してきたにもかかわらず，旧集落単位での共有林管理が継続されてきた．第2章では，共有林が積極的に維持・管理されてきた1つの要因として，コモンズの利用・管理制度の変化に注目している．薪炭材の利用低下，拡大造林，入会近代化政策，国産材価格の低迷といった戦後の森林利用，森林政策，林業の変化だけでなく，地域の外部からの新住民の流入という外的変化にも着目している．これらの外的な変化に対応するために，地域住民が共有林の利用・管理制度を変化させてきたことが，コモンズ存続の要因であることを導き出している．

この制度変容について社会関係資本の視点からいい換えれば，コモンズ内部の主体者間のコミュニケーション，信頼関係という内部結束型（Bonding型）社会関係資本が蓄積されてきたことにより，主体者自らが，社会状況に応じて制度を変更させてきた，といえる[1]．具体的には，森林資源の経済的価値の高まりと新規住民の急激な増加に対し，共有林管理に参加している住民の権利の確保と新規住民の権利の獲得時期を明確にするために，規約を制定した集落が見られた．また，新規住民の流入が少ない集落では，新規住民と従来からの住民の共有林管理の権利と義務を区別していないなど，各集落の状況に応じて，制度が変化することで対応している．

これらの研究から，コモンズとして共有林が今日まで存続してきた理由として，対象資源までのアクセスの容易さ，資源利用の有無，資源規模，利用者の規模，外的な社会・経済状況の変化に対する内部結束型社会的関係資本の蓄積，制度の変容が挙げられる．また，このような共有林は，地域の環境保全だけではなく，地域自治活動の経済的基盤整備などの地域社会における役割を果たしてきたことも注目すべき点である．

これらの要因以外に，筆者らが考える共有林が存続してきたもう1つの背景として，資源自体の特性がある．主伐の対象となるスギ・ヒノキといった人工林の育成には何十年もの比較的長期的な育成期間が必要となるために，単にある時点の経済的便益が期待できないからといって，すぐに施業を停止できなかったとも考えられる．

---

[1] コモンズ研究と社会関係資本・ガバナンス論の関係性については，三俣・嶋田・大野（2006）を参照．

しかし，これらの要因（アクセスの容易さ，資源・利用者の規模，社会関係資本の蓄積，制度の変化，資源特性など）だけで，コモンズとして共有林が長期的に存続してきた理由を説明できているのであろうか．まったく同じ社会経済状況の変容のなかで個人私有林（以下，私有林とする）も存続してきたことを考えると，これらの理由だけでは，十分だとはいえない．そもそも，共有・私有の2つの資源利用・管理方法に対して，どのような意識が住民の根底にあり，これら2つの利用・管理制度が存続してきたのであろうか．そこで，本章では，共有・私有の2つの資源利用・管理制度における，住民の意識の差に着目し，制度として存続してきた要因を検討することを目的とする．また，環境保全，自治基盤整備など，これまでの共有林の役割を評価できたとしても，第2章でも見られたように，共有林管理に参加していない新規住民も存在する．このような，現在の共有林管理・利用制度の課題を把握し，今後の共有林のあり方についても考察していく．

本章で第2章に引き続き，京都市右京区京北山国地区（旧京北町）を事例として，共有林管理と私有林管理に対する意識の比較を行う．山国地区の概要については，第2章で説明したようにTotman（1989）でも紹介されている林業先進地域であり，長年にわたり同地区の複数の集落において，共有林が維持・管理されてきた．一口に共有林といっても財産区，記名共有林，地縁団体有林，など様々な形態の共有林が存在するが，ここでは，第2章に引き続き，部落有林を起源とする旧集落単位での共有林を分析対象とする[2]．また，私有林としては，コミュニティと対照的な軸として，個人私有林を対象とする．分析の方法として，本章では調査対象地区の全世帯へのアンケート調査から，定量分析を試みる．共有林管理に参加していない世帯も調査対象に含めることで，共有林管理に参加している世帯と参加していない世帯の認識の比較も行う．また，同じ山国地区でも区によって共有林管理のインセンティブの違いもあると考えられるため，区の比較も行う．

山国地区の概要，共有林制度については，すでに第2章で説明されているの

[2) 山国地区には，区の共有林，山国地区全体の共有林があるが，本章では，区の比較を行うため，「旧区山」といわれている区の共有林を分析対象とする．また，同様に法的な分類では私有林にも，記名共有林，個人私有林があるが，本章では，個人私有林を私有林の分析対象としている．

で，本章ではまず，統計データから山国地区の私有林の特徴について述べる．次に，私有林管理，共有林管理の管理者・住民の意識調査を行ったこれまでの研究を通じて，どのような意識に注目が集まっているのかを紹介する．そして，今回のアンケート調査の分析を通じて，共有林，私有林管理に関わる住民の意識の違いを把握し，その存続を可能にした要因を探っていきたい．

3.2 京都府山国地区の私有林の状況

山国地区の共有林は，第2章の表2.2の「山国地区の森林の経営形態別面積」で示したように，慣行共有林面積の割合は12.03％と，京北町の他の町と比較すると多い．一方，山国地区での個人私有林面積の割合は77.9％であり，経営形態で見ると個人による森林管理が中心であることがわかる．山国地区における林家数，私有林保有面積を示すデータは入手できなかったが，全体の傾向を示すデータとして旧京北町全体での保有規模別林家数・面積を表3.1に示す．林家数で見ると，5ha未満の保有者は70％近くとなっており，5ha以下の所有者が9割を占めるといわれている全国的な傾向と同様に，旧京北町でも小規模な森林所有者が多いことがわかる（山田，2001）．

また，表3.2の「山国地区の森林面積」によると，山国地区の民有林（公営・私営の森林）に占める針葉樹林の面積の割合は72％（3280.9ha），広葉樹林の割合は28％（1262.3ha）となっている．一方，第2章の表2.1の「山国地区の民有林の内訳」によると，この針葉樹林のうち，51％がスギ

表3.1 旧京北町における私有林保有規模別林家数・面積

林家数 面積	0.1～1 ha 未満	1～5 ha 未満	5～10 ha 未満	10～20 ha 未満	20～30 ha 未満	30～50 ha 未満	50～100 ha 未満	100 ha 以上	合計
林家数 （戸）	256	271	101	63	26	26	17	15	775
(％)	33.0%	35.0%	13.0%	8.1%	3.4%	3.4%	2.2%	1.9%	100.0%
面積	211	1781	2011	2645	2058	2814	3741	4064	19325
(％)	1.1%	9.2%	10.4%	13.7%	10.6%	14.6%	19.4%	21.0%	100.0%

出典）京都府京北地方振興局（2003）．

表3.2 山国地区の森林面積

総面積(ha)(A)	林野面積(ha)(B)	国有林面積(ha)	民有林面積(ha)	民有林の内訳						林野率(B)/(A)
				針葉樹林(ha)	広葉樹林(ha)	伐跡無立木地(ha)	竹林(ha)	特用樹林(ha)	更新困難地(ha)	
4735	4562.8	3.0	4559.8	3280.9	1262.3	6.7	3.4	0.3	6.3	96%

出典）京都府京北地方振興局（2003）．

(1671.9 ha)，18.4％がヒノキ（602.4 ha），25.4％がマツ（834.5 ha），5.2％がその他針葉樹林となっており，山国地区の民有林では，針葉樹，特にスギ・ヒノキが中心の樹種構成であることがわかる．ここからは，山国地区の森林面積の77.9％を占める個人私有林も同様であるということが推測できる．

3.3　既存研究から見た森林管理・経営に関する意識

　筆者らが調べた限り，私有林と共有林管理に対する意識を比較した既存研究は皆無に近い．既存研究の多くは，森林所有者，特に本章で取り上げる私有林の所有者の森林管理・経営に対する意識や，ボランティア受け入れに関する研究が主となっている．

　まず，菅原（1985），菅原（1987）や榎（1985）は，20年以上前の個人の私有林所有者の森林管理・経営に対する意識を把握する上で，有益な研究である．菅原（1985）は，スキー場・温泉などの観光地化が進んだ山村，高地野菜の生産が盛んな山村，林業が盛んな山村など，多様化する長野県内の8つの山村を対象として，山村住民の森林に対する意識調査を行っている．その結果，観光産業に特化した山村では，森林への関わりを感じなくなり，森林を所有していない世帯の割合の方が所有している世帯を上回るという「森林離れ」が確認されていた．8つの山村全体としては，土砂崩壊・流出防止，空気の浄化など生活環境改善に対する期待が最も大きいが，森林密度・森林率が高い地域，人口密度が低い地域ほど，木材生産の場として森林を意識していた．このような「具体的で伝統的な森林意識」が森林管理を支えてきた意識であり，この意識を保持することが必要であると結論付けている．

菅原（1987）では，「具体的で伝統的な森林意識」が低下した要因を検討している．その結果，高地野菜生産が進んだ地域では森林へ行く機会が減り，用材，炭材，シイタケ・マツタケなどの林産物利用が減少したことで，伝統的な森林意識が低下し，森林自体に関心を持つ住民が減少していた．一方，森林所有の目的としては，森林離れが進んでいる山村も含めて，木材からの収入よりも「先祖代々の土地」であることを理由に挙げていた．また，神社行事への参加度が低下し，村落共同体の中核であった神社と住民の関係が分解していることも指摘されていた．以上の分析から菅原（1987）では，森林活用を進める方策をとり，森林への関わりを持つことで，森林意識を高めることの必要性を指摘している．

榎（1985）は，大阪府高槻市の私有林所有者の林業収入，森林・林業への認識，今後の施策についてアンケート調査を実施している．調査時点でもすでに，伐採収入に対する期待は小さく，資産として森林を保有していることが判明していた．また，職業・年齢によって，林業振興よりも，水源涵養，防災などの総合的利用の必要性を認識している．会社員・自営，20-40代の回答者が総合的利用を支持していた．

以上の研究から，1980年代後半において，すでに地域の産業構造の変化により，（所有者でない）住民の森林への関心の低下，神社を中心とする村落構造の分解が問題として現れていることがわかる．またその是非はともかく，これまで木材生産の場としてのみとらえられてきた森林が，生活改善，総合的利用といった新たな側面を所有者・住民が認識していることも注目すべき点である．そして，私有林所有の理由については，木材価格の低迷により伐採収入よりも，先祖代々の土地，資産保持といった伝統継承，資産としての意識が強いことも留意すべき点であろう．

次に，最近の森林管理・経営に対する所有者の意識について考察した研究としては，林・野田・山田（2006），青柳・佐藤（2002），南・江口（2002）などがある．それぞれの研究の視点は異なるが，森林経営への意欲の差の要因，森林所有の目的や売却の予定，森林ボランティア，費用負担のあり方など今後の森林政策についての考察があり，本章の私有林の管理に対する意識を考える上で参考になる研究であるため，ここで紹介しておく．

まず，林・野田・山田（2006）は，大分県でのアンケート調査を実施し，どのような私有林所有者が経営意欲が低いのかを統計分析と聞き取り調査から明らかにしている．なお，森林経営意欲の低さは，アンケートでの森林売却意思の有無に基づいて判断されている．その結果，職業がサラリーマンの場合，無職でかつ後継者がいない場合，自力で施業を行えない場合に経営意欲が低いことが指摘された．ただし，経営意欲には地域差があり，他の産業への就業機会が多い地域，林地価格が高い地域では，売却意思が高かった．一方，所有面積の狭さによって，経営意欲が低下しているという傾向は見られなかった．

青柳・佐藤（2002）は，非森林所有者と森林所有者，都市と農村という立場と地域の違いに着目し，住民の森林保全に対する考え方の違いについて検討している．都市地域として北海道北広島市を，農村地域として同滝川市を調査対象地域とし，森林の非所有者と所有者へのアンケート調査を実施している．その結果，非所有者は森林保全への関心が高く，自治体などによる借り上げ等の保全施策も支持していた．また，自らもボランティア等で協力する意思を持っていた．一方，所有者は森林を資産としてとらえており，今後も森林を維持していこうとしながらも，手入れ不足の問題を抱えていることが明らかになっている．しかし，資産である森林へのボランティアの受け入れ，森林の貸し出しについては，関心はあるものの「詳しく聞いてから決める」と，慎重な姿勢が見られた．都市と農村地域の違いとしては，北広島市では，林地開発の機会が多いため，開発抑制手段として，森林保全施策を支持する意見の方が滝川市よりも相対的に多かった．一方，林業が基幹産業である滝川市では，森林施策が地域経済の存立にかかわる問題であるため，森林保全の必要性を認めつつも，森林の借り上げに対しては，「わからない」と回答する人が多く，慎重な態度が見られた．

南・江口（2002）は，奈良県大和川流域の森林所有者を対象に公益的機能の評価，費用負担のあり方に関してアンケート調査を実施している．その結果，スギ・ヒノキなどの人工林の38%がほとんど管理されておらず，雑木林（広葉樹林）は71%が放置されているという状況であった．その背景には，立木販売をした回答者のうち，ほとんど利益が出なかった，あるいは赤字であったという回答が76%であったことから，木材価格の低下により収益が得られな

いことが影響していることが推察できる．その一方で，収益は期待していないが，先祖からのものなので所有し続けるという回答が60%，財産として経済価値の高い森林を目指し，将来も所有し続けるという回答が15%，適当な価格であれば売却したい，資金が必要なときに売却したいという回答が20%であったことから，森林所有の目的が，財産保有的なものであり，定期的に収益を期待している所有者は少ないと結論付けている．洪水防止，大気浄化，生活環境保全などの森林の公益的機能については，76%の回答者がこれらの機能を評価していたが，公益的機能を発揮させるために必要な経費については，固定資産税・相続税の軽減や，補助金など何らかの形で受益者である住民への費用負担を求めている．

また，駒木（2006）は，より広い視点から，私有林政策の現状と課題について考察している．まず，木材価格の低迷による，再造林の放棄，森林売却，後継者不足といった私有林経営・管理の状況と，森林の木材生産機能から公益的機能重視の林政への転換といったこれまでの森林政策の状況を概観している．そして，林業価格の低下により収益が期待できないため，森林の維持管理動機付けを家産意識に頼るしかないが，その家産意識も低下させるほど状況が深刻化している事例にも触れている．そして，私有林経営が直面している現状の林業金融政策，補助金などの問題の所在を明らかにし，林業振興を進める政策により，所有者の意欲を回復させ，木材生産だけではなく公益的機能の増進を図ることを提言している．

以上の既存研究から，私有林の所有者の意識として，木材からの収益性よりも，資産，先祖代々の土地，家産意識など資産・伝統としての意識が，個人による森林所有の目的に大きく影響していることが指摘されていた．つまり，収益という経済合理性ではない側面の意識が強く働いているといえよう．しかし，森林に関わることがない職業に就いた場合や後継者がいない場合では売却意思が見られ，駒木（2006）にもあるように資産・伝統としての意識だけでは，私有林経営・管理を維持できず売却するケースも見られたことに注意しなくてはならない．また，所有者は公益的機能の意義，重要性を認識しているが，費用負担のあり方，木材生産の場としての振興策を考えなければ，資産の意識からだけでは森林が管理できない危険性も示唆されている．

私有林所有者を対象とした意識調査とは対照的に，共有林管理に関する意識調査というのは，ほとんど見られない．ただし，三俣・坂上（2003）の研究では，滋賀県甲賀町（現・甲賀市）大原小学校の学校林を事例として，森林管理の共同性が維持されている要因を環境評価手法であるコンジョイント分析を用いて計測している．調査地の学校林では保護者が植林活動に協力するだけではなく，学校林の清掃，下刈り，枝打ち等の手入れも行い，学校林運営の主体となっている．三俣・坂上（2003）は，1つの森林コモンズの管理の形として，100年以上もその運営が行われてきた要因について探っている．その結果，保護者たちが学校林の管理活動に参加している理由としては，「大原地区の伝統」の継承，環境教育としての役割が支持されていた．一方，学校林を収益の対象として受け止めることになんらかの違和感，抵抗感を感じていることが指摘されていた．また，運営に関わる清掃，下刈り，枝打ち等の奉仕活動は負担に感じている保護者もいて，学校林の賦役に参加しない新規住民も問題になっていることが学校林管理の課題として指摘されている．このように，共有林管理に対する意識に関する既存研究でも，収益性よりも，伝統，環境教育など，経済合理性とは異なる理由が，共有林管理を維持する要因として指摘されていた．以上をふまえて本章では，森林管理を継続する動機付けとして，収益面だけでなく，伝統の継承・財産としての意義も注目したい．

3.4　アンケート調査の概要

　まず，アンケート調査の概要について説明する．アンケート調査は，京都市右京区京北山国地区の10区に居住する全世帯を対象に実施した[3]．2005年11月23日に区の各代表者にアンケート票を配布し，回答は，12月10日を投函の締め切り日として，郵送してもらった．その結果，518通のうち230通の回

3）　山国地区は，小塩区，初川区，井戸区，大野区，長池区，比賀江区，中江区，塔区，辻区，鳥居区，下の11の行政区から構成されている．ただし，長池は小規模（3世帯）のため，区の配布物は大野に包含されている．今回の調査は，区から配布したため，大野の回答に長池の回答が含まれている．なお，2005年4月1日の京都市との合併により，「区」は「町」となり，現在は，京北小塩町，京北井戸町などに名称が変わっている．なお，山国地区の概要については，第2章ですでに説明されているので，本章では省略する．

表3.3 区別のサンプル規模・アンケート回収率

集落名	返信数／世帯数[注]	サンプル規模 (返信数／世帯数)	回収率 (返信数／配布数)
小塩	13/46	28.3%	26.5%
初川	4/13	30.8%	33.3%
井戸	38/60	63.3%	65.5%
大野	34/73	46.6%	46.6%
比賀江	38/79	48.1%	44.7%
中江	21/34	61.8%	56.7%
辻	14/32	43.8%	35.0%
塔	26/70	37.1%	40.6%
鳥居	19/38	50.0%	48.7%
下	23/75	30.7%	36.1%
全地区	230/520	44.2%	44.2%

注）世帯数は，第2章での聞き取り調査に基づく．

答を得ることができ，回収率は，44.2%であった（表3.3）[4]．アンケートでは，①共有林管理，②私有林の所有・管理，③回答者の世帯の属性について質問した．なお，アンケート票は，巻末に付属資料として掲載しておく．

第2章での聞き取り調査から，対象地域の基礎情報を表3.4にまとめた[5]．

共有林の面積は，10 haから100 ha以上まであり，区によって共有林の面積が異なることがわかる[6]．また，共有林管理組織の参加世帯（以下，収益権者と呼ぶ）1世帯あたりの面積で比較したところ，小塩，中江，辻，下の共有

---

[4] アンケート票は，2001年の世帯数をもとに配布したため，一部でアンケートが余る区，不足する区が見られた．そのため，回収率とサンプル規模に差が生じている．

[5] 元井戸と寺山は，60年ほど前に合併して，井戸という行政区となった．2つの集落に，それぞれ「旧区山」が存在したため，別々に共有林管理組織を形成している．嶋田ら（2006）では，2つの共有林管理制度として調査を行っているが，本章では，アンケートの配布方法が現在の区ごとであったため，この2つの集落を区分できていない．

[6] 共有林面積は，聞き取り調査での関係者からの申告に基づく．また，その数値が，実測，台帳面積，見込み面積となっており，どの数値を申告したのかは不明である．そのため，あくまで参考として挙げた面積であり，正確な面積ではないことに注意されたい．

3.4 アンケート調査の概要

表 3.4 山国地区の旧区山の状況

対象集落	小塩	初川	元井戸	寺山	大野	比賀江	中江	辻	塔	鳥居	下
管理組織	小塩区	初川区住民の会（地縁団体法人）	元井戸財産管理委員会	寺山財産管理会	大野区山林委員会	比賀江財産管理委員会	中江区財産管理会	辻区民の会（地縁団体法人）	塔財産管理委員会	鳥居区財産管理会	下財産管理委員会
森林面積	15.0 ha	40.3 ha	50.0 ha	90.0 ha	118.0 ha	73.3 ha	10.4 ha	14.4 ha	54.0 ha	49.6 ha	17.2 ha
土地登記	個人名義（3箇所）	初川区住民の会	不明	記名共有	3-4名の記名共有	代表名義人＋公正証書	不明	辻区民の会	3名の記名共有＋公正証書	3-5名の記名共有	3名の記名共有
管理組織の設立年	区と分離していない	2004年	1968年もしくはそれ以前	不明 1946年以前？	区と分離していない	1988年	2000年	2002年	1972年（協定書），1987年規約	1955-1960年頃	2003年
世帯数	46	13	38	22	73	79	34	32	70	38	75
収益権者数	41	12	34	12	67	74	33	26	44	34	63
収益権者の割合	89.1%	92.3%	89.5%	54.5%	91.8%	93.7%	97.1%	81.3%	62.9%	89.5%	84.0%
1世帯あたり面積	0.4 ha	3.4 ha	1.5 ha	7.5 ha	1.8 ha	1.0 ha	0.3 ha	0.6 ha	1.2 ha	1.5 ha	0.3 ha
日役の回数	現在なし	1回	1回	現在なし	年に3回	1-2回	2回	2-3回	年4回（半日作業含む）	年2回	ここ10年間年1回
不参金	なし	8000円	12000円	なし	10000円	10000円	9000円	9000円	10000円	9000円	8000円
（配当率100％への）年数	なし	0年	5年	25年，ただし，無効化	分家25年新規入居者50年	40年	50年，ただし，無効化	なし	40年（栗進性）	40年	1年＋加入金

注）面積は聞き取り調査での申告をもとにhaに変換．世帯数は第2章の聞き取り調査（2005年）でのデータを用いている．
表2.4にその他の聞き取り項目がまとめてあるので，参照のこと．

表 3.5 区別の共有林管理組への参加状況

集落名	収益権者	非収益権者	無回答	合計
小塩	9 (69.2%)	3 (23.1%)	1 (7.7%)	13
初川	3 (75.0%)	1 (25.0%)	0 (0.0%)	4
井戸	31 (81.6%)	5 (13.2%)	2 (5.3%)	38
大野	27 (79.4%)	6 (17.6%)	1 (2.9%)	34
比賀江	33 (86.8%)	5 (13.2%)	0 (0.0%)	38
中江	20 (95.2%)	1 (4.8%)	0 (0.0%)	21
辻	11 (78.6%)	3 (21.4%)	0 (0.0%)	14
塔	23 (88.4%)	3 (11.5%)	0 (0.0%)	26
鳥居	19 (100.0%)	0 (0.0%)	0 (0.0%)	19
下	21 (91.3%)	2 (8.7%)	0 (0.0%)	23
全地区	197 (85.7%)	29 (12.6%)	4 (1.7%)	230

注)(%)は,各区もしくは全地区の全回答者に占める収益権者,非収益権者,無回答者の割合である.アンケート結果を集計した.

林が小規模であった.これらの区の共有林面積はいずれも 10 ha 前後と他の区に比べると小規模な共有林となっている.一方,収益権者 1 世帯あたりの面積が大きいのは,寺山と初川であった.

次に,共有林管理組織は,第 2 章 2.3.1 でも述べられたように,①区の行政組織と分離していない場合,②分離している場合,③地縁法人団体として登録している場合の 3 つのケースがあった.このうち,区の行政組織と分離している区のうち,寺山では約 55%,塔では約 63% が収益権者となっており,非収益権者の割合が高くなっている.これらの区では,他所からの新規住民の流入の割合が高く,新規住民が収益権者とならなかったため,その割合が高くなっている.寺山では 10 世帯,塔では 20 世帯が新規住民であり,これらの世帯はすべて,収益権者とはなっていない.

また,第 2 章での調査によると,区行政と分離していない区は,小塩,大野の 2 区であり,そこでは全世帯が共有林の収益権者となるはずである.しかし,これらの区からのアンケート回答には,「非収益権者」と回答している世帯が

表3.6 母集団とサンプル規模の比較

集落名	収益権者（母集団数）	非収益権者（母集団数）	回答収益権者の割合（回答数／母集団数）	回答非収益権者の割合（回答数／母集団数）
小塩	41	5	22.0%	60.0%
初川	12	1	25.0%	100.0%
井戸	46	14	67.4%	35.7%
大野	67	6	40.3%	100.0%
比賀江	74	5	44.6%	100.0%
中江	33	1	60.6%	100.0%
辻	26	6	42.3%	50.0%
塔	44	26	52.3%	11.5%
鳥居	34	4	55.9%	0.0%
下	63	12	33.3%	16.7%
全地区	440 (84.6%)	80 (15.4%)	44.8%	36.5%

注）(%)は，山国地域の全世帯数（母集団）に占める収益権者，非収益権者の割合である．母集団は，第2章の調査結果をもとに算出している．

見られた（表3.5，表3.6）．第2章での聞き取り調査によると，小塩では，区内の全居住者に収益権を認めているものの，個人への配当も日役（全戸出役の共同作業）もないということであった．そのため，近年転入してきた住民には，全世帯が収益権者であるということすら知られていなかったのではないかと推測できる．大野では，区の行政組織とは分離していないが，新規住民8世帯のうち6世帯は収益権者にはなっていないということであった．

3.5　共有林管理に対する意識

まず，アンケートの回答と母集団を比較し，サンプリングの整合性について検討する．そして，アンケート結果から，山国地域の各共有林管理への参加状況，世帯の特徴について考察する．

写真 3.1　共有林の保育の様子（2007 年 5 月　京都市山国地区にて撮影）

3.5.1　参加状況

　各区における共有林管理への参加状況を表 3.5 にまとめた．その結果，回答者の約 85％ の世帯が共有林の収益権者であった．区単位で見ても小塩の約 70％ が最低であり，どの区でも過半数以上の世帯が共有林管理に参加していた．サンプリングの偏りを確認するために，母集団となる各区の共有林組織への参加状況と比較したところ，（表 3.6），全体で約 85％ の世帯が組織の収益権者であり，全体としては，サンプルに偏りはなかった．また，アンケート調査でのサンプル規模と実際の母集団の規模を区単位で比較したところ，収益権者に対するサンプルの割合は，小塩区の約 22％，非収益権者では，鳥居区の 0％ が最低であった．収益権者のサンプルの割合は，全体で約 45％，区単位でも 22％ を維持していることから問題はないが，非収益権者では全体では約 37％ であるものの，区単位では 0％ の区もあったため，本章では，非収益権者の共有林管理不参加理由については区ごとの比較は行わない．

3.5.2 世帯の特徴

次に,アンケートで回答者の世帯特性について見ておく.世帯主に回答を依頼したため,230世帯中182世帯,約80％が男性であった.区単位でも同様の傾向が見られ,山国地区のなかで最も男性回答者が低い割合が70％であった.次に,世帯主の年齢は,70代が地域全体で約37％を占め,人口構成が,逆ピラミッドとなる高齢化地域である(図3.1).ただ,区単位で見ると,必ずしも70代が最多数になるような人口構成ではない地域もあり,高齢化の傾向があてはまらない区もあった.たとえば,小塩は50代が最多数(38.5％),井戸は40代から70代まであまり偏りがなく,辻では60代が最多数(42％)であった.

次に,世帯主の職業は,無職(年金生活者を含める)が最も多く(約27％),ついで,自営業(約17％),第2種兼業農家(約15％)が多かった(図3.2).特に,小塩,井戸,辻では,無職と同じ,もしくはそれ以上の割合が会社員,第2種兼業農家,もしくは自営業と回答しており,年齢構成と関係があるように有職者が多かった.

山国地区に定住した時期をたずねたところ,「祖父母以前の代から」と回答した世帯が全体の50％を占めており,「祖父母の代から」と回答した世帯も含

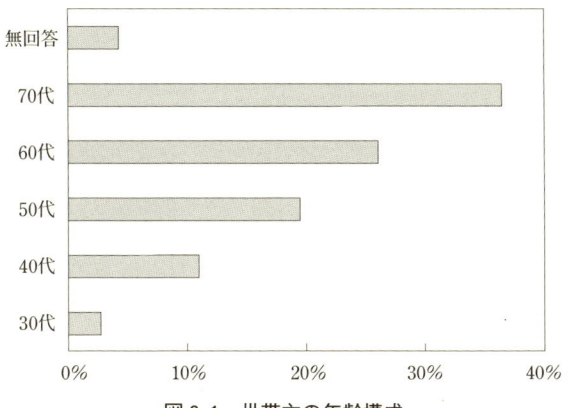

図3.1 世帯主の年齢構成

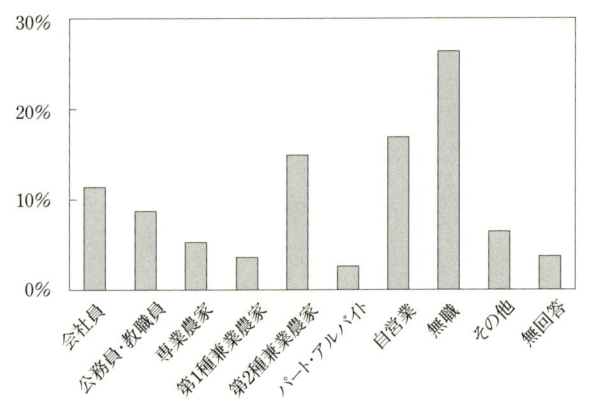

図3.2　世帯主の職業構成

めると70%にもおよぶことがわかった．一方，区ごとに比較すると，「自分の代から」と回答した世帯が小塩，大野，塔，辻で30%前後であり，これらの区に一定割合の住民が，新規住民として流入してきていることもわかる．

3.5.3　管理への参加

共有林管理組織の収益権者である回答者に，共有林管理に参加してきた理由として，表3.7の項目に対して，「強くそう思う，そう思う，どちらでもない，そう思わない，まったくそう思わない」の5段階で回答してもらった．なお，項目8の「不参金」とは，なんらかの理由により世帯から日役に参加できない場合に納める負担金のことである．分析では，「9，7，5，3，1」の順番で数値化している．以下，共有林管理への不参加理由，私有林の積極的管理および消極的管理の理由についても同様のスケールを用いた．

山国地区での収益権者の回答を数値化したところ，図3.3の結果となった．先祖代々の共有林であるという意識，財源であるという意識，多面的機能としての必要性という認識が最も得点が高かった．三俣・坂上（2003）で「伝統の継承」が支持されたように，今回の調査では，先祖代々引き継がれてきたという伝統を理由に挙げる回答者が多かったことになる．また，南・江口（2002）

表 3.7 共有林管理への参加理由（項目）

1. 先祖代々共有林の利用管理を行ってきたから
2. 共有林に愛着を感じているから
3. 区に愛着を感じているから
4. 収益配当を期待しているから
5. 区の財源として重要だから
6. 日役は体力的に負担ではないから
7. 日役を通じた交流が楽しいから
8. 日役には参加していないが，不参金を払っても良いと思っているから
9. 区内のお付き合いとして重要だから
10. 子孫に伝統を残したいから
11. 森林の多面的機能（土壌，水源，温暖化防止など）のために必要だから
12. 地域の景観の維持のために必要だから
13. 災害防止のために必要だから

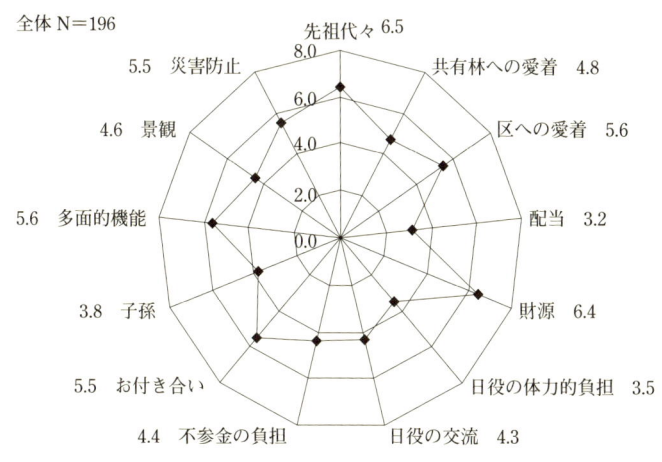

全体 N＝196

- 先祖代々 6.5
- 共有林への愛着 4.8
- 区への愛着 5.6
- 配当 3.2
- 財源 6.4
- 日役の体力的負担 3.5
- 日役の交流 4.3
- 不参金の負担 4.4
- お付き合い 5.5
- 子孫 3.8
- 多面的機能 5.6
- 景観 4.6
- 災害防止 5.5

図 3.3 共有林管理への参加理由（数値化）

と同様に，私有林所有者だけではなく，共有林の収益権者も多面的機能についての重要性を認識して共有林の管理に参加している姿勢が見られた．

一方で，子孫に伝統として残すことは，共有林管理に参加している理由としては得点が低かった．これは，重要でないという意味ではなく，現在の共有林からの収益がなく，日役や維持管理のための費用など体力的，経済的負担が大きくなることを危惧しているためと考えられる．また，多面的機能だけではなく，災害防止，景観といった生活環境面の理由にも一定の得点が付けられていた．

木材価格の低迷による山林からの収益の減少を表すように，配当への期待は低かった．また，三俣・坂上（2003）で学校林の管理活動について負担を感じている回答者もいたのと同様に，山国地区でも高齢化にともない，日役は体力的には負担になっているようであった．

このように，現時点での共有林管理に参加している理由は，個人配当という経済的便益を期待してではなく，地域の伝統の尊重・愛着，自治基盤としての財源，環境といった側面であることがわかる．

次に，共有林管理に対する意識には区ごとに違いがあるのかを，探索的因子分析を用いて検証した（表3.8）．その結果，次の3因子が抽出され，それぞれの因子の負荷量の大きさから，環境因子，郷土愛因子，義務感因子と名付けた．第一因子として，災害防止，多面的機能，景観維持の項目の負荷量が大きかった．この項目以外の負荷量に比べて環境という共通性が見られることから，環境因子とした．

第二因子では，共有林への愛着，区への愛着，日役での交流，配当といった項目の負荷量が大きかった．これらの項目の共通性としては，地域・地域住民への愛着であり，郷土愛的な因子が抽出されたと考えられる．一方，不参金の支払いに対する負荷量は，－0.6であった．この項目は，現在日役が行われていないため不参金の制度がない区があり，また，日役に参加している回答者にとっては，実際には不参金を払う必要がないのに，「払っても良い」という項目となっており，回答に混乱が見られた．そのため，解釈には注意が必要であるが，郷土愛が強い人ほど，日役に参加しないのではなく，なるべく参加しようという意識があったためと推測される．

3.5 共有林管理に対する意識

表 3.8 共有林管理参加の因子分析

	第一因子 (環境因子)	第二因子 (郷土愛因子)	第三因子 (義務感因子)
13. 災害防止のために必要だから	0.991	−0.080	−0.095
11. 森林の多面的機能のために必要だから	0.698	0.167	−0.097
12. 景観の維持のために必要だから	0.674	−0.017	0.200
8. 不参金を払ってもよいと思っているから	0.324	−0.60	0.113
2. 共有林に愛着を感じているから	0.041	0.904	−0.178
3. 区に愛着を感じているから	−0.042	0.711	0.089
1. 先祖代々共有林の管理を行ってきたから	−0.043	0.449	0.097
7. 日役を通じた交流が楽しいから	−0.137	0.403	0.354
4. 収益配当を期待しているから	0.157	0.374	0.101
9. 区内のお付き合いとして重要だから	−0.005	−0.104	0.779
6. 日役は体力的に負担ではないから	0.057	0.137	0.416
10. 子孫に伝統を残したいから	0.223	0.208	0.367
5. 区の財源として重要だから	0.073	0.215	0.263

注1) 因子間相関：0.610（環境・郷土愛因子），0.397（環境・義務感因子），0.570（郷土愛・義務感因子）．
注2) 因子抽出法は主因子法．回転法は，Kaiserの正規化をともなうプロマックス法．6回の反復で回転が収束した．数値は，因子負荷量を表す．

　第三因子では，お付き合いとしての重要性，日役の体力的負担，子孫に伝統を残す，財源としての重要性，日役での交流といった項目の負荷量が大きかった．これらの項目は，郷土愛的要素も含んでいるが，近所付き合いを円滑にする，共有林管理を継続させ，子孫へ引き継いでいくという義務感的要素が強い項目であると考えられる．また，日役での交流は，郷土愛因子の負荷量も大きかったが，義務感因子の負荷量も大きかった．日役を通じた交流には，郷土愛的な側面と義務的な側面が見られる．

　このように，因子分析を通じて，共有林管理に参加してきた理由として，環境意識，郷土愛，義務感という3要因が抽出された．集計結果からも，森林の環境としての役割，先祖から引き継いだ責任，区・森林への愛着，といった要因が，共有林管理を継続させてきた強い理由となっていることがわかる．

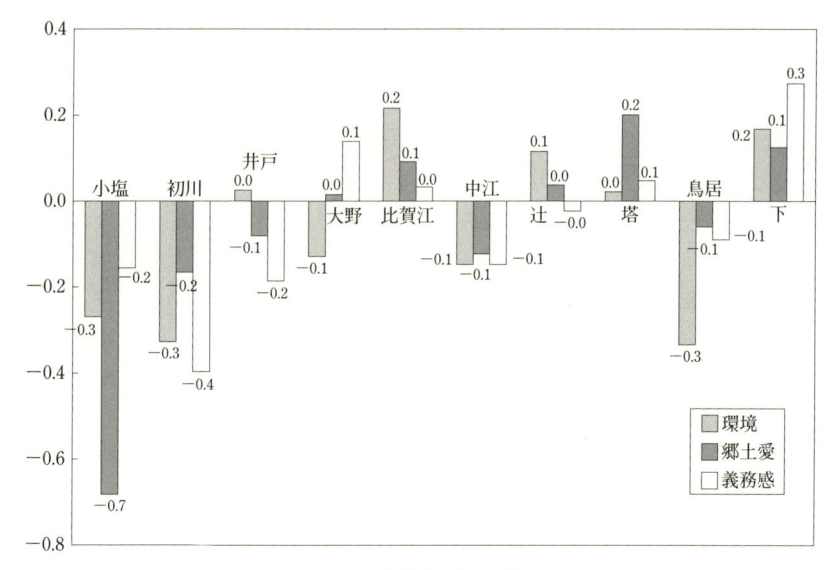

図 3.4 集落別の因子得点

次に，探索的因子分析の結果から因子得点を求め，回答者別に3つの因子の重みの違いを算出した[7]．この因子得点の集落別の平均値が図3.4である．その結果，大野では義務感因子のみが平均を上回り，義務感から共有林管理を継続している．同様に，下でも義務感が最も大きな得点となっている．井戸，比賀江，辻では，環境因子が3因子のなかで最も大きく，環境保全を意識して共有林管理に参加している世帯が多い．また，塔では，郷土愛因子が最も大きく，地域への愛着，共有林への愛着といったものが，共有林管理を持続させてきた要因となっていた．

3.5.4 管理への不参加

次に，共有林管理に参加していない世帯を対象に，不参加の理由として，表3.9の項目を挙げて，前項と同様に5段階で評価をしてもらった．なお，不参

---

7) 因子得点は，平均0，分散（標準偏差）1となる．

表 3.9　共有林管理への不参加理由

1.　住居は，別の場所にあるから
2.　昔から住んでいるわけではないので
3.　収益配当を期待していないから
4.　区の財源として期待していないから
5.　日役は体力的に大変だから
6.　日役を楽しみに思えないから
7.　日役に参加しないと，不参金を払わなくてはならないから
8.　区内のお付き合いに影響しないから
9.　今後も永住するかわからないから
10.　森林の多面的機能（土壌，水源，温暖化防止など）に影響はないから
11.　地域の景観に影響はないから
12.　災害防止に影響はないから
13.　参加したいが，収益の権利を得るまでに時間がかかるから

加のサンプルは少なく，また，地区によってはサンプルを回収できなかったため，区ごとの比較は行わない．

　全区の集計結果は，図3.5の通りである．最も支持された理由としては，「昔から住んでいるわけではないので」という回答であった．この結果は，回答者が自分の代から転入してきた新規住民である場合，区への愛着が共有林管理の収益権者よりも希薄であるため，共有林管理へ参加していないと解釈できる．ただし，新規住民といっても，第2章での聞き取り調査によると，1970年頃は共有林管理に参加するのが当然であったため，その時期の新規住民は共有林管理に参加しているので，除かれる．この回答は，1980年代後半頃に移住してきた新規住民に多く見られる傾向である．

　また，日役が体力的に負担であるというのも不参加の理由であった．支持は下がるが，配当を期待していないという回答も考慮すると，林業不況といわれるなかで，体力的負担と配当という直接的な費用と便益を考慮した結果，共有林管理に参加していないと考えられる．

　一方で，共有林管理に参加しないことで，区内での付き合いになんらかの負

132 第3章 伝統的コモンズと住民意識—共有林・私有林の比較分析

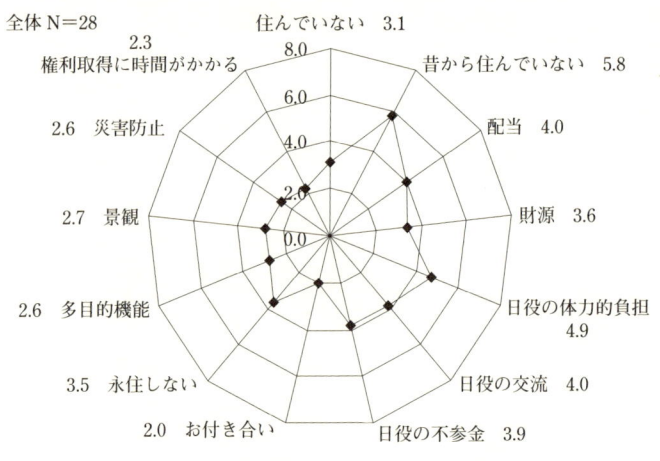

図3.5 共有林管理への不参加理由（数値化）

全体 N=28
- 住んでいない 3.1
- 昔から住んでいない 5.8
- 配当 4.0
- 財源 3.6
- 日役の体力的負担 4.9
- 日役の交流 4.0
- 日役の不参金 3.9
- お付き合い 2.0
- 永住しない 3.5
- 多目的機能 2.6
- 景観 2.7
- 災害防止 2.6
- 権利取得に時間がかかる 2.3

の影響があるとは考えているが，参加しないという行動をとっている．これは，前述のように，共有林管理に参加しないことで，個人に直接的に影響する便益がある一方，参加しないことで，区内での付き合いに影響があるが，この負の影響を打ち消すほど，参加しないことによる個人に帰属する便益が大きい，もしくは，負の影響がそれほど大きなものではない，と考えているのではないであろうか．第2章での聞き取り調査でも，新規住民が参加しないことに対して，収益権者からは参加して欲しいが，参加しないことで大きな確執があるわけではない，というコメントが見られた．

同様に，区の財源として期待していないわけではないが，参加しないという結果となった．財源としての重要性を感じつつも，日役での体力的負担，収益の現状を考えると，参加したくないと考えていると推測できる．

また，回答者は，共有林管理に参加しないことで，管理が十分に行われず，多面的機能，災害，景観といった環境への負の影響があることを認識していた．管理が適切に行われなければ，環境面の問題が生じると感じてはいるものの，共有林管理への参加は義務ではなく，また個人への便益も見込めないことから，積極的に参加しようとは思っていないと解釈できる．

収益権者になるためには，一定期間（5年から50年間）当該地区に定住し

ていることが条件となる区があった．共有林からの収益が分配される権利を取得したいが，時間がかかりすぎるため，参加していないということも考えられうるため，不参加の理由として項目に含めた．その結果，権利取得までの期間は，不参加の理由には影響を与えていなかった．権利取得までの期間が短くなったとしても，収益が低下している現在は，共有林管理に参加するインセンティブとはなっていなかった．

次に，探索的因子分析を用いて，参加しない理由の抽出を試みた（表3.10）．その結果，3因子が抽出された．第一因子は，不参金への財政的負担感，日役の楽しさのなさ，体力的負担，財源への期待のなさ，という負荷量が大きかった．これらの項目は，財政面，体力的などなんらかの負担感を表す点が共通し

表3.10 共有林管理不参加の因子分析

	第一因子 (負担感因子)	第二因子 (時間因子)	第三因子 (便益因子)
7. 日役に参加しないと，不参金を払わなくてはならないから	0.943	0.447	0.488
6. 日役を楽しみに思えないから	0.836	0.468	0.661
5. 日役は体力的に負担だから	0.756	0.213	0.365
4. 区の財源として期待していないから	0.745	0.084	0.563
10. 森林の多面的機能に影響はないから	0.477	0.867	0.687
11. 地域の景観に影響はないから	0.494	0.850	0.828
9. 今後も永住するつもりはないから	0.212	0.764	0.462
1. 住居は，別の場所にあるから	0.286	0.716	0.344
13. 参加したいが，収益の権利を得るまでに時間がかかるから	0.367	0.544	0.343
2. 昔から住んでいるわけではないので	−0.054	0.346	0.090
12. 災害防止に影響はないから	0.433	0.609	0.896
3. 収益配当を期待していないから	0.357	0.307	0.636
8. 区内のお付き合いに影響しないから	0.494	0.290	0.587

注1) 因子間相関：0.367（負荷・時間因子），0.574（負荷・便益因子），0.587（時間・便益因子）．
注2) 因子抽出法は主因子法．回転法は，Kaiserの正規化をともなうプロマックス法．6回の反復で回転が収束した．数値は，因子負荷量を表す．

ているので，負担感因子とした．

　第二因子は，多面的機能，景観，災害防止といった環境側面だけではなく，永住意思，権利取得の期間といった項目でも負荷量が大きかった．これらの項目に共通するのは，ある一定の期間や将来に関するものである点である．森林の多面的機能，景観，災害防止も数年後に効果が見られるものではなく，何十年もの歳月を要する時間因子であり，これらの長期的な項目が，共有林管理への参加という短期的な意思決定に影響をおよぼしていると考えられる．

　第三因子は，多面的機能，景観，災害防止といった環境側面，日役の楽しみ，財源，配当，お付き合いといった多数の項目において負荷量が大きくなった．これらの項目で共通しているのは，共有林管理に参加することで，回答者自身にとってのメリット，つまり便益と考えられるので，便益因子とした．

　共有林管理の収益権者と非収益権者の意識を比較したところ，潜在的な意識に大きな違いが見られた．収益権者は，先祖代々の伝統，地域・共有林への愛着，環境といった項目を高く評価しているように，郷土への愛着，義務感，環境への責任といった意識を持って共有林の維持管理を行ってきたといえる．一方，非収益権者は，生まれ育った土地ではないため，地域への愛着が薄く，参加しないことで付き合い，環境，財源への悪影響を認識しつつも，体力的，金銭的負担感から参加していなかった．探索的因子分析からも，参加することによる負担感，長期的視点との整合性，個人的便益といった意識から，参加していないということが明らかになった．

3.6　私有林管理に対する意識

3.6.1　積極的な管理

　次に，私有林の管理状況とその理由について考察する．私有林には，個人私有林，記名共有林などがあるが，ここでは，共有林管理との比較対象として，個人私有林（以下，私有林）に限定して分析を行う．アンケートでは，全回答者に私有林の所有状況について質問した．その結果，私有林を所有している世帯（個人私有林と記名共有林の両方を所有している世帯も含む）は，無回答を

3.6 私有林管理に対する意識

表 3.11 個人私有林の管理の状況

	回答者数	(%)
積極的に管理している	73	51
あまり管理できていない	70	49
合計	143	100

表 3.12 私有林を積極的に管理している理由（項目）

1. 先祖から相続したから
2. 収益を期待しているから
3. 維持管理は費用的に負担ではないから
4. 維持管理作業が楽しいから
5. 子孫に財産を残したいから
6. 森林の多面的機能（土壌，水源，温暖化防止など）のために必要だから
7. 地域の景観の維持のために必要だから

除いて，143世帯であり全体の約71％であった．ほとんどの区で半数以上の世帯が個人私有林を所有していた．ただし，中江，辻では，いかなる私有林も所有していない世帯が約半数におよんだ．

次に，個人私有林を所有していると回答した143世帯のみを対象に管理状況について質問したところ，「積極的に管理している」と回答した世帯と「あまり管理できていない」と回答した世帯は，約半数ずつになった（無回答を除く．表3.11）．回答者は，私有林管理の状況に応じて，管理してきた理由について回答を行った（表3.12）．

各項目を数値化した結果を，図3.6にまとめた．まず，共有林管理と同様に，先祖代々受け継いだ森林であることが積極的に維持管理を続ける最大の理由として支持された．これは，菅原（1987）の研究でも，先祖代々の土地であるというのが，私有林所有の目的として最も多かったという結果と符合するものであった．

一方，共有林とは異なり，ある程度の収益があるためか，子孫に財産として

残していくことも維持管理の理由となっている．ただし，質問項目において子孫に残す意識として，共有林では「伝統として残す」という表現だったのに対し，私有林では「財産として残す」という表現をしたため，単純に子孫に残すことの意識を比較することはできない．しかし，共有林では個人配当をあまり期待していないのに対し，私有林では収益に対する評価が大きいことから，私有林の方が，伝統という意味と同時に財産としての意識も強く持っていると考えられる．既存研究との関連でいえば，榎（1985），青柳・佐藤（2002），南・江口（2002），駒木（2006）と同様に，資産目的で私有林を保有している所有者が多いということになる．

また，多面的機能，景観といった環境意識も，積極的管理の一定の理由となっている．特に，共有林でも同様であったが，多面的機能としての森林の役割を重要に考えているようである．実際に当該地域でどの程度，共有林・私有林が多面的機能を果たしているのかは不明であるが，多面的機能に対して敏感に反応していた．

「維持管理費用が負担ではない」という理由に対しての数値が低いことから，負担ではあるが伝統を継承していくことに重要性を感じているためか，または，ある程度の収益があるために，積極的に維持管理を行っていると考えられる．

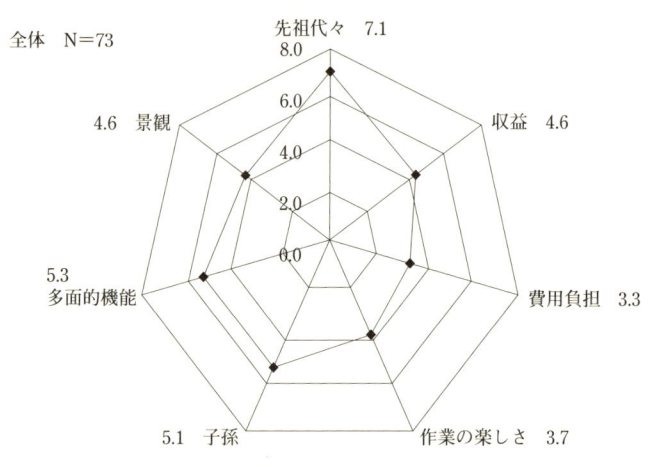

図3.6 私有林を積極的に管理する理由（数値化）

全体 N=73
先祖代々 7.1
収益 4.6
費用負担 3.3
作業の楽しさ 3.7
子孫 5.1
多面的機能 5.3
景観 4.6

3.6 私有林管理に対する意識

表 3.13 私有林積極的管理の因子分析

	第一因子 (便益因子)	第二因子 (義務感・環境因子)
2. 収益を期待しているから	0.666	−0.029
5. 子孫に財産を残したいから	0.664	0.313
4. 維持管理作業が楽しいから	0.408	−0.021
3. 維持管理費用は負担ではないから	0.401	0.183
6. 森林の多面的機能のために必要だから	0.053	0.779
7. 地域の景観維持のために必要だから	0.135	0.642
1. 先祖から相続したから	0.314	0.329

注 1) 因子間相関：0.188（便益・義務環境因子）．
注 2) 因子抽出法は主因子法．回転法は，Kaiser の正規化をともなうプロマックス法．3 回の反復で回転が収束した．数値は，因子負荷量を表す．

　共有林管理と同様に探索的因子分析を行い，潜在的にどのような意識から，私有林を管理しているのかを考察した（表 3.13）．その結果，2 因子が抽出された．第一因子は，収益，財産の存続，作業の楽しさ，費用負担の軽さといった項目で負荷量が大きかった．これらの項目は，管理をすることによる所有者にとっての利点・便益と解釈できる．

　第二因子は，多面的機能・景観といった環境側面で負荷量が大きかった．また，子孫へ財産として残す，先祖から相続したという項目でも環境項目の負荷量ほどは大きくはないが，一定の負荷量を示したので，義務感・環境因子とした．

　私有林管理では，共有林管理の収益権者の意識と同様に，先祖から存続したという伝統の継承を尊重していた．ただ，一定の収益があるためか，財産として残していくことも意識していた．共有林の場合と異なるのは，潜在的意識として，個人的便益を重視していることがわかり，共有林管理とは異なる潜在意識から管理が行われていることがうかがわれる．

3.6.2 消極的な管理

最後に，私有林を積極的に管理できていない理由について検討する．私有林は，先祖から相続したものである場合が多いが，この場合は相続はしたものの，管理できていないと考えられる．アンケートでは，先祖から相続したことは重要であるが，管理できていないというのが現状だと思われるので，相続したことに対しての意見は，項目には含めていない（表3.14）．

まず，全区の集計結果をまとめた（図3.7）．予想通りではあるが，積極的

表 3.14 私有林を積極的に管理していない理由（項目）

1. 収益を期待できないから
2. 維持管理は費用的に負担だから
3. 維持管理作業を楽しみと思えないから
4. 子孫に財産として残す必要がないから
5. 森林の多面的機能（土壌，水源，温暖化防止など）に影響はないと思うから
6. 地域の景観の維持に影響はないと思うから

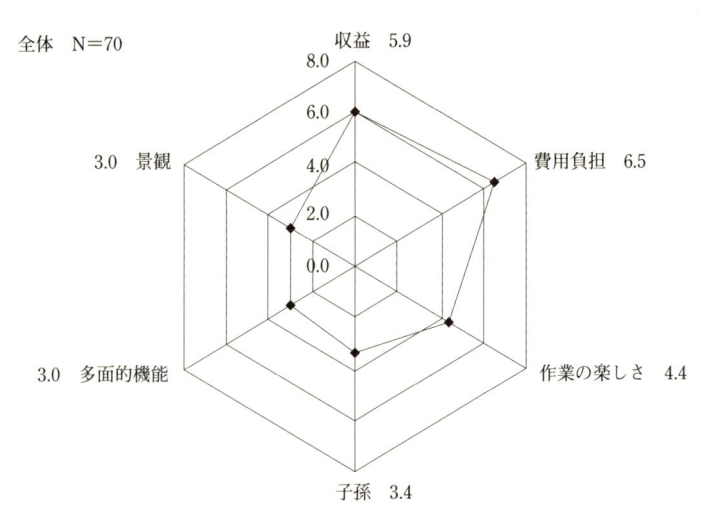

全体 N=70

- 収益 5.9
- 費用負担 6.5
- 作業の楽しさ 4.4
- 子孫 3.4
- 多面的機能 3.0
- 景観 3.0

図 3.7 私有林を積極的に管理していない理由（数値化）

に私有林を維持・管理している世帯とは異なり，維持・管理の費用負担と収益が期待できないことが，回答として最も多かった．私有林を管理することの経済的便益が低いため，維持・管理ができないことが，最大の理由であった．これは，まさに駒木（2006）で指摘されている点であり，家産意識だけでは，管理が継続できない私有林の厳しい状況が現れている．

次に，「作業を楽しみとは思えない」という項目も高く，共有林管理では日役を通じた交流が一定の評価を得ていたのに対し，作業をすることの楽しみが感じられないことも理由として挙げられていた．これは，「私有林を積極的に管理している」という回答者の理由でも低かったことから，共有林をコモンズとして維持・管理することの一定の役割が見えた．つまり，個人で管理すると負担と感じる維持・管理作業も，共同で行うことで，楽しみとなり，維持・管理作業に参加する理由の1つとなっているのである．

また，「子孫に財産として残す必要がない」という項目には評価が低く，必要性を感じているものの，経済的便益が期待できないためか，十分な管理が行えていない状況であった．

共有林の管理，私有林の積極的管理と同様に，「多面的機能に影響はない」とは思っていないが，管理は行っていないという結果となった．管理しないことによる環境への影響は感じているものの，経済的な負担が大きく維持・管理

表3.15 私有林の消極的管理の理由

	第一因子 （経済的負担因子）	第二因子 （環境因子）
1．収益を期待できないから	0.893	0.256
2．維持管理は費用的に負担だから	0.599	0.192
6．地域の景観の維持には影響がないから	0.084	0.683
5．森林の多面的機能に影響はないから	0.236	0.608
4．子孫に財産として残す必要がないから	0.515	0.591
3．維持管理作業を楽しみと思えないから	0.356	0.401

注1）因子間相関：0.356（経済的負担感・環境因子）．
注2）因子抽出法は主因子法．回転法は，Kaiserの正規化をともなうプロマックス法．3回の反復で回転が収束した．数値は，因子負荷量を表す．

ができていないようである.

　さらに,私有林を積極的に管理できていない理由について,探索的因子分析を行った(表3.15).その結果,2因子が抽出された.第一因子は,収益,管理費用といった経済的負担因子である.数値化からもわかるように,経済的な収益が見込めないことが,最も重視されていた.第二因子としては,多面的機能・景観といった環境側面への負荷量が大きかった.

　私有林管理では,積極的に維持・管理をしている回答者,あまり管理ができていない回答者を分けているのは,経済的便益の有無が最大の要因であった.収益を上げているかによって,管理を継続する場合と,負担感に感じて管理が行われない場合に分かれていた.また,共有林の場合とは異なり,作業の楽しさということは,あまり評価されていなかった.私有林では負担を感じる管理作業も,共有林では負担ではなく楽しみと感じている回答者が多い.ここに,共同で森林管理を行うことの意義が見い出せるであろう.

3.7　環境志向の共有林と経済志向の私有林

　本章では,アンケート調査から共有林管理と私有林管理における意識の違いの比較を行った.調査地である京都市右京区の山国地区では,木材の経済的価値の低下,高齢化にもかかわらず,長年にわたり地区の共有林管理が行われてきた.この共有林の維持・管理を支えてきたものは,直接的な経済的便益ではなく,伝統の尊重・愛着,環境意識といった意識であった.特に,伝統の尊重・愛着という項目は,コモンズを維持・存続させる条件である社会的関係資本とみなすことができる.これにより,たとえ個人への直接的経済的便益が生じない状況でも共有林が維持・管理されてきたのであった.

　一方,以前は全世帯が参加していた共有林管理も20％弱の世帯は参加していないという状況が見られる.共有林管理に参加していない最大の理由は,昔から住んでいるわけではない,いい換えれば地域に対する愛着がないためであった.それにより,財源としての重要性を経験的に認識できていないため,当然日役を負担に感じ,楽しみとして感じることができていないのである.個人への配当が期待できない現在,他の住民との付き合いに影響があるとは感じつ

つも，参加していないという実情が現れていた．

　環境保全，地域の自治基盤整備の財源としての共有林の役割は評価できるものの，今後のコモンズの存続を考える上で，地域にアイデンティティを持っていない住民をいかに取り込んで資源管理を行うのかが大きな課題となっている．特に，山国地区では林業を職業としている住民が少なくなっている．従来のように，経済的価値の向上を目的とした資源管理ではなく，環境面の向上を目的とした政策が求められているのではないであろうか．なぜなら，共有林管理に参加していない世帯でも，環境意識は見られたため，環境を守れば自分たちのメリットになり，かつ自分たちの費用負担が軽いと感じれば，共有林管理へ参加することも予想できるからである．地域の住民が共同で資源保全を行うことに対して，環境税，補助金といった費用面からの支援が求められているともいえよう．

　一方，私有林は，経済的便益の大小によって，維持・管理状況が分かれた．私有林の場合も，先祖から受け継いだという伝統を尊重しているが，維持管理費用がかかり過ぎて経済的便益が少ない，もしくはマイナスの場合，維持管理を行えない状態となっている．積極的に管理できていない回答者も，子孫に財産として残すことは重要であると感じつつも，実際には維持・管理ができないという状況であった．共有林と同様に，環境に対する影響も意識しているが，共有林の場合よりも経済的便益の大小が，維持・管理状況に直接的に影響をおよぼしているようであった．

参考文献

青柳かつら・佐藤孝弘（2002）「住民参加型森林づくり活動の課題と展望」，『北方林業』Vol.54, No.11, pp.248-250.

京都府京北地方振興局（2003）『北桑の林業統計』京都府.

駒木貴彰（2006）「これからの私有林政策のあり方と課題―私有林の現状と近年の動向をふまえて―」，『林業経済研究』Vol.52, No.2, pp.1-9.

菅原聰（1985）「山村住民の森林意識」，文部省「環境科学」特別研究「山村における森林環境に対する住民意識」研究班「環境科学」研究報告集.

菅原聰（1987）「山村住民の森林意識の変化」，文部省「環境科学」特別研究「山村住民

の森林環境の変化」研究班「環境科学」研究報告集.
林雅秀・野田巌・山田康裕（2006）「森林所有者の森林経営への意欲に影響する要因―大分県における森林所有者調査から―」,『林業経済研究』Vol. 52, No. 3, pp. 1-11.
三俣学・坂上雅治（2003）「伝統的学校林の価値評価」,『水利科学』No. 272, pp. 60-73.
三俣学・嶋田大作・大野智彦（2006）「資源管理問題へのコモンズ論，ガバナンス論，社会関係資本論からの接近」,『商大論集』兵庫県立大学経済経営研究所, vol. 57(3), pp. 19-62.
南宗憲・江口篤（2002）「大和川流域の公益的機能増進のための調査 森林所有者の意識調査」,『奈良県森林技術センター林業資料』No. 17, pp. 13-25.
室田武・三俣学（2004）『入会林野とコモンズ―持続可能な共有の森―』日本評論社.
森元早苗・嶋田大作・田村典江・三俣学・室田武（2006）「利用・管理形態の違いにみる森林管理に対する意識の比較―京都市右京区三国地区での私有林と共有林を事例として―」環境経済政策学会 2006 年大会報告論文.
山田容三（2001）「新規就業者の受け入れに関する森林経営の意識」,『林経協月報』482号, pp. 2-29.
Totman, C. (1989) *The Green Archipelago ; Forestry in Pre-Industrial Japan*, University of California Press. (日本語版：熊崎実訳（1998）『日本人はどのように森をつくってきたのか』築地書館)

第4章
漁民の森を新しいコモンズとしてとらえる

4.1 なぜコモンズ論から漁民の森を見るのか

　前章までに，伝統的コモンズとして京都市右京区山国地区の事例を取り上げ，詳しく分析してきた．しかし，第1章で述べた通り，当該資源へのアクセスという視点からいえば，コモンズには多種多様な広がりがあり，歴史的に形成されてきたものもあれば，これから生成してくるものもある．すでに第1章でも触れたが，コモンズという言葉をして想起されるものには，おおむね次のようなものが挙げられよう[1]．
　① 地縁を軸とした伝統的共同体
　② 複数の村々が協業する地縁共同体
　③ 地縁を超えて結び付いた者たちが管理・保全組織を立ち上げ，共通の目的を遂行するために協業する地縁を超えた共同体

　①は，水利・山林をはじめ祭り・自警など生活領域の多くを共有する地縁共同体であり，日本の場合であれば，「村」（ムラ）と呼ばれるものである．これは行政村ではなく自然村を意味する．②は，複数の村々が協力して対象資源を管理する場合に立ち現れることが多い．たとえば，流域の村々が協調して水管理にあたる場合などがそうである．水ばかりでなく山林原野でもこのような形

---

[1] 現時点では，共同管理の現場を①-③それぞれに分類する厳密なる指標を筆者らが考えているわけではない．たとえば③に入るような事例でも，外部主導・依存型の共同管理のものもあれば，地域住民が中心となりつつも外部協力者を積極的に受け入れた形での共同作業もある．「共同の実態のありよう」に即した，分析・処方箋を考えることが重要となる．

態は見られ，入会研究の専門用語ではこれを「村々入会（数箇村入会）」という．③の形態は，交通・情報・科学技術などが発達し，人・モノ・情報の移動が活発になる近現代の産物の1つといってよい[2]．私たちは日々，インターネット・テレビ・雑誌などを通じて現代社会の抱える諸問題を知ることができ，それらの望ましい解決に向けて乗り出そうとする人たちは，問題を抱える当該地域を超えて存在する．近年，日本の森林には，人工林の放置や森林環境の悪化という憂うべき状況が存在する．この状況に対して，解決の必要性を強く感じる人たちは，その地に暮らす人や林業関係者ばかりではない．たとえば，森林ボランティアなどがその一例である（山本，2003）．仮にそれに名前を付けるとすれば，①の地縁共同体に対比して，使命・価値観の共同体とでも呼んでもよいだろう．

このように単にコモンズといっても，上述した①-③のように多様な形態が認められ，また幅広い内容が議論の土俵に上がってきた．「伝統的なコモンズ」とか「閉じたコモンズ」と表現される①については，その可能性や限界に関する分析がすでに数多く行われてきた．その主たる関心は，資源管理という共同的な目標をどのような制度やルールを構築すれば効率的に達成できるか，ということにあり，共同体内部のルール・制度に関する分析が多く見られる．他方③の形のコモンズは「新しい」とか「開いた」という言葉で形容されることが多い．特に林学・環境社会学の分野において，このようなコモンズの可能性を見出そうとする研究が進み始めている（三井，1997；井上，2004）．

第2章，第3章では，伝統的で半ば閉じたイメージを持たれることの多い①に存在する環境資源の保全的役割を検討した．と同時に，そこにあるかもしれない弊害の可能性や課題についても指摘を行った．他方，③の相対的に開いたコモンズの環境保全にとって重要であり，検討すべきテーマである[3]．しかし，伝統的で閉じたコモンズと同様，あるいはそれ以上に，開いたコモンズが持続

---

[2] 金子（1998）らは，インターネット上の情報のやり取りから形成される共同体をバーチャル・コモンズと呼んで，その正の面に光をあてている．

[3] 天然資源を限られたメンバーで共有するのではなく，万人の利用にともするという意味での「開いた形のコモンズ」につながる研究として，日本の入浜権運動に関する研究（高崎・高桑編，1976），森林ボランティア論（山本，2003）がある．イギリスのパブリックフットパス（平松，1999；三俣・室田，2005），ノルウェーの万人権（嶋田・室田，2007）などの研究がある．

していくための要件を導出するには，多くの課題が存在している．

「地縁を超えた形での協業」に基づく資源の共同管理がいかなる条件下で成立するのか．さらにそれは，「持続的なコモンズ」と呼びうるものになる可能性を秘めているのか．その糸口を探るためには，同じ「地縁を超えた形の資源の共同管理」であっても，共同管理に参画する当事者に便益が認識できる場合には，より管理・保全活動への自律的展開が期待できるのではないか．現代の新しいコモンズを分析するにあたり，筆者らはこのように考えた．

そこで本章ではまずはじめに，漁業と森林との関係を考察し，なぜ漁業者が森林へと向かったかを明らかにする．その後，漁民の森運動の概観を紹介する．

本書では，①と③の双方の性質をあわせ持つような共同管理のありようを，ひとまず，漁民の森運動の事例のなかに求めてみることにしたい．

漁民の森運動とは，川や海での漁を生業とする人たちが山に登って木々を植える営為である．同種の取り組みは昨今，日本各地で見られるようになってきた．筆者らはこの運動の特色を，純然たるボランタリー精神のみに基づくものではないことに見出す．運動の担い手である漁業者らは，水産資源に生計の糧を求める人たちであり，彼らはこのような活動が，最終的には自らの暮らしを支える生業に直接・間接的な正の影響をもたらすことを感知している．

4.1.1 漁業と森林との関係

漁業とは自然を利用する産業である．自然の恵みである水産物の安定的な漁獲には，対象となる生物種だけではなく生態系全体の健全性が重要である．なかでも，海と川を往来する回遊魚の漁業や，河川水から供給される栄養塩を吸収して育つ貝類や藻類の漁業には，陸域環境の影響を特に強く受ける存在である．生業にとっての死活問題であるがゆえに，これまでにも沿岸の漁業者らは，ダム建設や上流部の無秩序な森林伐採に反対を表明し，中止を求めて行動してきた[4]．

だが，漁業者自らが山に登り木を植えるという漁民の森運動は，これらの反

---

[4] 長良川河口堰中止運動や諫早湾堤防閉めきりへの抵抗運動などがその事例である．

対運動とは少し様相を異にしている．自らの手で土を掘り苗を植える彼らの姿には，利害関係者として流域の森づくりに積極的かつ主体的に関与しようとする意思を見ることができる．ゆえに筆者らは漁民の森運動の発生と拡大を，従来，行政や林業者といった山側の意思を核として進められてきた地域の森林管理に，流域生態系の利害関係者という立場から漁業者が意思表示を行うようになった一連の動きと解釈する．これは，日本の森林・林業史，ならびに日本の水産業史においても1つのできごとといえよう．

その現状の具体的分析に入る前に，漁業と森林がいかなる関係にあったかについて，その一端をまず史的に紐解いてみたい．

(1) 歴史的経緯

海岸部の森林が魚を呼び寄せる効果を持つという概念は，江戸時代までにすでに成立していた．これらは総称して魚つき林と呼ばれる．"魚がつく"とはすなわち，魚を呼び寄せる働きを持つ林野のことである．各藩に「留山」などの形で伐採を禁じられた魚つき林があったことが知られており，それらの森林には「魚附場」「小魚蔭林」「魚隠林」「魚著山」「魚付林」「魚寄林」「網代山」などの名称が与えられ，保護されていた（写真4.1）．多様な名称にも，森林

写真4.1　真鶴半島部を構成する魚つき林（2007年3月　神奈川県下足柄郡真鶴町にて撮影）

が漁業におよぼす影響が多岐にわたることが示されているのではないだろうか.

写真 4.1 にある真鶴半島の魚つき林には,神社がある.この神社の建替記念碑(写真 4.2)には次のように記されている(碑文引用).

> 魚をよぶという機能的側面だけではなく,守り神としてもみなされてきているのである.

神奈川県の真鶴半島の魚つき林には,山の神社という社(やしろ)がある.その横には「山の神社建替記念碑」と題された石碑(写真 4.2)があり,その碑文には次のように記されている.

> 古くから魚つき保安林の守り神として漁業者が大漁祈願をしてきた山の神社であるが,平成十八年一月には老朽化に加え台風による倒木で祠の屋根が破損したままであった.
> この状況に心を痛めた有志が集まり本殿の建て替えが計画され,また八十余名からのご寄附及び真鶴町の協力を得て,ここに完成となった.平成十八年三月吉日

ここからは,漁業の盛んな真鶴の地元民が魚つき林をいかに大切に守り続けてきたかがうかがえる.

写真 4.2　歴史的に重視されてきた魚つきの森
(2007 年 3 月　神奈川県真鶴町にて撮影)

海のために森を守るという発想の源泉として，現代の漁民の森運動は，よく魚つき林になぞらえて語られる．しかし注意しなくてはならないのは，当時の魚つき林の大半が海岸林であるのに対し，現代の漁民の森は流域や水源の森林を多く含むことだ．たとえば柳沼（1999）では，河口近くの森林の陰が，サケの遡上を助けるものとして人々にとらえられ，「魚つき」として保護された事例を挙げている．また丹羽（1989）は「地租改正によって，山林土地所有権が確立して，ただちに山林－漁場の荒廃が始まるわけではない．特に，漁村が漁場に影響を持つ山林を所有するなどして，魚附林慣行を自らの力で守ってきたところでは，豊かな漁場を保持することが可能であった」と論じ，沿岸の定置網漁業と海岸林の関係の深さを指摘している．さらに上述の呼称のうち，「網代山」などは海岸林の陰影が網をしかける目印になったことを示唆している．

明治時代に入ると，それまで幕藩体制下で維持されてきた森林も，維新の波に洗われることになる．旧来の森林政策が失われた結果，日本各地で乱伐が進展し，全国各地で大規模な災害が生じた．その対抗策として，明治政府は1887年に森林法を制定し，保安林制度を制定することになる．

保安林制度とは，国土を保全し災害に備えるために森林の無秩序な伐採を禁止するものである．森林法によって規定された要件に基づき保安林の指定がされると，一定の施業規制のもとで，免税などの優遇措置を受けられる．戦後，森林法の改正を経ながらも現在に至るまで保安林制度の趣旨と概要は変化を遂げていない．この保安林制度の成立は漁業と森林の関係においても1つの転機であった．現在の保安林区分とその目的を表4.1に示す[5]．

表4.1に明らかなように，制定当初から保安林の区分の1つとして魚つき保安林が挙げられている．つまり1887年以来，120年以上にわたって，日本では水産資源のための森林保護を可能にしようとする制度を有しているのである．他の保安林の目的は災害防備や国土保全の色彩が濃いのに対し，魚つき保安林の目的は明らかに漁業という特定の産業の保護にある．保安林の発祥を考えれば極めて特異な位置付けであると考えられ，1887年当時からすでに，森林の環境保全機能が自然を利用する産業である漁業の基盤として重要視されていた

---

[5] 明治森林法から現行森林法への改正時の変更箇所は6号・7号保安林の追加のみで，その他は変更されていない．

表 4.1 保安林制度区分

1号	水源涵養保安林	水源を涵養し，国土の荒廃を予防して洪水等の災害予防
2号	土砂流出防備保安林	
3号	土砂崩壊防備保安林	
4号	飛砂防備保安林	比較的局所的な災害予防
5号	防風保安林	
	水害防備保安林	
	潮害防備保安林	
	干害防備保安林	
	防雪保安林	
	防霧保安林	
6号	なだれ防止保安林	
	落石防止保安林	
7号	防火保安林	
8号	魚つき保安林	産業の保護
9号	航行目標保安林	
10号	保健保安林	国民生活の向上に資するための生活環境保全・形成及び森林リクリエーションの場の提供ないし風致の保存
11号	風致保安林	

ことを示唆する．これは，他国に類を見ない制度であり，林業や林学からだけではなく水産業・水産学の観点からも評価されるべき制度といえよう（写真4.3）．

しかしながら，制度として位置付けられながらも，自治体自らによる保安林の乱伐はないわけではなかった．柳沼（1999）では，1946年に北海道野付湾沿岸で北海道により主導された保安林伐採に対して，沿岸漁民が反対決議を挙げたという事例を紹介し，「名実ともに保安林の管理者である国や道庁が，開発を優先して河畔林を容赦なく伐採するのを見て大いに疑問を感じていた」（柳沼，1999）と記している．当時，魚つき保安林が，国や都道府県といった公的部門による乱伐ないしはその危機にあったと推察される．

明治期から戦前期にかけてのもう1つの特徴は，国により漁業と森林との関

150　第4章　漁民の森を新しいコモンズとしてとらえる

写真 4.3　魚つき保安林の表示（2007 年 3 月　神奈川県にて撮影）

係を探る調査が複数回にわたってなされていることである．まず 1891 年に，農商務省水産局により「水産事項特別調査」が行われ，各都道府県の魚つき林の現状と面積の記録がなされた．続いて保安林制定以後の 1911 年には，農商務省水産局により「漁業ト森林トノ関係調査」が行われ，全国各地の魚つき林の事例が収集された．さらに，1937 年には農林省山林局・水産局合同により「魚つき林の効果調査」が行われ，再度，魚つき林の事例収集がなされている．度重なる調査の実施は，殖産興業を是とする当時の政府にとって魚つき林という存在が悩ましいものであったことを示すように思える．つまり，食糧増産や水産物の商品化は重要なテーマでありつつも，他方，森林からの木材供給もまた重要なテーマであったために，政府は魚つき林に対して慎重な姿勢をとらざるを得なかったと考えられる．

　ところが第二次世界大戦後，漁業と森林との関係に対する慎重な姿勢は，次第に退潮していく．政体の交代を受けて，1951 年に森林法が新たに改正された．保安林制度とその 1 つとしての魚つき保安林は改正後の森林法においても継承された．しかし，森林法改正のあった 1951 年に相次いで魚つき保安林の

4.1 なぜコモンズ論から漁民の森を見るのか 151

図 4.1 魚つき林面積の推移

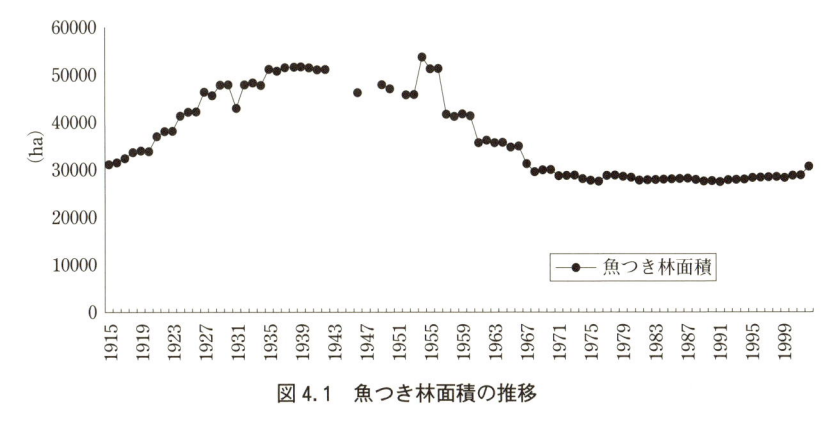

出典）農林水産統計より田村作成.

科学的効果を否定する論文が出版されている．1つは林業試験場の飯塚肇による『魚附林の研究』（飯塚，1951）である．この本は現在に至るまで唯一の体系だった魚つき林に関する学術書なのだが，その効果については，森林以外の環境要因による相互的な作用を重く見ており，森林の影響のみを主張することに否定的である．もう1編は海洋気象台の松平康男による『魚付き林－その海洋学的価値について』（松平，1951）であるが，こちらは海面への光線照射の観点から，魚つき林が陰影をもたらすという"緑陰効果"を否定しており，たとえ森林がなくとも山があれば同様の効果がもたらされると論じている．前出の柳沼（1999）は，森林法改正と軌を一にしてこのような学術的見解が示されたことから，法改正時に魚つき保安林の是非を問う機運があったのではないかと推測している．

このような魚つき保安林に対する否定的な見解の一方，日本の漁業は第二次世界大戦後，次第にその中心を遠洋へとシフトさせていく．総体的に沿岸の漁業の重要性が小さくなるにつれ，魚つき林への関心も次第に薄れたものと考えられる．これは，1915年以降の魚つき林面積の推移のグラフ（図4.1）において，戦後すぐから1970年代までは総面積が単調減少で推移していることからもいえるであろう．

以上のように，いったんは忘れ去られたかに見える漁業と森林との関係であ

るが，公海資源の減少やそれにともなう新たな国際的漁業秩序の形成につれ，漁業の中心が遠洋から沿岸へと再び移るなか，1980年代以降，改めて注目を集めるようになった．それは，森林が漁業におよぼす影響に対する認識の高まりと，その背後にある森林および流域環境の荒廃が原因である．

(2) 森林が沿岸魚類相にもたらす効果

すでに述べたように，森林が漁業にとってなんらかの正の効果をもたらすという思想は，江戸時代以前から日本の沿岸域に培われてきたといえる．現在のところ，その自然科学的な説明としては緑陰，栄養物質供給，土砂流出防止，水源涵養の4つの効果が挙げられている．

・緑陰効果

水面に陰をつくることにより，そこに魚類が集まる効果を指す．場合によっては，緑陰によって水温が一定に保たれるという効果を指すこともある．

従来から魚は流木などに"つく"ことが知られており，水面にできた陰には魚類を寄せ集める効果があるとされている．たとえば，房総半島では，カタクチイワシが陰に集まることから，後背森林の陰が落ちる沿岸の岩礁を掘り抜き，そこへカタクチイワシを追い込んで生簀として利用していた．また，三陸海岸ではアワビの水視漁業のために，海面の反射を防ぐ緑陰が重要であるとされる．三陸海岸のようなリアス式海岸では，緑陰の効果は特に大きかったものと推察される．

また，緑陰の効果の1つである水温調節効果は，特に河畔林の重要な効果として挙げられる．河畔に十分に森林が茂ることにより，川面は常に緑陰に遮られることになる．そのため，河川水や沿岸に流入する水温が一定に保たれる．

・栄養物質供給効果

栄養物質の供給については2つの経路が考えられる．まず，①森林からの落葉や落下昆虫が水圏生態系に栄養塩を直接供給する効果と②森林が土壌を形成し，栄養塩に富んだ水を供給する効果の2通りである．前者が海や川に面した森林に期待される効果であるのに対し，後者は直接海や川に面していない流域

の森林にも期待される.

さらにバリエーションとして,③沿岸の森林生態系から食物連鎖を通じて水圏の生物へ栄養塩が輸送される効果がある.魚に食べられる陸生昆虫の存在などがこれにあたる.

・土砂流出防止効果

森林が形成されることによって,山地からの土砂流出が抑制される効果を指す.河川においては,河畔から土砂が流出すると,サケ・マス類が産卵する際に必要である転石の河床(産卵床)が埋もれて失われることが知られている.

・水源涵養効果

上流部に森林を持つことによって水源が涵養され,河川流量が一定になる効果を指す.サケ・マス類など遡河性回遊魚にとっては,河川流量が一定であることが遡上のために必要とされており,非常に重要視される.またサケ・マス類の生態以外でも,水源の涵養は流域生態系の基礎を支える機能であり,多くの生物にとって重要な機能である.

(3) 漁民の森運動を分析する視点

これまで述べてきたように,漁業との関係から地域の森林管理を検討することは,歴史的にもまた自然科学的にも,非常に興味深いテーマである.したがって,漁民の森運動をどのような視点から分析し,その現代的意義や課題を検討していくかについては,非常に多岐にわたる学問分野からのアプローチが可能と思われる.しかしながら,いずれの分野においてもこれまでのところ,十分な研究がなされてきたとはいいがたい.

その1つの原因としては,植樹という営みが森林環境の回復をもたらすまでの期間に比して運動の歴史が新しく,効果が定量的に把握できないことがあろう.また,森林が持つ機能について代表的なものを列挙したが,実際の自然環境においては,森林だけではなく集水域の土地利用や河川工作物など複数の要因との相互作用の結果,河川と沿岸水産資源との関係性が規定されている.したがって,自然科学的かつ定量的に,森林が沿岸におよぼす影響を把握し,漁

民の森運動の効果を明らかにすることは難しい（長坂・柳井，2005）．

とはいえ，非常に多くの人たちが日本各地でこの運動に関与し，支持してきたことも事実である．これは，たとえ効果が定量化されなくとも，植樹によって流域の森林が豊かに保たれることが，そうでない場合に比べ生態系に正の影響をおよぼすと人々が直感しているからであろう．ましてや，「魚つき林思想」が古くから根付き，漁業と森林との関係が少なからず意識されてきた日本である．自然環境との関係性が損なわれれば，自然環境に規定される人間の暮らしは持続しない．先人たちが経験的に理解していたように，人間の諸営為は自然環境のサイクル・法則・容量に規定されているという動かしがたい事実を前にするとき，私たちはおのずと「人間社会と自然環境との関係性」の問題について意識せざるを得なくなる．

第1章で述べたように，本書では共同で管理・利用される天然資源をめぐる分析の視座として，コモンズ論をすえている．第2章，第3章で対象としてきた伝統的な森林コモンズでは，地縁共同体がその基盤とする地域内の森林資源を共同で利用・管理することを通じて，持続的な資源利用と地域自給を達成しようとする姿をつぶさに見ることができた．これは「人間社会と自然環境との関係性」を良好なものに保とうと苦闘してきた地域の歴史の蓄積であり，筆者らはここにコモンズの意義を見出すことができた．

他方，各地の漁民の森もまた，共同で利用・管理される森林の一種である．漁民の森運動では河川・沿岸の水産資源状況の改善を目指して，植樹により流域の環境保全を志向している．つまり，当事者らの活動の動機は水産資源の持続的利用の達成にあるのである．しかしながら流域保全という目的の性質上，漁民の森運動の主体となる共同体は，伝統的森林コモンズを運営する共同体とは異なって，植樹の場所を地域外に求める場合が多い．ゆえに，漁民の森運動では，伝統的コモンズのように，歴史的な地域社会の自然観を常に継承しているとは考えがたい．

そこで筆者らは，現代日本の農林水産業の現場において，新たに生じてきた共同的天然資源管理の取り組みとして，この漁民の森運動の分析を行う．

4.1.2 漁協所有林というコモンズ

本章で取り上げた漁民の森とは，漁民の森運動の舞台として展開する森林のことを意味している．この運動は国有地への植樹も含めて展開されており，必ずしも運動の主体が森林を所有しているわけではない．

その一方で，漁村にも伝統的に共同で所有されてきた森があることを指摘しておきたい．多くの漁村はその起源を江戸時代以前に遡る昇近世村（ムラ）に持つ．このようなムラでは，ムラとして所有してきた山林（村持ち山）が多々ある．村持ち山の一部には漁業協同組合成立時（1981年）に，村持ち山としての実態を留保するために，漁業協同組合所有林として登記されたものが多い．同時に，明治期以降の魚つき保安林制定時に，これらの森の一部は保安林として位置付けられることもあった．

漁民の森運動に根ざす漁協所有林や魚つき保安林に比べて，伝統的に継承される漁協所有林の実態は，これまでほとんど省みてこられず，統計資料も乏しい．浜本・田中（1997），田中（2002）などの研究に，いくつかの実例が紹介されている程度である．これらの研究では，村持ちの鎮守の森などが，法人格を持つ漁協の所有として登記された事例が述べられている．ムラとして登記のできなかった当時，ムラとほぼ完全に一致する漁協を登記主体とする方法を採用したのであった．

漁民の森運動は現在，漁業者から都市住民に至るまで多くの人の共感を呼ぶ運動として浸透しているが，今日の運動に見るような流域保全という意義が，近代以前になかったかというとそうではない．魚つき保安林を国の伐採から守るために，漁協が所有するようになったという例もある（柳沼，1999；浜本・田中，1997）．本書では地縁を超えた新しい天然資源管理の一形態として漁民の森を取り上げた．しかし前述のように，地域によっては相当な面積の漁協所有林が存在している（浜本・田中，1997）．このような漁協所有林には，現在の漁民の森運動につながるような，漁業者の森林保全の思想や実践が存在する可能性がある．にもかかわらず，筆者らが文献調査や関連機関への電話調査をした限りでは，その実態について政策当局も自治体も，正確には把握していないようであった．したがって，新しいコモンズとして漁民の森を分析すること

と同時に,伝統的な漁協所有林が,どのような動機で取得され,管理・利用されてきたかを理解することが重要である.現在,全国的な漁協合併の進展のために,漁協とムラの乖離が進み,集落の自治力が衰弱することが指摘されている(田中,2002).これによって漁協所有林に対する共有意識の希薄化を招来している可能性も推察される.伝統的な漁協所有林にどのような入会の実態があるかを詳細に把握し,沿岸漁業集落の環境保全的機能について考察することは,危急の課題である.

4.2 漁民の森運動の展開

4.2.1 漁民の森研究史

漁民の森,魚つき林に関する先行研究としては,①自然科学的観点から森林の水産資源へ与える影響を研究したものと,②社会科学的な観点から漁業者による植樹運動を記述・分析したものがある.

前者には,飯塚(1951),三浦(1971),松永(1993)などがある.しかし実際に森林が水産資源におよぼす影響をはかるためには,先述のように効果の検証以前に流域や沿岸における生態系機構の解明が必要であるが,そのような研究は未だ緒に就いたばかりであり今後の進展が期待されている.

後者については,植樹当事者による事例の記録として,矢間(1992),畠山(1992)や柳沼(1999)がある他,フィールドワークを通じて運動を分析した柴崎(1996)や帯谷(2004)がある.また,斉藤(2003)は全国に広がる漁業者植樹活動を概説している.

しかしながら,いずれも限られた知見を提供するばかりであり,とりわけ漁業者による植樹活動を共同的な森林管理の一形態としてとらえた研究例はない.続いて実際に,漁民の森運動がどのように展開してきたかについて,その経緯を検討していこう.

4.2.2 北海道における運動

(1) 漁業を取り巻く環境の変化

　北海道は日本海・太平洋・オホーツク海の豊かな水産資源に恵まれ，沿岸には漁業を基幹産業とする市町村が多数存在している．しかし，北海道の漁業は第二次世界大戦後，いくつかの要因によって深刻な打撃を受けた．要因の1つは，漁業制度改革である．1977（昭和52）年に領海12海里，漁業専管水域200海里が設定されたことにより，それまで遠洋中心に展開していた北海道の漁業は，海外漁場において強い制約を受けることとなった．また，日本海およびオホーツク海沿岸では，ソ連国境との関係で，沿岸の漁場が従前より狭まることとなった．

　社会制度の変遷と同時に，海洋環境の変動という要因もあった．まず，ニシン来遊量の激減である．春季に産卵のため沿岸へ来遊するニシンは，明治期から北海道の基幹漁業の1つであった．明治から大正期には年間70万tもの水揚げを記録し，東北地方から出稼ぎ労働者を漁夫として雇い入れて営まれるほどであったという．北海道沿岸に今も残る豪奢な「ニシン御殿」に，当時の栄華がしのばれる．しかしながら昭和30年代以降，ニシンの産卵回遊は途絶えた．近年，ようやく回復のきざしが見られるが，最盛期の漁獲量には遠くおよんでいない．

　ニシン同様に，海洋環境の異変として大きく取り上げられるのは，磯焼け問題である．コンブなどの大型海藻群落が姿を消し，無節サンゴ藻の群落に置き換わる磯焼け現象は，日本全国で問題となっているが，北海道では1980年代から頻繁に観察されるようになった．海藻群落は多くの海洋生物の産卵場および成育場となるため，その消失は生態学的に重要な機能の消失となる．コンブが重要な漁業対象種となる北海道では，生態学的損失だけではなく，漁業に直接的な負の影響も与えている．

　ニシンの来遊途絶や磯焼けが，必ずしも人為的とはいいがたい海洋環境異変として挙げられる一方，北海道沿岸は，人為的な海洋環境へのダメージも経験している．北海道開拓の歴史は森林伐採の歴史といっても過言ではなく，陸域の森林伐採は土砂の流出など沿岸に大きな被害を与えた．たとえば薪炭林伐採

によってはげ山化した襟裳岬周辺では，飛び砂により沿岸海域への日照量が不足し，コンブ漁獲が激減している．また森林伐採により造成された酪農地や工場地帯からは，河川を通じて汚水が沿岸に流入した．川をさかのぼるサケ・マス類の漁獲高が大きい北海道では，河川環境の悪化は漁業経営に対して深刻なダメージをもたらすことになる．

　1970年代の200海里体制の施行により遠洋中心の操業から沿岸へと転換を余儀なくされるなかで，沿岸環境の荒廃，海洋生態系の異変等が北海道の漁業における新たな問題として注目されるようになった．この頃特に漁業者が強く感じたのは，陸域の開発と沿岸環境悪化の因果関係である．北海道指導漁連は，1960年代からパルプ工場排水や，道路造成・酪農開発にともなう土砂流出などの道内河川の水質汚染問題に取り組み，河川のモニタリングや巡回を行っていた．道内全域で河川環境の悪化が進むなか，漁業者が大きく反発したのが，1973年から根室釧路地区で始まった国家的な酪農開発（「新酪農村開発計画」）である．草地造成のための河畔林伐採や河川改修とともに，造成された酪農用地から流入する家畜し尿によって，水質汚染が生じた．根室釧路地区は，道内でも有数のサケ・マス類遡上地域であり，漁業者らの危機感は特に強かった．このとき各漁協青年部や北海道指導漁連による抗議の結果として，「河川工事に関する事前協議制」が確立されたのだが，酪農開発にさらされることにより，漁業者らに河川環境保全への意識が一層高まったと考えられる．

　また，サケ・マス類以外の水産資源でも，陸域の開発と資源状態悪化の関連は指摘されてきた．北海道大学の犬飼哲夫は犬飼（1938）において，厚岸湾のカキ漁獲量減少の原因として，流入する別寒辺牛川の河畔林伐採を指摘し，犬飼（1951）では，ニシン不漁の原因として森林伐採を示唆している．同様に北海道林産試験場の三浦正幸は春ニシン減少の理由として内陸の森林伐採を指摘した（三浦，1971）．また北海道大学の松永勝彦（1993）は，上流部森林の腐植土に由来する栄養分が海藻群落成長のために重要であり，森林伐採やダム建設による物質循環の切断を磯焼けの原因として論じている．このように，河川および沿岸環境への意識の高まりと，科学的な指摘の双方が，北海道での漁民の森運動の素地を築いたものと考えられる．

(2) 北海道漁協婦人部連絡協議会の植樹活動

北海道漁協婦人部連絡協議会（以下，道漁婦連）は，漁業協同組合婦人部の連合会であり，構成員は主として漁業者の妻である．1988年に創立30周年を迎える際，記念行事として植樹を行うことになった．北海道漁連での聞き取り調査によれば，10周年記念は札幌大通公園への「漁民之像」建立，20周年記念は健康診断車両の購入であった．つまり，決して以前から，環境保全運動に集中していたわけではないことに注目したい．「お魚殖やす植樹運動」と銘打たれた本運動の指導的立場にあった，北海道指導漁連（当時）の柳沼武彦によれば，道漁婦連が植樹を記念事業として取り上げた前段としては，せっけん普及運動や浜の清掃運動などがあったという（柳沼, 1999）．

30周年に先立つ1987年，道漁婦連は植樹活動を行うための事前準備として，勉強会を開催し各構成員にねらいを説明した．北海道漁業連合会指導部の1987年5月8日付の「おさかな殖やす全道一斉『植樹』活動のねらいと進めかた」という文書では，以下のように「ねらい」が説明されている．

> 漁業は今，沿岸から沖合，遠洋へと拡大した漁場を我が国周辺にまで縮小し，文字通り沿岸の時代に突入しました．そして増養殖の進展とともにいわゆる資源管理型漁業を指向した，新しい漁業秩序のもとに豊かな地域社会を築きあげていかねばなりません．そのために私共漁業者は沿岸域の魚類，貝類，藻類にとって重要な役割を果たしている「森林」について今あらためて見直し，自らこれを育成し，人々に訴え，自らの資源は自ら守り育てる，き然とした態度で漁業経営の安定に努めなければなりません．

道漁婦連の活動が，先に述べたような制度および環境変化が原因である，漁業の不振と密接に関連することがわかる．

かくして1988年，札幌市のサケ科学館敷地内より「お魚殖やす植樹運動」は始まった．まず道漁婦連では「百年かけて百年前の浜を取り戻そう」というスローガンを立て，同運動に取り組んだ．これは運動の結果を短期間に求めず，持続的な取り組みを模索するものであり，非常に意義深い．そしてこのスローガンに基づき，同運動は構成員に負担のかからない進め方により実践することとなった．すなわち，道漁婦連が画一化したやり方を指導するのではなく，木

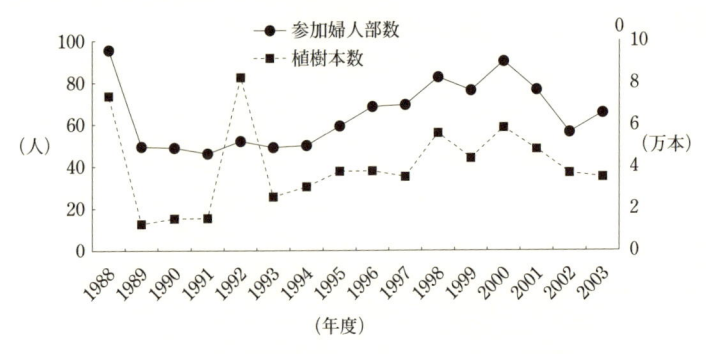

160　第4章　漁民の森を新しいコモンズとしてとらえる

図 4.2　北海道漁協婦人部連合会による植樹実績

出典）北海道漁業協同組合連合会指導部資料（1987）に基づき田村作成．

を植えるという目標が設定されただけで，実践については各漁協婦人部の裁量に任された．また協同組合間連携を目的の1つに掲げ，苗木の供給や植樹指導にあたっては道森林組合連合会を頼った．

　運動の長期的な継続を当初より位置付けたことにより，各漁協婦人部は無理のない範囲で息の長い活動を目指して植樹に取り組むようになった．2003年度までで全道で合計63万6136本の植樹が行われたが，図4.2に示すように，年度ごとの植樹本数や参加婦人部数などは決して一様ではない．

　本運動の持続性を高めている原因は，初期からの目標の明確化や長期にわたる運動の継続を前提とした点にあると考えられる．

4.2.3　全国的展開と行政支援

　「お魚殖やす植樹運動」では漁業者が漁業環境を保全するために，海ではなく山にアプローチしているが，奇遇なことにほぼ同時期（1989年）に，宮城県気仙沼湾でも「牡蠣の森を慕う会」が，カキ養殖漁業者を中心とした植樹活動に取り組み始めていた．この2つの事例は漁民の森運動全体のさきがけとなり，それぞれの地域周辺のみならず全国的な注目を集めるようになった．そして2つの事例の浸透に続いて，行政等の主体がこの運動と連動するような事業を続々と開始した．

表 4.2 保安林指定基準の改変

従来の指定基準
海岸線や河川，湖沼の周辺で，魚類の棲息と繁殖を助けることを目的に指定された保安林
追加分指定基準
漁業関係者等による植林が実施されているなど，水産資源の保護上重要な河川両岸等の森林等

　まず1992年には北海道が独自事業として「魚を育む森づくり事業」を始めた．同事業は流域における河川周辺の環境整備に向け，地元関係者が連携協力して森林整備を促進することにより，それぞれの産業の発展とあわせて緑環境の充実を図ることを目的とするものであった．また1996年から5箇年にわたって，北海道森林組合連合会が5万本の苗木を漁業者による植樹活動のために無償提供した．さらに2001年からは水産庁が「豊かな海と森づくり総合対策事業」を実施し，苗木と地拵えに対し公的な補助が行われるようになった．

　さらに北海道では2002年より「『北の魚つきの森』認定事業」を開始し，水産資源保全を目指して地域が主体的に管理を行う森林を，北海道の森づくり活動の象徴として認定している．また2004年には，北海道漁業協同組合連合会と北海道森林管理局が「清流を守り豊かな海を育むための森林づくり活動の推進に関する基本協定書」を取り交わし，国有林管理にあたっても漁業者との連携が一層進められることとなった．

　全国的な漁業者植樹活動の高まりは，一方で，国の林業政策にも影響をおよぼした．2001年，森林法に代わって新たに森林・林業基本法が制定され，同時に森林林業基本計画が制定された．これを受けて，第5期保安林整備計画が同年変更され，林野庁は積極的に保安林を指定するようになったのであるが，その際，新しく魚つき保安林の指定基準として，「漁業関係者等による植林」という文言の追加がなされた（表4.2）．これによって漁業者の植樹が行われた箇所では，それをもってして保安林としての指定を受けられることができるようになった．つまり，漁業者の植樹活動が国の森林管理体系のなかに明確に位置付けられたといってよいであろう．

地域の天然資源を利用する漁業者ならではの実感に根ざした運動は，国の森林管理体系そのものにまで影響をおよぼすことに成功したのである．

参考文献

飯塚肇（1951）『魚附林の研究』日本林業技術協会．
犬飼哲夫（1938）「山林が漁業に影響する実例」，『北海道林業会報』1月号，pp. 17-18.
犬飼哲夫（1951）「森林と水産業」，『樹氷』11月号，pp. 1-3.
帯谷博明（2004）「'森は海の恋人'運動の生成と展開：運動戦略としての植林活動の行方」，『ダム建設をめぐる環境運動と地域再生 対立と協働のダイナミズム』昭和堂．
金子郁容（1998）『ボランタリー経済の誕生―自発する経済とコミュニティ』実業之日本社．
川島武宜・川井健 編（2007）『注釈民法7新版（7）』有斐閣．
斉藤和彦（2003）「漁民の森づくり活動の展開について」，山本信次 編『森林ボランティア論』日本林業調査会，pp. 159-182.
佐竹五六・池田恒男・池俊介・田中克哲・上田不二夫・中島満・浜本幸生（2006）『海の「守り人」論2 ローカルルールの研究：ダイビングスポット裁判検証から』まな出版企画．
柴崎茂生（1996）「漁民による植林活動とその歴史的背景―気仙沼地方を事例として」，『森林文化研究』17, pp. 69-81.
嶋田大作・室田武（2007）「ノルウェーにおける万人権とコモンズの現状；重層的な自然資源管理と環境保全の視点から」，文部科学省科学研究費補助金・特定領域研究『持続可能な発展の重層的環境ガバナンス』（研究代表者・植田和弘），Discussion Paper No Jo7-08.
首都圏コープ事業連合（2005）「パルシステム 産直データブック」．
高崎裕士・高桑守史 編（1976）『渚と日本人 入浜権の背景』日本放送協会出版（NHKブックス254）．
田中克哲（2002）『最新・漁業権読本：業況実務必携 漁業権の正確な理解のためと運用のために』まな出版企画．
長坂晶子・柳井清治（2005）「第116回日本森林学会 テーマ別セッション「森は本当に海の恋人？」―森・川・海の生態的関係を探る―セッション報告」，『森林科学』第45号．
丹羽邦男（1989）『土地問題の起源：村と自然と明治維新』平凡社選書．
野付漁業協同組合（2003）「野付漁業協同組合植栽事業内訳表」．
浜本幸生監修・著（1997）『海の"守り人"論：徹底検証（漁協権と地先権）』まな出版企画．

浜本幸生（1999）『共同漁業権論：最高裁は平成元年7月13日判決批判』まな出版企画.
浜本幸生（1992）「漁協合併と漁業権問題について」全国漁業協同組合連合会.
浜本幸生・田中克哲（1997）『マリン・レジャー漁業権』水産双書.
畠山重篤（1992）「森は海の恋人：牡蠣の目で森を見る」，矢間秀次郎 編『森と海とマチを結ぶ：林系と水系の環境論』北斗出版.
平松紘（1999）『イギリス緑の庶民物語：もうひとつの自然環境保全史』明石書店.
三俣学・室田武（2005）「環境資源の入会利用・管理に関する日英比較」，『国立歴史民俗博物館研究報告』第123集，pp. 253-323.
松平康男（1951）「魚付林に就いて（海洋学的意味）」，『海と空』第26巻第5号，pp. 37-38.
松永勝彦（1993）「森が消えれば海も死ぬ・陸と海を結ぶ生態学」講談社ブルーバックス.
三浦正幸（1971）「北海道春ニシンの消滅と内陸森林」，『グリーンエイジ』21. 7, pp. 36-42.
柳沼武彦（1993）「木を植えて魚を殖やす：ニシンはなぜきえてしまったのか」，『森と海とマチを結ぶ：林系と水系の環境論』北斗出版.
柳沼武彦（1999）『森はすべて魚付林』北斗出版.
矢間秀次郎（1992）『森と海とマチを結ぶ・林系と水系の環境論』北斗出版.
山本信次 編（2003）『森林ボランティア論』日本林業調査会.

参考ウェブサイト

市町村の姿−北海道別海町：http://www.tdb.maff.go.jp/machimura/map2/01-03/691/economy.html

第5章
漁民の森運動の事例から

5.1 北海道別海町における漁民の森運動

　北海道の漁業者による「漁民の森運動」は，全国に存在する類例のなかでも先駆的な存在であり，とりわけ長い歴史を持つ運動である．第4章で詳述したように，本書では「新しいコモンズ」として地域の天然資源管理の文脈から漁民の森運動をとらえようとしているため，詳細な実態を把握するためには比較的歴史が長い期間，関連する主体間での関係性が蓄積されていることが望ましい．そこで，筆者らは酪農開発が最も大規模に行われ，川と森をめぐって度重なる紛争があった北海道根室支庁管内の別海町を対象として実証研究を行うこととした．

　筆者らはまず，2004年11月20日から24日までの5日間，北海道野付郡別海町で予備的なフィールド調査を行った．この期間の目的は，別海町内でどのような植樹活動が展開されているかを把握することにあった．そこで関係諸機関に聞き取り調査を実施するとともに，実際の植樹地域を見学した．予備調査の結果，別海町全体で横断的に取り組まれている植樹運動と，野付漁業協同組合（以下，野付漁協）が独自に取り組む植樹運動の2つの運動の類型を確認することができた．そこで，2005年6月5日から13日にかけて，野付漁協の植樹祭における参与観察を中心として，本調査を行った．2回の現地調査では，野付漁協，別海漁協，別海町役場みどり環境課，別海町森林組合，上春別農協での聞き取り調査および資料収集を行うとともに，北海道庁治山課や，東京のパルシステム連合会（以下，パルシステム）等，別海町外の関連する諸機関に

ついても適宜聞き取り調査を行った．

5.1.1 別海町の概要

北海道野付郡別海町は，知床半島と根室半島にはさまれた野付水道に面する町である．面積は13万2016 haと広大で，全国では7番目に広い市町村である一方，総人口はわずか1万6460人（2005年現在）であり，人口密度は12.5人/km^{2}と非常に低い．町の基幹産業は農業と漁業である．このうちの農業とはほぼすべて酪農を指しており，畑作や稲作はほとんど行われておらず，耕地面積6万3500 haのうち6万3000 haを牧草地が占めている．町内には5つの農業協同組合があり，2003年度の総農家戸数は962戸である．また，同年度の農業生産額は431億310万円である．

一方，町内には野付漁協と別海漁業協同組合（以下，別海漁協）の2つの漁業協同組合があり，2003年度の総漁家戸数は377戸，漁業生産額は63億9700万円である．漁業生産額のうち，41%をサケ・マス類が，46%をホタテ類が占めており，この2つが主要な漁獲対象種である．表5.1に両漁協の組合員数および販売高について示す．

別海町は大小様々な河川が町内を貫流する川の町である（写真5.1）．特に主要な河川として当幌川，春別川，床丹川，西別川という4河川が挙げられる（図5.1）．いずれも北海道によってサケ・マス類の増殖河川に指定されている（北海道庁ウェブサイト）．また，主要河川のうち，西別川（図5.1外，床丹川の南に位置）は特に町を代表する河川といえる．源流を摩周湖に持ち，標茶町，別海町を貫いて流れる西別川は，シマフクロウが河畔林に営巣することでも有

表5.1 別海町内2漁協の組合員数，出資金，販売高

	野付漁業協同組合	別海漁業協同組合
組合員数	99人	374人
出資金	2408百万円	846百万円
販売取扱高	5806百万円	1098百万円

出典）別海町産業振興部（2004）．

5.1 北海道別海町における漁民の森運動　167

写真 5.1　別海町の川と森（2005 年 6 月　北海道別海町にて撮影）

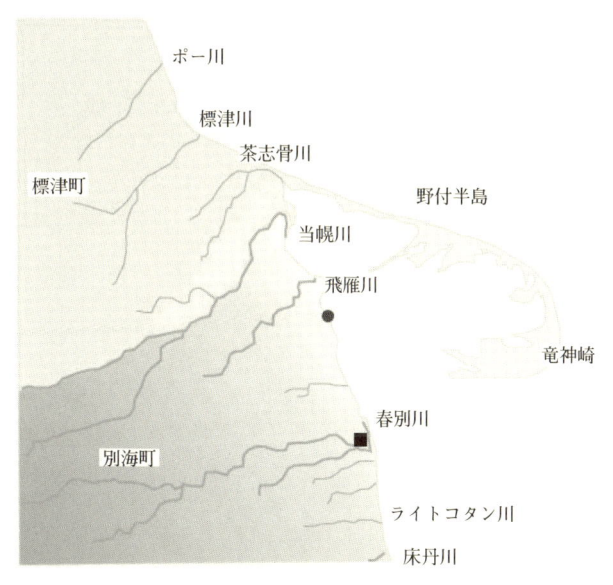

図 5.1　別海町略図

●は野付漁協，■は野付漁協所有林を示す．

出典）国土地理院発行の 2 万 5 千分の 1 地形図をもとに筆者作成．

名である.また,同川に遡上するサケ・マスは江戸時代より河口周辺の別海地区で捕獲されており,幕府への献上品とされていた.

5.1.2 別海町の植樹運動

現地調査の結果,別海町では①別海・野付両漁協婦人部による「お魚殖やす植樹運動」と②別海町による河畔林整備事業の2種類の植樹運動(事業)が実践されていることがわかった.この2つの植樹運動は互いに協同関係にあり,影響しあって現在まで至っている.そこでその全体像について述べていきたい.

(1) 始まりは「浜の母さん」たち

別海町で今に至る植樹の取り組みが始められたのは,1988年,北海道漁協女性部連絡協議会(以下,道漁婦連)による「お魚殖やす植樹運動」の開始に端を発する.この年,道漁婦連の系統組織として,町内の別海漁協婦人部と野付漁協婦人部[1]が共同で植樹活動を開始した.別海・野付漁協婦人部からの聞き取り調査によれば,活動開始当初はほとんど資金がなかったために,ボランティアとして労働力を提供することが活動の中心であった.そのため,町に交渉し,森林組合が町の植樹事業で町有地に植樹する際にボランティアとして労働提供したのが当初の活動であったという.

こういった経緯で森林ボランティア的な存在として始まった運動であるが,その趣旨から,少しでも漁業に関係するところで活動したいということで,植樹場所としては床丹川のサケ・マスふ化場敷地が選ばれた.ただし,一般的な緑化事業の枠内で行われたため,樹種はアカエゾマツやトドマツなど針葉樹が中心であった.実は,「お魚殖やす植樹運動」の事前準備として海と森に関する学習を深めていく過程で,婦人部組合員たちは広葉樹の流域への有効性を強く認識するようになっていたため,広葉樹の植樹を希望してはいたのだが,あくまで同町の進める植樹をボランティアとして支えるという位置付けのために運動開始の初期は針葉樹の植樹で妥協せざるを得なかったのである.

---

1) 現在では組織名称が異なり「女性部」となっているが,文中では当時の呼称に従って,以下も婦人部と称する.

開始当初，婦人部の植樹運動に対して，実際の漁業を営む漁業者，すなわち「浜の父さん」たちは非常に関心が低かったという．しかし，植樹運動がその後も継続的に取り組まれ，さらに後述するように町全体へと広がることによって，「浜の父さん」たちの意識も徐々に向上してきた．現在では，漁協の代表が町の植樹祭に参加するなど，婦人部独自の運動というよりは漁協ぐるみの運動として認識されている現状がある．別海漁協での聞き取り調査によれば，現在は婦人部組合員とともに漁協役員も植樹祭に参加しているとのことである．

しかし，「浜の父さん」たちの意識は向上したといっても，現在でもその関わりはあくまで植樹祭への参加程度にとどまっている．これに対し，「浜の母さん」たちは，数年前までは枝打ち作業へ参加するほど，熱心に森林管理に取り組んでいた．別海町がとりまとめた「植樹活動実績一覧表」によれば，1995年から2000年までの6年間，野付・別海漁協婦人部は，植樹のみならず枝打ち作業も行っている[2]．もっとも森林組合での聞き取り調査によれば，その実態は「枝打ち体験」のようなもので，実際の林業作業を担うというほどではなかった．しかし，ふだん林業とまったく関係のない生活をしている浜の女性が，植樹から枝打ちまでの森林施業に自発的に関わるという点からも，「浜の母さん」たちが主体性を持って，流域環境の保全のために行動したことがわかる．この点で，婦人部の自発的な植樹への取り組みが，まず漁業協同組合，すなわち「浜」の地域内部において，流域の環境保全に関する意識を啓発する効果があったと指摘することができる．

(2) 町全体への運動の波及

活動開始当初は漁協婦人部の内発的運動として始まった河畔林植樹運動ではあるが，その後，次第に別海町や北海道といった行政の支援を受け，町全体の運動へと波及していった．

まず，1992年に西別川流域が北海道の「魚を育む森づくり対策事業」のモデル地域に選ばれると，町主導による流域での河畔林整備事業が始まった．同事業は北海道林務部（当時）による事業であり，流域における河川周辺の環境

---

[2] 現在では野付・別海両漁協女性部とも，枝打ち作業への参加は行っていない．これは，枝打ち時期が漁業の盛期と重なるため，次第に参加が難しくなったものである．

整備に向けて地元関係者が連携協力して森林整備を促進することにより，それぞれの産業の発展とあわせて緑環境の充実を図ることを目的とするものであった．その最初のモデル地域として，道東を代表する河川である西別川が選定されたため，別海町でも町事業として西別川流域をはじめとする町内の河畔林整備に積極的に取り組むこととなった．

　約10年が経過した2003年度末で，両婦人部による「お魚殖やす植樹活動」の成果は，延べ植樹面積として6.33 ha，延べ植樹本数として1万5477本となっている．実際には，町内で河畔林整備が注目をあびた結果，漁協婦人部の活動である「お魚殖やす植樹活動」は1994年から「別海町植樹祭」と同時開催となっている．そして，同年以降は別海町主催の植樹祭という位置付けにより，漁協の他町内の農協，小学校，中学校，地域の環境保護団体など町内の複数の組織が参加するイベントとして現在も続けられている．この事実に見られるように，運動を取り巻く主体は現在では広く町内に拡大しており，漁民の森運動が町内の諸団体に広く支持を得て浸透していることは明らかである．立場の違いを超えて複数の異なる主体が関与し，共通の課題に取り組もうとする同運動のあり方は，地域内での新たな森林管理の形態を論じる上で非常に重要な示唆を与えるものと思われる．と同時に，事業における施業は町の事業費により専門の林業技術者が担っており，各関連主体はせいぜい植樹祭にしか実作業を負担していないことも指摘しておきたい．この点で，伝統的な共有林管理とは大きく様相を異にしている．多くの主体が広く薄く関わりながら，河畔林整備という地域の課題を共有し，解決へ向けた運動体としてのエネルギーを生じせしめているところが，同運動の中核と考察される．

　また，魚を育むという事業趣旨から，1994年度より植栽樹種についても広葉樹が事業費の補助対象に組み入れられ，シラカバ・ハルニレ・ミズナラが植栽された点も注目に値する．これは，運動の勃興を牽引した漁協婦人部の意向が事業内容として組み込まれたものである．植栽樹種の拡大によって，町の森林管理の政策の一部のうちに漁業関係者の意思や希望が織り込まれた，ともいい換えることができる．つまり，各地の婦人部の地道な活動によって，地域内の森林管理体制に新たな目的意識が生成したのである．これもまた人々の運動の成果として指摘できるだろう．

婦人部の活動と並行して行われてきた町による河畔林整備事業は現在も継続中である．別海町みどり環境課での聞き取り調査によれば，当初は西別川流域をモデル地域として始まった同事業であるが，西別川について一定面積の植樹を終えたため，現在は床丹川流域を対象としている．

実はこの河畔林整備事業もその実施について，2004年度から質的な転換が生じている．それは，植樹用地の所有を前提としないという転換である．別海町では河畔林植樹事業の開始にあたり，初めは河畔の土地所有者から土地を買い上げしたり，町有地と交換したりして用地を取得していた．しかし，農地転用の問題や取得した用地の測量の問題などがあり，河畔林植樹という目的のためだけに町として土地を新規に取得・所有することが困難であることが次第に明らかになった．そこで，2004年度からは所有権は取得せずに土地を借用して植樹を行うことを計画している．これは所有者の了解を得て河畔に町負担で植樹を行うことを意味している．一般に共同的な森林管理においては，所有の主体の問題が生起しやすい．伝統的な共同所有林では，第2章，第3章で見たように，複雑な手続きを経て所有の代表性を担保する場合もある．しかしながら「漁民の森運動」では別海町のやり方のように，所有権取得をあえて必要とせずに実施することも可能である．これは同運動が地域の森林管理において用材供給以外の機能を期待しているからであり，森林の育成による環境保全機能を目的とした森林管理であることの証左である．この点もまた，「新しいコモンズ」として「漁民の森」を見る上で重要な点といえよう．

また河畔の土地所有者は多くが農業者であり，町のこの計画を実現するためには，農業者の協力が不可欠である．筆者らは上春別農協での聞き取り調査を通じて，酪農開発の発展時期には河川への意識が低かった農業者が，現在では河川環境整備に協力的になりつつある，と理解した．

次に農業者の取り組みについて詳述する．

(3) 植樹が紡ぐ流域意識

そもそも町内の利害関係者にとって，河川をめぐる流域の意識は大きく異なっていた．冒頭に述べたように，別海町は酪農を主体とする農業の町でもある．現在，別海町の森林率は28％と全国的に見て極めて低いが（わがマチわがム

ラ,ウェブサイト),これは国主導の酪農開発の影響を受け,同町の森林を積極的に伐採してきた結果である.酪農経営にとって,牧草地面積の拡大は経営上最重要の課題である.ゆえに河畔林を伐採し,農地内の可能な限りの面積を牧草地に転ずることが酪農開発の過程で常に追求されてきた.

しかし,各地の漁協青年部や北海道指導漁業協同組合連合会(以下,北海道指導漁連)がサケ・マス類の遡上する河川の環境保全を訴えた結果,農業者の間でも河川環境への配慮が次第に重視されるようになってきた.また一方で,1999年に「家畜排せつ物の管理の適正化及び利用の促進に関する法律(家畜排泄物法)」が施行されるなど,畜産・酪農業全体に対して環境への配慮が社会的に要請されるようになったという状況の変化もあった[3].

農業者－漁業者間の対立の背景として,河川環境保全が漁獲高に正の影響を与えるという漁業側の認識と,河畔林伐採による牧草地面積の拡大が経営に正の影響を与えるという農業側の認識が,背反することが指摘される.しかし現在では,農業者自身も,牧草地に林野が増えることの正の効果を認識している.また,耕地防風林の存在で雪が溶けないという難点があるが,同時に霜の害を防ぎ冬枯れを防止するため,デントコーンなどの飼料作物の生産にとっては好ましいのである.

とはいいつつも,農業者にとっては土地の有効利用はやはり一番の望みであり,河畔への植樹は積極的には賛成しがたいというのが実状である.また樹種によっても問題がある.たとえばカラマツやトドマツなどの針葉樹は,牧草地内にゴミが入るので望ましくないとされる.

以上のように,個々の農業者の実践としてはいまだ抵抗感の強い植樹運動であるが,反面,農業地域全体の取り組みとしては次第に活発になりつつある.筆者らが聞き取り調査を行った上春別地区では,土地が足りないので少しでも牧草地面積を拡大したいという思いの一方で,家畜排泄物法の施行や,ヨーロッパ酪農[4]の導入の可能性を視野に入れ,ただ単に牧草地を拡大することが農

---

3) 実際に同法の施行によって,家畜排泄物の野積みが法的に禁止されたため,し尿処理施設などの整備が進み,河川を通じた汚水の流入は以前に比べて減少している.
4) ヨーロッパ酪農とは,ヨーロッパ(EU)で行われている酪農方法であり,土地面積に対する頭数制限や,糞尿処理機関などが厳しく決まっている酪農方法である.

業経営にとって最善ではないと認識する農業者も存在する．実際に，町が河畔林整備事業のために計画している土地借り上げについても，説明会に20人弱が参加するなど，決して非協力的なわけではない．

上春別農協としてはまた，2003年に設立された別海町の一次産業協議会に，漁協とともに参加している．そこでは，家畜糞尿処理や植樹についても協議する場が築かれている．他にも，農協役職員は一次産業協議会や根室支庁での会議，町営施設の運営委員会などで漁協関係者と会う機会が多く，漁協関係者から直接，酪農家に対する不満を聞く機会がある．たとえば，上春別農協では，2003年に床丹川付近の糞尿処理施設の整備が不徹底だった折に，漁協と町役場から年3，4回苦情があった．このときは農協が窓口となり，農家へ連絡し対処した．それ以外にも，農業－漁業間の連携として，漁協役職員とサケ・マスふ化場から床丹川上流まで一緒に歩いて見回ったり，サケ・マス増殖協議会の資金で川の浄化設備を設置したりするなど，協同組合間の連携によって河川への意識が共有されている現状がある．

このように，全体的に農業者の意識が高まり，両者の意識のずれが緩和される傾向にあるなか，注目すべきことに，上春別農協を主体とする河川保全協議会が2005年5月に設立された．この「上春別地域河川保全協議会」設立にあたって，上春別農協は104戸の組合員全員を会員としている．設立趣意を上春別農協の「くみあいだより」2005年5月号より以下に抜粋する．

> 当上春別地域主要三河川流域は，豊かな自然や美しい景観の恵みにより，古くから流域住民の生活・文化を育みながら一大酪農郷が築かれて参りましたが，近年では「豊かな大地の恵みの源である河川」においては，干渉帯（ママ）である森林の減少・産業公害と思われる水質悪化が叫ばれている状況下にあり，特に当地域周辺河川への関心は，行政をはじめ漁業関係者より注視されている実態にある中，当地域で生業を営む農業者をはじめとする地域住民が，「森と川と海はひとつ」を共通の認識とし，地域産業の共存共栄と当地域を流れる主要三河川流域の環境を保全することを目的に……（略）

上記にあるように，同協議会が対象とする河川は，上春別地区を流れる床丹川・春別川・西別川の3河川である．設立後，最初の活動として5月に河川の

清掃活動が行われた．上春別農協によれば，河川保全協議会立ち上げには農業者の抵抗は驚くほど少なかったという．今後は，上春別の農家以外の住民にも声をかけ賛助会員を募ることが計画されている．

また，前述の別海町の植樹祭には，これまでは営農部の職員のみが参加してきた．しかし 2007 年は，河川保全協議会が設立されたため，職員だけでなく農業者三十数名も参加した．農協では今後も，農業者からの参加をうながしていく予定であるといい，協同組合間での流域意識の共有が次第に個々の農業者にも浸透していきつつあるのである．

これまでは農業者と漁業者で完全に利害が対立するとされていた河畔林整備事業は，ここ数年のうちに急速に対立が緩和されつつあるように見える．背景には農業を取り巻く全国的な政策変更や，経営環境の変化があるとはいえ，上春別地域河川保全協議会の設立目的から読み取れるように，別海町の農業者にとっては漁業者からのプレッシャーが大きな要因となったと推察される．しかし，漁業者からのプレッシャーとは，単に問題解決のための直接的な働きかけを意味しない．漁協婦人部を中心として，漁業者自身が森林整備に取り組んでいる姿そのものが農業者に何らかの訴えかけとなったのであろう．

実際に別海・野付漁協婦人部も，自らが植樹に取り組む姿勢をアピールすることで，農業者の川への意識を喚起することを目的の1つに挙げていた．たとえば別海漁協婦人部では，植樹と同時に，婦人部や青年部とともに「あきあじ祭り」や「えび祭り」といった行事を主催し，町内の漁業者以外の人々に漁協の存在を認識させることに取り組んだ．また他にも，農業者と漁業者間の連携を目指し，町内農協婦人部と提携してサケの料理教室などを通じ，定期的な交流を行った．これは単に植樹するだけではなく，町内の意識のずれを埋めることこそが，河川環境保全という究極的な目的の達成を助けると考えたためである．

香川県とほぼ同じ面積を持つというほど広大な別海町では，人口密度が低く，普段の暮らしのなかで異なる集落のことを直接的に認識することが難しい．そこで，まず流域意識の構築が河川環境保全にとって重要であったと考えられる．漁協婦人部を中心として町全体を巻き込んだ「漁民の森」運動は，環境を重視する時代の風潮ともあいまって，町内の複数の主体に流域意識の形成を訴えか

けた．その成果として河川環境の改善が着実に進展していると思われる．

5.1.3 野付漁協の植樹運動

(1) 抵抗としての山林所有

さて，ここまでに見てきた別海・野付漁協婦人部の「お魚殖やす植樹運動」から町の河畔林整備事業へとつながる系譜とは独立して，別海町内には野付漁業協同組合単独の植樹事業も営まれている．野付漁協による植樹事業を前者と明確に区分するのは，野付漁協自身による山林取得である．野付漁協では，漁協として山林を取得したことをきっかけとして，独自の植樹活動を行うとともに漁協所有林として目的を持った森林管理を行っているのである．目的を持った森林管理とはつまり，漁協の効用になるような，すなわち，漁業者に益をもたらすことを目指した森林管理である．実際に漁協組合員が森林施業を行うわけではないが，たとえば樹種の選択や管理方法の面では漁協からの要望が強く働いているのである．

なぜ，野付漁協自らが山林取得に至ったのか．その経緯や目的は以下のようなものであったという．

野付地区は，山・川から海岸が近く，漁協では従来から山・川の環境が海（漁業）に影響しやすい，と認識されていた．そう考えていた矢先の1989年に，漁協に程近い沿岸の250 haの土地の所有者が売却の意図を持つことが明らかとなった．実は新酪農村開発事業に関連して，河川については事前協議制が確立されたのだが，奥地や草地の開発に対して漁業者は依然として無力であり，野付漁協でも土地開発に対する危機意識は解消されていなかった．また昭和60年代頃は，リゾート開発が盛んな時代であり，転売・乱開発への危機感も強かった．そこで，開発を目的とする第三者によって取得されることを恐れた野付漁協では，その土地を8600万円で購入することを決めた．つまり，当初より資産形成ではなく環境保全を目的としての山林購入であった．続いて2002年に，野付漁協では二度目の土地購入（170 ha）を行っている．このときは森林組合から土地購入をもちかけられたことがきっかけであった．このときも前回同様に，沿岸の土地を見知らぬ第三者に取得されることを恐れての購

入であった.

　この2回の山林購入は，いずれも野付漁協が独自の方針のもとで行ったものであり，町や道など自治体の関与があったわけではない．しかしながら1990年頃は非常に漁獲高が多く，年間111億円ほどの水揚げがあったため，資金的な余裕から思い切った決断ができたともいえるだろう．いずれの場合も購入の意思決定は漁協理事会で行われたが，議決は全会一致の原則により行われることもあり，反対はなかったといえる．これはすなわち，当時の地域の認識として，価格がいくらであれ乱開発防止のために土地を買うという感覚が共有されていたことを示している．

　別海町全体の植樹運動では，用材供給以外の森林の機能を期待していることから，必ずしも所有を前提としていないと述べた．しかし野付漁協の事例では，まず開発への抵抗として山林取得があり，その上でそのフィールドの価値をさらに高めるべく，植樹が営まれていることを指摘したい．

(2)「風倒木になればいい」

　以上のような経緯から山林を取得した野付漁協は，当初から森林の意義を環境保全機能に見出していた．山林所有者である野付漁協は，法人として別海森林組合の組合員になり独自の植樹事業に取り組むようになった．

　ここで注目したいのが，野付漁協婦人部の活動との関係である．第一回めの山林購入は1989年に行われたが，その前年には婦人部が別海町内で植樹に取り組んでいる．しかし，「野付漁業協同組合植栽事業内訳表」（野付漁業協同組合，2003）や「植樹活動実績一覧表（野付漁協女性部）」を見ると，漁協が購入した山林は，当初から婦人部の「お魚殖やす植樹運動」に利用されていたわけではなく，植栽事業が1989年開始であるのに対し，婦人部が漁協所有林内で植樹を行うようになったのは1994年からなのである．

　聞き取り調査によれば，婦人部が熱心に植樹運動を行っている姿勢を見て，漁協が自らの所有地内に植樹用地を提供したのがきっかけだという．ここでも，婦人部の運動に取り組む姿勢が，漁協内に波及効果をもたらしていることが示されている．1994年から漁協婦人部の植樹用地として提供された部分は，「野付漁協婦人部の森」と名付けられ，継続的に植樹が行われるようになった．図

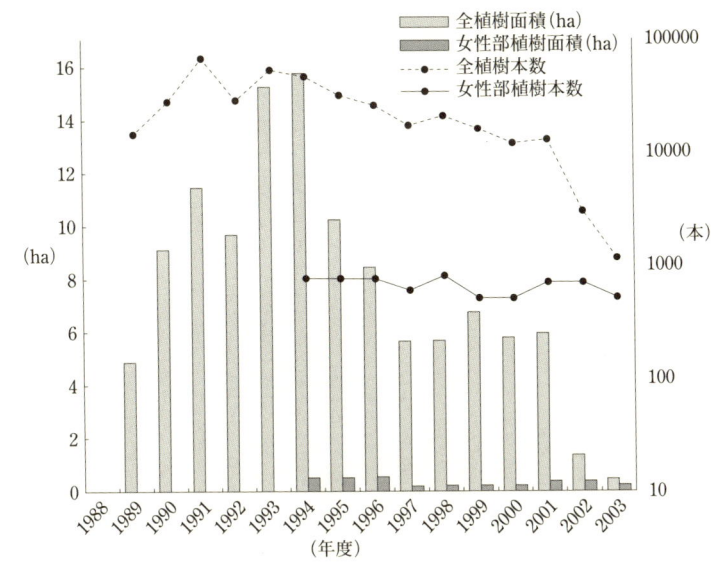

図5.2 野付漁協植栽事業実績の推移

出典）野付漁業協同組合（2003）をもとに筆者作成．

5.2に野付漁協植栽事業の推移，および図5.3に「野付漁協婦人部の森」植樹運動の推移を示す．

図5.2から読み取れるように，野付漁協所有地における植栽事業は，大半が婦人部の活動と関係なしに漁協が独自に取り組んでいるものである．それでは漁協はなぜこのような事業を行っているのだろうか．

植栽事業の担当者によれば，野付漁協の植樹活動は，最初に購入した土地に，当初，木がほとんどなかったために始まったという．河川環境を保全し，沿岸域へ栄養分を供給するためには，山林に木が必要だという認識のもと，野付漁協では植栽事業を開始した．ここで，植栽事業の経費的な内訳について見てみると，苗木や地拵えの経費は野付漁協からの出資と国や道の造林補助の双方で賄われている．また協同組合間の連携を重視して，施業については森林組合に全面的に委託されている．このような背景から，1993年度まではグイマツ，

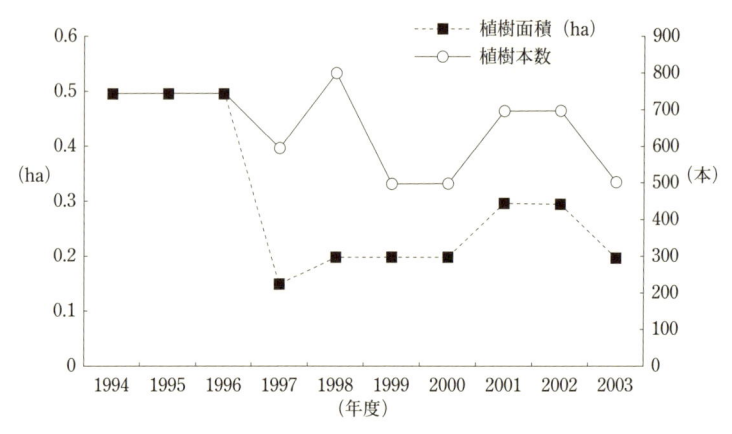

図 5.3 野付漁協所有地における「婦人部の森」植樹運動実績推移

出典）野付漁業協同組合（2003）をもとに筆者作成．

カラマツといった針葉樹植樹が中心であり[5]，除間伐や枝打ちも毎年一定程度は実施してきた．

　聞き取り調査に協力いただいた植栽事業担当者のN氏は，2000年から本事業を担当しており，河畔林の専門家の講演会に足を運ぶなど，非常に熱心に本事業に取り組んでいる．根室支庁のチシマザクラ普及に関する委員の委嘱を受けるなど，同氏は，植栽事業をきっかけとして森林に関する関わりや，知識，理解を飛躍的に蓄積させてきた．しかしながら現在でも，本心としては，漁協所有林は用材を供給する山としてではなく，風倒木になり，朽ちて栄養分を供給する森林となればよいという認識を抱いている．これは彼一人の見解ではなく，野付漁協で森林に関わる人々の共通した見解でもある．すなわち野付漁協では，木材生産など資産形成のために森林を所有しているのではなく，あくまでも環境保全のために森林を所有し，植樹を行っているのである．漁業者が陸域の開発への対抗措置として山林を購入した上に，河川や沿岸環境の保全を目指して植樹を実施するという野付漁協の取り組みは，森林を木材生産の場ではなく，地域の共有環境として位置付けるものといえる．

---

[5] 1994年度からは，「魚を育む森づくり対策事業」を利用することで，広葉樹の植樹を増やしている．カツラ，ハルニレ，ミズナラ，ケヤマハンノキ，シラカバ，エンジュなどを植えている．

写真 5.2　植林地の様子（2005 年 6 月　北海道別海町にて撮影）

　厳しい冬の寒さなど，元来の環境要因のために，別海町内の植樹林はいずれも遅々とした生長にとどまっている（写真 5.2）．しかしながら，継続的に人々が植樹活動を支えている背景には，生態系の循環を担保する存在として森林の機能を地域の人々が共有していることがある．これは同漁協がサケ・マス類といった川にさかのぼる魚種を重要な対象としていることと無関係ではない．つまり，地域社会が依存している生態系のあり方自体が，地域社会に一定の認識を要求し，森林管理の意義を明確にしているのである．

(3) 植樹を通じた地域外との連携

　前述のように，野付漁協所有林における植樹活動は短期的な効用を求めるというよりは，長期にわたる環境保全機能を期待したものとしての色彩が濃い．しかしながらその一方で，同漁協は，「木を植える漁業者」として自己の位置付けを明確にし，事業活動にふくらみを持たせることにも成功している．それは，パルシステム（旧称「首都圏コープ事業連合」）との連携というふくらみである．

　パルシステムは首都圏の都道府県生協による連合会であるが，「環境と産直」をキーワードに特色ある事業を展開している．野付漁協は地場産品の加工品づ

くりを手がけており，全国のいくつかの生協と取引があるが，パルシステムも取引先の1つであり，1999年から協同組合間事業提携が開始された．共同で商品開発を行うなど関係を深める過程で，野付漁協が山林を購入し植樹を行っていることに，パルシステムは強い関心を示した．そこで，パルシステムは2000年から野付漁協の植樹運動に賛同し，生協組合員から植樹基金を募り，植樹に協力するようになった．

2001年6月には，野付漁協，北海道漁連，パルシステムで「海を守るふーどの森づくり基本協定」を調印し，「海を守るふーどの森づくり野付植樹協議会」を結成した．同協定は，「地球環境と生命の源である海を守り，豊かにすることを目的」とし，野付で植樹活動を行っている．生協組合員からの賛助金を基金として苗木購入費にあて，その他経費については協定に調印した3つの事業体が拠出している．生産者，流通，消費者の三者が平等に負担し，商品の流通を通じて植樹を支えるというこの構造は，全国的に見ても例のない，斬新な取り組みであるといえよう．

パルシステムは産直を事業の柱として掲げているが，野付植樹協議会のように，産地組合との協議会を結成することで，単なる商品取引ではなく「地域ぐるみのつながり」の構築を重視している．2005年版レポートによれば，

> パルシステムが長年進めてきた「産直」は，単に「産地直送」の意味ではありません．食の安全を守るため農薬を削減し，有機農法を取り入れて環境保全型・資源循環型の農業を積極的に実践してきました．生産者と組合員の活発な交流を進め，食を通した豊かな地域社会を作ることを目指しています．

と述べられている（首都圏コープ事業連合，2005）．このような背景のもと，「産地へ行こう」と銘打って，産地交流企画を全国で実践しているが，2004年度は年間22企画が実施されたうち，その1つとして，野付地区における「ふーどの森植樹ツアー」がある．賛助金を募るだけでなく，植樹ツアーを実施し，生協組合員が自らの手で苗木を植え付ける機会を設けているのである（写真5.3）．

パルシステムとの交流は，野付漁協内では婦人部が中核となって行われている．「婦人部の森」は運動の過程で発展的に解消し，現在では「コープの森」

写真5.3 パルシステムと野付漁協による植樹祭の様子（2005年6月 北海道別海町にて撮影）

写真5.4 コープの森の看板（2005年6月 北海道別海町にて撮影）

となっている．植樹ツアーではこの「コープの森」が植樹場所として提供される（写真5.4）．

　毎年6月に行われるこのツアーでは，植樹体験をともにするだけではなく，漁業体験や婦人部との昼食バーベキューなど，交流の機会も設けられている．また植樹ツアー以外では，毎年2月に，パルシステムが漁協婦人部組合員を首

都圏に招聘し,「浜の母さん料理教室」を開催している. 2001年から5箇年にわたって続けられてきた「ふーどの森」づくりだが, 2005年で当初の賛助金はいったん使い切られた. しかし, 2006年に再度, 賛助金を募り, 新たな5箇年計画の開始を予定しているという.

以上のように, 野付漁協の植樹運動は, 地域における環境保全とともに, 遠く離れた首都圏との連携を仲立ちする存在としても機能している. あるいは, 野付漁協とパルシステムの連携は, 首都圏の消費者が, 消費行動を通じて森林管理に参画できる構造を提供しているともいえるだろう. 消費者は直接植樹賛助金を拠出することに加え, 野付漁協の産直商品を購入することによっても, 植樹運動を支えることができる. この構造は, 森林管理および沿岸環境保全への関与を地域外へと開くものといえる.

消費を通じて産地を支える構造としては, 棚田オーナー制など, 産品と直接結び付く制度を想起することが多い. しかし野付地区の事例では, 植樹運動を支えることが産地を支えるとともに, 産地の環境をも支えているのである. これは, 森林と漁業との関係なればこその形態であるといえよう.

また「木を植える漁業者」としての漁協イメージの確立は, いわば生産者としての付加価値化でもあると指摘できる. 運動を自らの事業活動にひき付けるこの巧みさが, 継続的な漁協所有林内での活動の源泉ともなっていると考察される. つまり, 地域の生態系に包摂される地域社会・地域経済という認識を持った上で, 積極的に事業活動を行っているといえる. 野付漁協のこのような振舞いは, 全国の沿岸漁協の地域資源管理にとって, 大きな示唆を与えるものといえよう.

5.2 高知県安芸市における漁民の森運動

野付漁協の活動調査の進展にともない, 野付漁協の取り組みを相対化できるような視点が必要となった. そこで, 2005年11月, 筆者らは高知県安芸市芸陽漁業協同組合(以下, 芸陽漁協)を中心とする漁民の森づくり運動の調査をするに至った. 数多く存在する漁民の森運動のなかで, 本事例を取り上げた理由は以下の通りである.

① 野付漁協との比較の視点から，相違点を多く有することが事前に収集した情報から判断できたこと
② その一方で，共通する要素も確認できたこと

①，②を細部にわたって詳述しようとすれば，無数の要素を挙げることができるが，特に資源管理上，重要な要素として議論に上がる所有面・利用面に限定していうと，共通する要素としては，野付漁協も芸陽漁協もともに漁協自らが，経営規模などに照らしてみて決して安価とはいえない土地（山林）を取得し，植樹活動や森林管理施業を行っている点がある．他方，相違点としては，漁協と一口にいっても，野付漁協の場合は沿岸漁業，つまり海の漁であり，芸陽漁協の場合はアユ漁を主軸とする内水面漁業であるということが挙げられる．また，活動の展開の仕方（野付漁協は漁協婦人連合会が中核となって運動が展開しているのに対し，芸陽漁協はそうではない）や活動する流域内のダムの有無（芸陽漁協はダムを抱えるが，野付漁協はない）などの相違がある．さらに活動の開始時期に関しても，野付漁協の取り組みは先駆的な事例（開始は1980年代後半）であるのに対し，芸陽漁協の事例は2001年に始まったばかりの比較的若い活動である．

事前調査としてインターネットのウェブサイトなどで同漁協の取り組みを調査するとともに，現地の協力者を通じて同漁協の組合長への予備的な聞き取り調査を行った．それらに基づき2005年11月25-27日（3日間）に芸陽漁協，安芸市役所農林課，安芸市森林組合，安芸商工会議所において，さらに2006年3月30日，31日には芸陽漁協，伊尾木川漁業協同組合にて聞き取り調査を行った．

また，同時に安芸市内より伊尾木川源流域に遡ること数十kmの芸陽漁協所有林現場についても漁協職員の同行の上で見学を行った．調査の方法は，以上の人物からの聞き取り調査と現地調査を基本に現地で収集した資料・データに基づいている．

5.2.1 安芸市の概要

高知県安芸市は，県庁所在地である高知市から東へ約40kmのところに位

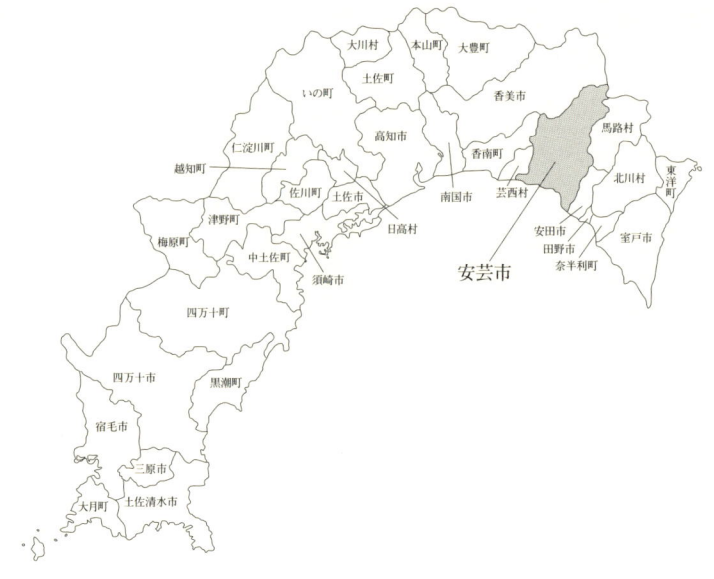

184　第 5 章　漁民の森運動の事例から

図 5.4　高知県における安芸市の位置

出典）白地図ソフトケンマップを用いて筆者作成.

置し，南に土佐湾，北は徳島県に接している（図5.4）．安芸市の総面積は317.34 km² であり，安芸，穴内，赤野，井ノ口，土居，伊尾木，東川，畑山の 8 地区からなる市として 1955 年に誕生した（安芸市，2004）．2006 年 1 月現在の総人口は 2 万 1178 人である（安芸市役所ウェブサイト）．また，安芸市内には徳島県境および久々場山に端を発する伊尾木川と五位ヶ森山系を源流とする安芸川が南流し，太平洋に注いでいる．両河川の河口は近接しており，その距離わずか 500 m ほどである（高知県内水面漁業協同組合連合会，1992）．両河川の漁業に関する管理は芸陽漁協が行っている．

　高知県は県土の 84% が森林であり，全国一の森林県ともいわれている．2002 年には全国に先駆けて森林環境税を導入した．また，県，パートナー企業，森林管理者の 3 者による「協働の森づくり事業」も展開されている．農林水産省「2000 年世界農林業センサス（林業編）」に基づくデータを公示しているわがマチわがムラ高知県安芸市ウェブサイトによると，安芸市の林況は表

表 5.2 安芸市の森林

a. 森林面積と林野率

安芸市の総面積 (ha) (A)	森林面積 (ha) (B)	林野率 (%) (B)/(A)×100
31734	27754	87.5

b. 天然林と人工林

天然林 (ha)	竹林 (ha)	人工林 (ha)	人工林内訳 (ha)			人工林率 (%)
			スギ	ヒノキ	アカマツ・クロマツ	
9448	116	18033	5979	11431	191	65.6

c. 国有林と民有林

国有林面積 (ha)	民有林面積 (ha)	民有林の内訳 (ha)		
		緑資源開発公団	公有林	私有林
6112	21670	280	1258	20132

出典) 世界農林業センサス (2000).

5.2の通りである.

　このように広大な森林を有する安芸市において，様々な主体が多彩な森林管理の取り組みを行っている．特に，芸陽漁業協同組合では，2002年に水源涵養の目的で伊尾木川上流の山林を購入し，「漁民の森」の事例として注目されつつある．以下，5.2.2項以降では，聞き取り調査と現場見学から得られた情報・知見に基づいて報告する．また，芸陽漁協を中心とする漁民の森だけでなく，市域全体で取り組まれ始めている共同的な森林施業・管理の事例についても紹介する．

5.2.2　安芸市芸陽漁協を核とする流域環境保全の取り組み

(1) ダム建設以前の川の様子

　かつて安芸市内の河川は水量も豊富であった．アユも数多く生息し，日々家庭の食卓を賑わす代表的な「おかず」であったそうである．以下の記述は，調査最終日に芸陽漁協組合長の樋口清允氏からうかがった，かつての伊尾木川の姿である．

　戦前は23名ほど川漁師がいて，アユ漁で生計を立てていた者もいた．また，

写真 5.5　伊尾木川ダム（2005 年 11 月 高知県安芸市にて撮影）

表 5.3　放流量の推移

	アユ	アマゴ	鯉	ウナギ
1954 年度	100 kg	—	100 kg	188 kg
1960 年度	188 kg	—	100 kg	113 kg
1965 年度	300 kg	—	50 kg	180 kg
1975 年度	900 kg	67 kg	50 kg	620 kg
1985 年度	1970 kg	290 kg	600 kg	650 kg
1993 年度	3642 kg	650 kg	40 kg	690 kg
2002 年度	3033 kg	400 kg	50 kg	419 kg

出典）「芸陽漁業協同組合設立 50 周年記念」リーフレットより．

今から 40-50 年前（1955-1965 年頃）には，川に足を入れると土踏まずと川底との隙間に数匹入ってくるほど多く生息していたアユは，安芸の夏を代表する食材であったという．アユはたいてい自家消費か親戚などへの贈答用（おすそわけ）として地域内で消費されてきたことが多かった．夏は川で漁を，秋・冬は山に入って山仕事をする，というのがこの地域での生活様式であったという．

(2) ダム建設と漁民の対応

　しかし，アユは時代とともに瞬く間に減少していった．伊尾木川ダム建設が，アユ減少の最大の要因である，と樋口氏は断言する（写真5.5）．ダムが建設される前は，下流では小学生では川をわたることができないほどの水量があったそうである．漁協関係者は，ダム建設により水量が減り，結果としてアユが減少したと考えていた．また，上流部の山林が手入れされておらず，土砂の流入による影響もあると考えていた．アユの稚魚放流量の推移を見てみると，1965年度に比べて1975年度の放流量は3倍に増えており，それ以降も継続的に放流量が増加していることがわかる（表5.3）．これは，漁獲量の減少を補おうとしてのものである．

　このようなアユの減少を眼前にして，漁協関係者はその回復に向けた対策を検討し始めた．単に放流量を増やしても資源量を回復できるものではなく，川の水量・流れ・栄養塩などをもと通りの姿に戻さねばならぬことを早くから彼らは悟っていたという．川をもとの姿に戻すということは，つまるところ伊尾木川ダムを撤廃させることにほかならない．同漁協を中心とする運動が展開されたが，結果的には，そこまでには至らなかった．漁協は電力会社から補償金を受け取りつつ，ダムを抱えたまま「川の番人」となるのである．

　特に，1981年以降の川の水環境の悪化ははなはだしく，「川の番人」たる漁協があらゆる方面から非難を受けるようになった．彼らは汚染や乱獲行為をしたわけでもなく，身に覚えのない濡れ衣だったはずであるが，漁業補償を受け取っていることが矢面に立たされる一因となった．

　そこで，同漁協は本格的に動き出した．「この川をいつ，誰がだめにしてしまったのか」ということの検証に漁協自らが陣頭指揮をとり，学識経験者などの協力も取り付けつつ，集会を開くなどして本格的に伊尾木川をよみがえらせる道を模索し始めたのであった[6]．その当時の気持ちを語った樋口氏の次の言葉は印象的であった．

　「学者さんらの意見聞くまでもなく，河川環境を悪化させたんは伊尾木川ダ

---

[6] 例えば，1991年6月8日に実施された「河川環境フォーラム　これからの河川環境の保全を考える」などもその一例である．伊尾木川のみならず高知県全域の河川環境の保全を考えるこのシンポジュウムには，当時，京都大学理学部所属の生態学者・川那部浩哉などが参加している．

ムいうこと，わかっちゅうこと（わかっているということ）．」樋口氏は続けた．
「川がだめになっていくのは，目に見える所から．いってることわかりゆう？（いっていることわかりますか）」

ダムができて水の流れがせき止められてしまうと，水量は目に見えてやせていく．要するに，支流のそのまた支流である小川から水が枯れていき，そして次第に本流がやせていくということである．暮らしのなかで川との付き合いを続けてきた漁師たちは，それがすぐにダムのせいだと直感したのだった．そのダムの撤回には至らなかったが，彼らは自らのなしうる流域保全行動への道を模索し続けた．その1つが以下で見る植樹活動である．

(3) 漁師たち山を買う

水環境改善や保全に向けた取り組みが続くなか，2000年直前に転機が訪れた．伊尾木川上流に後継者がいないために管理をどうすべきかが案じられていた，林業経営者K氏の所有林（300-400 ha）があった．2000年に安芸市にその一部（天然林）が寄贈されたが，その翌年このK氏が亡くなったためK氏の妻は残った山林を処分する決意を決め，売却先を探していた．森林組合が仲介役となって購入先を探していたところ，森林組合の元専務で現在は芸陽漁協の副理事の信清氏と漁協の理事で現組合長の樋口氏が山林の取得に関心を示した．かねてより河川環境の改善運動を進めてきた両氏は，山林の適切な管理が良好な水環境を実現する必要条件であることをすでによく理解していたのである．事実，13-14年前に漁協で山を購入しようではないか，という議論があったという．自分自身も個人山を持ち，森林組合の専務の経験もある信清氏は，現在は漁協副理事である．また，漁協には山登りや狩猟といったレジャーに精通する門田氏がいる．このような漁協内にいる森林に詳しい人たちが，漁協による山林購入の際にキーパーソンとなったことに疑う余地はほとんどない．そのことは組合長の樋口氏自身も指摘していたことである．

売りに出された山林の購入を本格的に検討するようになったのは，副理事が実際に現地を訪れて以降のことであった．その後，樋口氏も現地を歩き，購入する決意を固め組合の総会にかけた．漁協とて決して景気のよい時代ではない．総会以前には，数千万円の買い物，しかも財産価値が年々下がっている時代の

山林を購入することへ反対の意見を表明する者もいたそうである．しかし，総会では満場一致で山林購入が決まった．

　売主である山林所有者のK氏の妻との価格交渉も行われ，2001年11月に約104 haの山林を2200万円で購入することで合意した．また，森林組合は，売買の仲介を行ったということで，通常5％の仲介手数料を受領することができるが，このときには手数料を受け取らない代わりに2002年には芸陽漁業から森林組合に50万円の出資を受けている．水源涵養という社会的な目的のための土地取得であったため，破格の価格であったという．漁協による山林購入は，地元紙の高知新聞の一面を飾るほど大きく取り上げられた（高知新聞，2002年）．漁協は，農林漁業金融公庫からの融資を取り付け20年間かけて返済にあてることとなった．2001年12月に仮契約を行い，2002年1月に正式な契約が交わされた．このような経緯で購入に至ったその山林の内容は，天然林（伐採して40年経過した雑林）63.93 haと人工林（主にヒノキ）40 haであった．芸陽漁協が購入した森林の人工林は，前所有者であるK氏によって間伐などの手入れがかなりされていた．また1969年に7.35 ha，1971年に10.85 ha，1972年に18.3 haが植林されていた森林であった．

5.2.3　森林保全協定と森を考える会設立

　購入の翌年2002年に芸陽漁協は，安芸市と森林保全協定を締結した．これによって購入した森林を水源涵養林の役割を最大限に発揮させることを主眼において，維持・管理していくこととなった．協定締結については，安芸市から提案されたという．協定では，伊尾木川源流域の自然環境の保全と水源涵養を目的として，

① 山林の自然環境保全および水源涵養林として将来にわたり保有する．
② 自然体験学習，環境学習林として利用するときは，安芸市に無償で提供する．
③ ①，②の条件を満たすため市の予算の範囲で人工林40 haの森林空間整備（切り捨て間伐）を行い，森林の公益的機能を増進させる．
④ 協定期間は，30年間とする．

といったことが記されている（安芸市役所資料）．協定を結んだことで，間伐の費用に対して補助金がおりることになり，2002年の11月に森林組合により，間伐，枝打ちが行われた．シカの被害にあった木を中心に3割を間伐した．5，6年後に再び間伐する必要があるので，2008年頃に行われる予定である．

　芸陽漁協の山林取得から，芸陽漁協を中心に「業種を超えて，安芸市民に山・川・森の大切さを伝える」ことを目的に「森林を考える会」が，2003年10月に設立された．設立団体は，芸陽漁協，安芸青年会議所，安芸市森林組合，林業改良普及協議会，JA土佐あき，の5団体であった．青年会議所は，設立には携わったが，その後会の活動には組織としては参加していない．2005年現在，上記の4団体に加え，安芸商工会議所，ニッポン高度紙工業株式会社[7]が参加している．安芸市には，安芸漁業協同組合という海面漁業を営む漁協もあるが，この会には，団体としては参加していない．ただし，安芸漁協の組合員個人では，2003年の芸陽漁業の森での森林整備事業に参加した人もいた．また，市役所の職員の中にも個人会員として活動に参加している．活動期間は2012年までの10年であり，年2回の活動を実施している．

　活動内容としては，2003年と2004年の8月に伊尾木川自然環境学習キャンプを実施している．また前述した通り，2003年11月に芸陽漁協所有の森林での森林整備事業を実施し，2004年11月には，後述のニッポン高度紙の山林で間伐体験を実施している．このときの参加者は会員10名，一般参加者28名の合計38名であった．2005年は，安芸市内の巨樹巨木調査を実施している．これまでに18本の調査を実施してきた．

　「森林を考える会」の2003年の森林整備事業では，間伐実演，枝打ち体験，案内板や樹木札をかける作業が行われた．この事業は，「こうち山の日」推進事業の一環として100万円の補助金によって実現した．参加者は，芸陽漁協の組合員など「森林を考える会」の会員だけではなく，一般市民も含めて合計50名が参加した．また，漁協では，前述の伊尾木川自然環境学習キャンプも実施しており，環境教育への関心の高さもうかがわれる．

---

[7] 特殊紙である絶縁紙を生産している会社．本社が高知にあり工場が安芸市にある．

5.2.4 芸陽漁協以外の協業的な森林保全への取り組み

安芸市では芸陽漁協以外にも森林組合によるイベントや企業の所有による森林管理といった協業的な森保全の取り組みが見られる．

(1) ブナ林探訪ツアー

1996年から安芸市森林組合は「ブナ林探訪ツアー」を企画・実施している．ツアーは，春と秋の年2回実施している．しかし，市道が崩れたため，2004年秋から3回連続中止している状態である．この探訪ツアーは2005年までに合計17回にわたって実施され，1500名の人たちが参加した．1回50名を定員としている．2003年4月の第15回のツアーでは，森林組合をはじめとするスタッフ29名で，参加者が64名であった．参加料は一人4000円である．参加者の6-7割は女性で占められており，年代別に見ると50代の女性が最も多い．第15回のツアーのアンケートによると，参加者平均年齢は58.6歳であった．参加者のうち10％ぐらいがリピーターである．第15回のツアーでのアンケートでも，「また参加したい」と回答した参加者は48名（86％）となっており，リピーターが多いツアーとなっている．

安芸市，高知市からの参加者が多いが，それらの参加者と一緒に大阪府，愛媛県，香川県などから参加している人もいる．なお，ツアーの広報は，高知新聞に広告を出して募集している．

ツアーの場所は，駒背山付近（国有林40 ha）である．現地までは安芸市街地から車で約1時間40分かけて行き，約2時間かけて歩く．遊歩道は，安芸市と国で整備をした．ブナの天然林は，駒背山から徳島県側を含めて西又山まで続いている．ツアーでは，森林についての講義，ネーチャー・ゲーム，写真コンテスト，句集，木炭のプレゼント，森林インストラクターによる説明なども行われる．ツアーの最後には，別役(べっちゃく)地区の10軒弱の集落が地場の産品（たけのこ，イモ類など）を販売する．売店形式でツアーの参加者と山間地の住民の交流を行うのが目的だという．最初の頃は，住民は恥ずかしがっていたが，今では物品のアイデアを出したり，軽トラックの後ろを開けてそこを品物の陳列台にするなど，積極的に参加している．

(2) ニッポン高度紙工業の森

安芸川源流の畑山にある五位の森（標高1184.8 m, 240 ha）をニッポン高度紙工業が所有している．五位の森の入り口までは，安芸市内から車で1時間程度かかる．2003年7月に森林を取得しており，安芸市森林組合が売却に携わっている．自然林（雑山）・困難地（岩石など）が約2割（39 ha）を占め，平均40年生のスギ・ヒノキの人工林が約8割（201 ha）を占めている．2003年8月には，安芸市との間で森林保全協定を締結し，水源涵養林として認定された．協定では，

① 山林の保安林化を図り，水源涵養，自然環境保全林として将来にわたり保有する．
② 自然体験学習，環境学習林として利用するときは，安芸市に無償で提供する．
③ ①の条件を満たすため保安林改良事業等の補助事業で森林の手入れ（間伐等）を行い，森林の公益的機能を増進させる．
④ 安芸市が，③の条件の補助事業が採択されるよう積極的に支援する．
⑤ 協定期間は，30年間とする．

といったことが記されている．また2004年3月には水源涵養保安林としての認定を受けている．

(3) ニッセイの森

ニッセイの森は，安芸市内に2箇所ある．ニッセイ土佐安芸の森（4.3 ha）とニッセイ安芸の森（2.1 ha）である．これらは，ニッセイ緑の財団が国有林内で国と分収造林契約を締結して植樹活動を行っている森林である．ニッセイ土佐安芸の森では1997，1998年に植栽され，ニッセイ安芸の森では2001年に植栽された．森林施業は安芸市森林組合が行っており，2010年頃に除伐をする予定である．

5.2.5 立ちはだかる伊尾木川ダム

同地における漁民の森運動の展開の様子は以上でおおむね明らかになった．

表 5.4 伊尾木川ダムのデータ

河川：	二級河川・伊尾木川
流域面積：	86.08 km^2
発電の形式：	ダム水路式 地下発電所
ダムの形式：	高さ 21 m の越流型重力ダム
許可取水量：	7 m^3/s（最大 7 m^3，常時 1.59 m^3，常突 7m^3）
有効落差：	129.90 m
認可出力：	最大 7700 kW，常時 1600 kW，常突 7500 kW
調整池：	有効容量 32 万 7000 m^3
工事着工：	1952 年（昭和 27）5 月
運転開始：	1954 年（昭和 29）3 月 13 日
所有者：	四国電力株式会社（略称・四電）

出典）四国電力 10 年史編集委員会（1961）に基づき作成．

川で生業の一部を立ててきた漁民たちが，他の複数の組織・主体と連携して植樹や育成施業を通じ流域環境の改善に向かう行為は，私益を超えた尊い取り組みといえよう．そのことに疑いをさしはさむ余地はない．とはいえ，本流をせき止めるようなダムがそこに存在する場合，このような活動を進めている人たちの意図した通りの「公共益」に資する運動につながっていくのかどうかはうたがわしい．筆者らは，ダムを抱える同地において，この活動がどの程度，生態系改善に資するものであるかについて深く分析を進められるだけのデータや知見を持ち合わせていない．しかし，このような生態系の改善をうながす取り組みにおいて発生する費用負担等に関する分析を行うことはある程度可能である．以下では，芸陽漁協の事業収入と伊尾木川ダムによる四国電力（以下，四電）の事業収入から費用負担のあり方について分析を行っておく．

(1) 伊尾木川発電所

先述した現場調査の際に訪れた伊尾木川ダム堰堤前にあった案内板と，調査終了後に得た文献（主として，四国電力 10 年史編集委員会，1961）によると，

この水力発電所の諸元[8]は表 5.4 の通りである．

次に，この発電所の運転により，四電はどれくらいの収益をあげているかを推計してみることにする．電力出力 7700 kW の発電所が 1 年間休みなく，常にフルで出力で運転すると仮定するときの発生電力量（1 年間）を Y（kWh）とすると，

$$Y = 365 \times 24 \times 7700 = 6745 \, \text{万} \, 2000 \, (\text{kWh})$$

である．

四電がその供給区域内の需要家に対して，平均して 1 kWh あたり何円で電力供給しているか，正確な数値は不明であるが，仮に 18 円としてみて $18 \times Y$ を計算すると 12 億 1413 万 6000 円となる．

以上は，筆者のうち室田が文献で確認する前に行った推計である．四電のデータでは，常時出力を 1600 kW としているから，以上の売電（粗）収入計算はかなりの過大評価になっていたことがわかる．そこで，年間を通して常時出力での運転が行われていると仮定すると，売電（粗）収入は，

$$365 \times 24 \times 1600 \times 18 = 252{,}288{,}000$$

すなわち 2 億 5000 万円程度の粗収入と推算される．

他方，そうした売電事業に要する年間の費用は何円ぐらいだろうか．これは，これまでに調べた文献の範囲では不明である．人件費，機械類・水圧鉄管・ダム設備・調整池などの維持管理費，水利使用料，漁業補償金支払い，借入金への利子払い，減価償却費，税などが考えられる．通常は無人の発電所であるから，人件費はそう高額ではないだろうし，1954 年（昭和 29）の竣工であるから，減価償却は済んでいるであろう．そこで費用は 1 億円程度と仮定してみる

---

[8] 以上の諸元に関して，調査中には有効落差が不明であった．しかし，有効落差不明でもその推計はできるので参考までに記しておく．水の位置エネルギーの利用に関し，理論出力 $(P) = 9.8 \times QH \cdots (1)$ である．ここで P の単位は kW，流量 Q の単位は m^3/s，有効落差 H の単位は m である．（9.8 という係数は，重力加速度 9.8 m/S^2 による．）求めたいのは H の値である．そこで，(1) 式に既知のデータを入れて $7700 = 9.8 \times 7 \, H \cdots (2)$ が得られる．(2) 式を解くと $H \fallingdotseq 112$ (m) となる．ところで，(1) 式はエネルギー転換にともなう技術的損失がゼロである場合を想定する場合の理論式である．今の場合，損失が何％か不明だが，古い設備らしいので仮に 5％として，(1) 式を置き換えると，理論出力 $(P) = (1 - 0.05) \times 9.8 \times 7 \, H' \cdots (3)$ となる．この (3) 式を H' について解くと，$H' \fallingdotseq 118$ (m) が得られる．四国電力 10 年史編集委員会 (1961) では，有効落差は 129.90 m となっており，上のラフな推計と大差ない．誤差が出てしまったのは，技術的損失を小さく考えてしまったことによる．

と，純利益（粗収入－費用）は 1 億 5 千万円程度と推定される．

(2) 芸陽漁協と四国電力の関係

芸陽漁協の年間の事業収入は，樋口氏の話では 3000 万円程度で，少ない年には 2000 万円程度のこともあるという．このうち，四電からの漁業補償金は 1850 万円である．つまり，この漁協の事業収入の大半は漁業補償なのである．図 5.5，図 5.6 は同漁協の資料に基づいて作成したものである．

純利益が 1 億 5 千万円程度と推計される四電が一方にあり，他方に，アユの漁獲量不振をかこつ芸陽漁協がある．補償金は 1850 万円である．その漁協が，低利融資を受けることに成功したとはいえ，2200 万円もの多額の借り入れを行って，伊尾木川上流域に漁民の森を購入した．そこを懸命に植樹し保全する試みは水源涵養に役立つ可能性を秘めるものである．もしそれが可能性ではな

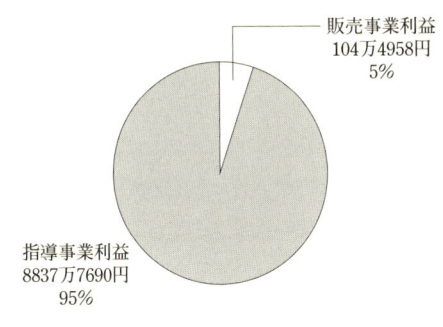

販売事業利益
104 万 4958 円
5%

指導事業利益
8837 万 7690 円
95%

図 5.5　事業純益の構成

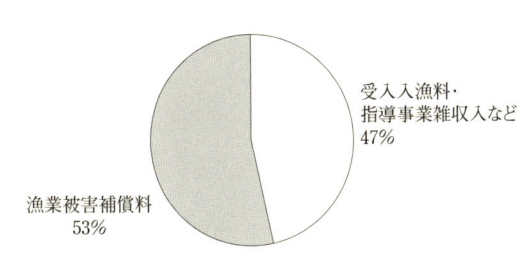

受入入漁料・
指導事業雑収入など
47%

漁業被害補償料
53%

図 5.6　指導事業収入に占める漁業補償の割合

出典）芸陽漁業協同組合（2004）に基づき作成．

く,現実になるとすれば,利益を得るのは誰なのか.

　四電は,川の流量が増える,あるいは安定するなどして,ダム湖の水が増え,よりよい水力発電所の運転ができるようになる可能性を持つ.他方,漁協は,ダムより上流でのアユの漁獲量を増やすことができるかもしれない.場合によっては下流に流す維持放流量が増加されるようなことにつながれば,ダム下流の流量も増す.結果的には,アユの生息環境を改善することにつながることにもなるかもしれない.つまり,両方にとって良好な結果になるかもしれない.

　とはいえ,費用負担問題として,網付での漁民の森づくりは,漁協側のみによる環境改善に向けた事業であり,四電は費用を負担していない.社会的公正の観点から考えれば,水源涵養のための費用負担をすべきなのは,むしろ四電側ではないか,との考えは早計であろうか.

　全国至るところに本流をせき止める形の大型ダムが数多く存在する[9].この現実を直視するとき,漁民の活動の意味はどうとらえられるのか.熱意と善意ある取り組みは,流域環境の向上につながるのだろうか,それとも「環境保全のシンボル」にとどまるものなのか.この点については,今後,筆者らが分析と考察を進めていくべき残された大きな課題である.

5.3　地縁を超えた資源管理としての漁民の森

　安芸市芸陽漁協による「漁民の森」活動は,北海道野付漁協の運動とは異なり,まだ端緒についたばかりの段階にある.この2事例の共通点は,漁業者が森・川・海という資源のつながりを認識し,流域の開発や汚染に危機感を持って山林取得にふみ切ったということであろう.全国で行われている漁民の森運動は必ずしも運動体が森林を所有しているわけではなく,その多くが国有林内での取り組みである(斉藤,2003).しかし,野付・芸陽両漁協は,大きな自己負担を課してまで森林を取得している点で,生業への危機感が大きいと推察される.

---

[9] 筆者のうち三俣は,2001年から2003年にかけて,大型ダム取水による信濃川の減水区間問題に関する調査を行ったが,同地の場合,63.5 kmにも及ぶ本流の減水区間が,地下水脈の低下・河川生態系喪失など様々な問題を生み出している(斉藤暖生・三俣学・田中拓弥,2003).

5.3 地縁を超えた資源管理としての漁民の森

また，他の主体と連携して活動を展開していることも共通している．野付漁協はパルシステムを中心に，地域外の利害関係者と協働し，植樹費用負担を行っている．また森林組合や別海町など，地域内の主体と協力しあって森林管理を実践している．安芸市では漁協が主体となるだけでなく，安芸市役所，森林組合，森林を考える会，商工会議所などと連携して森林維持管理を行っている．漁民の森は，森林管理だけでなく，環境教育の場としても他の主体と連携して利用されている．北海道別海町と同様に安芸市の場合も，漁協による森林保全活動に加えて，企業による森林保全活動や森林組合による森林探訪ツアーなど，様々な主体が地域内で森林管理，環境教育活動を行っている．このように多様な主体が連携して管理している点が，両事例の特徴である．漁協所有であるからといって他者の干渉を排除しないのは，所有林からもたらされる益が漁協組合員のみに働くものではないからだろう．筆者らはこのように開かれた環境保全の営みに，共的領域における自然資源管理の新たな姿を見る．

一方，2つの漁協間で森林取得の状況が異なっていることを強調しておかなければならない．野付漁協の場合は，開発を抑止する手立てとして，自己資金による森林取得が行われた．これに対して芸陽漁協では，四国電力によるダム建設が現実として流域環境の劣化を招き，ダム撤廃を求める運動が起こった．源流部の山林購入は，このダム撤廃運動の象徴的できごとである．芸陽漁協では，農林漁業金融公庫からの資金を基盤としており，野付漁協よりもリスクの高い森林取得を行ったといえる．この差異は，前者は実際に開発が起こる前の事前防衛的な動きであるのに対し，後者ではダムによる悪影響がおよんだ後の環境保全的運動であったため生じたものであろう．

ただしいずれの場合にも，漁業者らが生業の基盤として，日々，河川や沿岸を認識していることは間違いない．漁業という生業が存立しているがために，流域環境を総合的に把握することができるのである．漁業者はまさしく流域環境の"守り人"なのである．

また，生態学的な側面についても指摘しておく必要がある．野付漁協は沿岸の漁協であり，芸陽漁協は内水面の漁協である．両者の活動の領域は沿岸と河川で異なっているにもかかわらず，同じく漁民の森運動に携わっているのは，対象となる資源が海，川さらに森をつなぐからである．安芸市にある海の漁協

（安芸漁協および伊尾木川漁業協同組合）は，芸陽漁協の活動には団体としては参加していない．筆者らはこの原因として，対象となる資源の生態を指摘したい．安芸漁協の主要な漁獲対象は，シラスである．シラス漁業は水中に発生するイワシ稚魚を採捕する漁業であるため，沿岸および陸域の影響を受けにくい．河川や森に眼が向きにくいのは，同じ海の漁協でも遡河性回遊魚であるサケ・マスを対象とする野付漁協と，この点が大きく異なると考えられる．野付・芸陽両漁協にとって，上流域の森林保全は水産資源管理の一環と位置付けられるのである．

　第1章で述べたように，地域社会・経済は地域の生態系によって規定されている．筆者らは，2つの漁民の森運動の事例から，海と川の双方を利用するサケ，マス，アユといった魚が，漁民の森というコモンズを新たに形成するきっかけとなったことに気付いた．本来コモンズ研究においては，物事を社会経済的側面だけではなく生態学的側面からも検討することが不可欠である．筆者らは以上の事例研究から，そのことをいっそう深く認識するに至っている．

参考文献

安芸市（2004）『安芸市市勢要覧』．
飯塚肇（1951）『魚附林の研究』日本林業技術協会．
帯谷博明（2004）「'森は海の恋人'運動の生成と展開―運動戦略としての植林活動の行方」，『ダム建設をめぐる環境運動と地域再生　対立と協働のダイナミズム』昭和堂．
芸陽漁業協同組合（2004a）『第52年度業務報告書』．
芸陽漁業協同組合（2004b）『芸陽漁業協同組合設立50周年記念』リーフレット．
高知県内水面漁業協同組合連合会（1991）『河川環境フォーラム　これからの河川環境の保全を考える：川魚の目から見た自然と人間』．
高知新聞（2002）『高知新聞』2002年11月14日，1面．
斉藤和彦（2003）「漁民の森づくり活動の展開について」，山本信次編『森林ボランティア論』日本林業調査会．
四国電力10年史編集委員会（1961）『四国電力10年のあゆみ』四国電力株式会社．
柴崎茂光（1996）「漁民による植林活動とその歴史的背景―気仙沼地方を事例として」，『森林文化研究』17, pp. 69-81．
首都圏コープ事業連合（2005）「パルシステム　産直データブック」．
長坂晶子・柳井清治（2005）「第116回日本森林学会　テーマ別セッション『森は本当

に海の恋人?』-森・川・海の生態的関係を探る-セッション報告」,『森林科学』第45号.

野付漁業協同組合 (2003)「野付漁業協同組合植栽事業内訳表」.

畠山重篤 (1992)「森は海の恋人:牡蠣の目で森を見る」, 矢間秀次郎 編『森と海とマチを結ぶ:林系と水系の環境論』北斗出版.

別海町産業振興部 (2004)「産業の動向 (平成 15 年実績)」.

松永勝彦 (1993)「森が消えれば海も死ぬ・陸と海を結ぶ生態学」.

三浦正幸 (1971)「北海道春ニシンの消滅と内陸森林」,『グリーンエージ』Vol. 21.

三俣学・森元早苗・室田武・嶋田大作・田村典江 (2007)「漁民の森運動の展開にみる共同的な資源管理:高知県安芸市芸陽漁業協同組合所有林の現場記録より」,『研究資料』兵庫県立大学経済経営研究所, No. 212, pp. 1-22.

柳沼武彦 (1993)「木を植えて魚を殖やす:ニシンはなぜきえてしまったのか」, 矢間秀次郎 編『森と海とマチを結ぶ:林系と水系の環境論』北斗出版.

柳沼武彦 (1999)『森はすべて魚付林』北斗出版.

矢間秀次郎 編 (1992)『森と海とマチを結ぶ・林系と水系の環境論』北斗出版.

依光良三 編 (1992)『土佐の川 全県編』.

参考ウェブサイト

市町村の姿-北海道別海町:http://www.tdb.maff.go.jp/machimura/map2/01-03/691/economy.html

北海道庁ホームページ:http://www.pref.hokkaido.lg.jp/

第6章
コモンズの再生・創造に向けて

6.1 コモンズ開閉の基準と4つの分析軸

6.1.1 コモンズの開閉を考察の中核にすえる理由

　本章では，序章から第5章までの文献・事例研究を整理し，コモンズを（A）閉じたコモンズ（伝統的コモンズ），（B）開いたコモンズ（新しいコモンズ）の2つに分けてコモンズの再生・創造に向けての議論を進める．これに際し，コモンズの開閉を議論の中核にすえる理由を明らかにしておく必要があろう．

　およそ人間の作る集団は，それが地縁であれ，地縁を超えて成立するものであれ，基本的に閉鎖的な性質を有している．というのも，集団とは，それを構成する個々のメンバーの必要性から生まれるものであり，そこには個人だけでは到達できない何がしかの目的が存在するものだからである．たとえば，大学内に自発的に作られるサークルもそうであるし，本書の完成に向けて集まっている執筆者5名からなる森林コモンズ研究会もそうである．集団は，それを構成する各々のメンバーに共通する目的を持ち，その達成・遂行のために，内部で何らかの秩序（ルール）を作り上げる．それは，それ以外の集団との差異を明確にすることによって，当該集団独自の存在意義を明瞭にするためである．したがって，集団は境界を持ち，内部における結束力を維持すべくルールを作るのである．たとえば違約者が多いなどの理由から，内部結束力が脆弱化すれば集団を支える力は衰え，共通の目的達成への求心力は減退する．内部結束力

が完全になくなれば,その集団はもはや集団ではなくなる.

　集団のなかでも,日本の伝統的な村落社会のように,特に地縁を紐帯とする結合による集団は,外部社会に対して閉鎖的であるととらえられることが多い.筆者らもここまで,伝統的共有林を閉じた形のコモンズとして取り上げて分析を試みてきた.一方,地縁を超えた漁民の森運動は,伝統的共同体に比べると新しい取り組みによって生成した集団であり,地縁を超えて成立しているゆえに開いたコモンズと見ることができる.

　しかし,このように地縁=伝統的=閉鎖的,超地縁=新しい=開放的(近代市民的といってもよい),というイメージないしはそれに基づく分類は,ある一時期の現象を切り取って捉えた静学的な分類であり,ある時間幅をとって見ようとする場合には,開いたコモンズが閉じたコモンズへと変化したり,逆に,第1章のイギリスの例で見たように,閉じたコモンズが開いた形に変容していくことはしばしば観察できる(コモンズの動的変容).さらには,コモンズがコモンズではなくなることもある(第1章を参照).このため,コモンズの開閉の議論を行う上で,時間軸を視野に入れようとすると,この両者を明確に区分することは基本的には不可能となる.とはいえ,コモンズの議論では,たえず「持続性」という観点が,主要な研究テーマの一翼を担ってきた.いい換えれば,経済・社会・文化的背景の遷移を視野に入れ,どのような集団が持続的にその集団の統制する制度下で天然資源を利用・管理しうるか,ということが研究の関心になってきたのである.ゆえに,定点的な分析ではなく,社会を取り巻く歴史性,すなわちコモンズやその背後にある経済社会の動態に着眼することの重要性が,日本のみならず,北米のコモンズ論のなかでも,繰り返し指摘されてきたのである.

　したがって,本章でも,以上のような困難があることを認識しつつも,あえてコモンズの開閉に視点をおき,考察を進めていくことにする.結論を先取りしていうと,これによって筆者らが導出したいのは,両者を二分法的にとらえ,「時代の進捗に応じて,一方がよりすぐれた制度であり,他方は消滅していくもの」ととらえる発展段階論的な思考の批判的な検討とともに,意識的にそのような考え方と距離を置いて事象を観察することの重要性の喚起である.これは,第1章ですでに指摘した筆者らのデムセッツ論文に対する最大の批判点で

あり，筆者らのコモンズ論の出発点ともいえる点であるがゆえに，本書全体にわたってこの立場は貫かれている．発展段階論的な歴史認識方法から意識的に離れることによってはじめて生彩を帯びて生起してくる，共用・共有という制度の持つ現在，そして未来に向けた積極的意義を見すえたい．それが筆者らの狙いである．

6.1.2 基準について

以上では，コモンズの動的変容を分析要素に取り込むと，開いたコモンズ・閉じたコモンズの概念規定の困難があることを指摘した．しかし，あえてそれを使って分析を進める以上，開いたコモンズ・閉じたコモンズという分類基準を暫定的にでも挙げておく必要があろう．筆者らの間でも，まだ十分には議論を尽くせていないものの，開いたコモンズ・閉じたコモンズを分類する基準としては，①当該集団のメンバーとなるための要件の難易度，②当該コモンズ（天然資源）の域内循環量，などが挙げられうる．②については研究開始当初には明確に視野に入れていなかったため，本書では，現状のメンバーシップの難易さを着眼点にすえて，開いたコモンズ・閉じたコモンズを分類している．歴史性を考慮に入れつつも，コモンズの現状を基準としている．各事例ともに可能な限り，当該地域における歴史面に関する分析（コモンズの変容過程）を重視し，そこに多くの紙面を割いているのもこのためである．また，コモンズの開閉を決める基準とまではなりえないが，それに強い影響を与えることが推察できる対象資源の性質にも着眼して考察を進めていく[1]．

6.1.3 4つの分析軸

以下では考察を次の4点に分ける．すなわち，①コモンズが支えてきた地域住民の意識，②社会経済状況の変化に即応するコモンズの制度の変容過程，③

---

[1] コモンズの開閉の度合いに対してではなく，コモンズの存立・消滅に強く影響を与えると思われるものとして，法制度，対象資源の性質，コモンズ（資源）の商品化の進捗度，コモンズ内部の制度設計などが挙げられよう．

コモンズの内外の主体との連携のあり方，これら①から③をまとめる形で，④開いたコモンズ・閉じたコモンズの歴史・現在的意義，である．

上記の4点を着眼点におくのは，室田・三俣（2004）の『入会林野とコモンズ—持続可能な共有の森』で解明されず，またその後の研究のなかで，上述した4点への着眼が，特にコモンズの事例研究を通じて解明されるべき点として挙がってきたからである．①は，逆境にありながらも維持されるコモンズを支える当事者の意識の深層部に何が潜んでいるのかを解明することは，現状分析にとどまらず，コモンズを資源管理主体の1つとして考える際に，どのような制度的仕組みが有効かつ必要となるのか，あるいは，外部からどのような支援方法が望ましいかを考えるにあたり，有益な知見を提供することになろう．②と③は，コモンズと外部社会に関する問題である．近現代の社会にあって，外部社会からの影響を一切受けない隔絶された閉鎖状態のコモンズを想定することは，一部の例外を除いては不可能である．この前提に立てば，当然，コモンズは外部社会に対して様々な影響を与える．と同時に，外部からも，時に抗しがたい強い影響を受けることになる．その際，コモンズの成員がどのような対応策を講じてきたのか（あるいは講じうるのか）という分析が必要不可欠となる．他方，コモンズ内で解決し難い問題に対して，コモンズの外部にある社会と当該コモンズがどのような連携関係を構築しうるかを考察する必要も出てくる．これら①〜③の考察を踏まえて，開いたコモンズ・閉じたコモンズの現代的意義と課題を④で論じて結びとする．

6.1.4　コモンズを支えてきた地域住民の意識

（A）閉じたコモンズ—今なお残る地域自給的役割，伝統継承，地域の結節点としての共有林

第2章で見たように，京都市右京区山国地区の共有林は，入会林を起源とし，現在でも集落単位での管理・運営が行われている．山国地区では，中世頃から天然材を伐出し，貢納する採取林業を起源とし，林業先進地帯として発展してきた．現在は，山国林業として地域の重要な産業となっている．戦後の外材輸入の増大により，木材価格の低迷，林業不況といわれる産業として厳しい時期

を迎えた現在でも，記名共有林・地縁団体有林など集落単位（生活共同体）で入会を継承する林野として存続している．また，山国地区は，京都市内から車で1時間程度という近さから，1990年代には，新規住民の増加も顕著に見られた集落もある．このように従来から居住している住民と新規住民という住民の間の異質性のなかでも共有林は存続している．

　このような社会状況の変化において，山国地区の共有林が果たす役割は，どのようなものがあるであろうか．1つには，第2章の聞き取り調査から明らかになったように，共有林からの収益を区の運営費に用いたという集落自治の経済的基盤としての役割が挙げられるだろう．また，木材生産以外の山林の利用方法として，シキミ生産が行われている．このように地域の伝統行事を継承するために必要な生産物を生産することで，集落の伝統行事を支える役割も担い続けている．

　さらに，第3章のアンケートからは，共有林を支え続けた地域住民の意識として，直接的な経済便益ではなく，伝統の尊重・愛着，環境意識といった意識が挙げられる．特に，伝統の尊重・愛着という項目は，コモンズを維持・存続させる条件であるとみなすことができる．これにより，たとえ個人への直接的経済的便益が生じない状況でも共有林が維持・管理されてきたといえよう．

(B) 開いたコモンズー生業環境を守る

　第5章で挙げた別海町の基幹産業は酪農と漁業であった．町内の森林率はわずか28％に過ぎず，町内の大半が酪農用地として開発されている．当地の酪農開発は，国家的なプロジェクトとして主導されてきたという特徴がある．酪農開発過程で実施された事業のうち，草地造成事業では湿地の乾燥化や河畔林伐採など河川環境の大幅な改変が行われた．結果として農業者の河川に対する意識は低下し，農業排水が直接河川へと流入する光景もよく見られるようになった．また，草地面積拡大は経営上有益であるため，河畔林も河川のすぐそばまで伐採されるようになった．一方，町内にいくつもサケ・マス類の溯上する河川を抱え，同地ではサケ・マス類は漁業の中心的な対象種となってきた．溯上環境を守るためには，河川水の水質を守ることはもちろん，河畔林を含めた河川環境の保全が極めて重要である．すなわち，あるべき河川の姿について，

漁業者と農業者の利害が真っ向から対立していることがわかる．

　酪農開発における，いわば国家的な河川軽視ともとれる姿勢に対して，漁業者は鋭い反発を示し，「新酪農村開発事業」発足時には漁協青年部を中心とした反対活動が行われた．その結果，漁協への事前通告なしに酪農開発を行わないことなどを明記した覚書を交わすに至った．このような活動は，河川をめぐる利害対立を直接的に解決しようとするものである．覚書の締結やいくつかの河川工事のとり止めは，漁業者が直面していた実際的な危機が回避されたことを意味する．しかし，その一方で，河口に位置する漁村に住む人々は，上流域に住む農業者との間で，意識のずれがあることを感じていた．この意識のずれを埋め，流域の一体性を取り戻そうとしたことが，漁業者による植樹運動の契機である．

　ここには，流域というつながった生態系の影響下にともに存在しながらも，意見を異にする複数のアクターの存在を見ることができる．彼らは，同一の生態系という環境資源を共有しているにもかかわらず，その資源に異なる価値を見出しているのである．

6.1.5　社会経済状況の変化に応じた制度の変容

(A) 閉じたコモンズ—新規住民の流入

　京都市山国地区では，戦後，通勤圏の拡大にともない他所からの転入者が増加した．転入者が増加するにつれて，権利関係を明確化するための制度の変更が4つの集落で行われた．この過程で，山林作業などの義務を負う者で構成される共有林管理組織が設立され，塔区財産管理会と自治会の予算も段階的に分離されていった．すなわち，共有林管理の義務を負う者の権利が明確化されていったのである．

　しかし，ここで注目すべきは，権利明確化の目的は，新住民を排他的に扱うことではないという点である．新住民は，義務を負うことを選択すれば，財産管理会のメンバーになることができる．つまり，この権利明確化の過程では，共有林管理の義務を負う者と負わない者の権利関係が明確化されていったのである．

権利の明確化が進められる以前には，共有林の収益が集落自治の経済的基盤になるという構図が存在した．共有林管理組織である財産管理会と自治会の予算の分離は，この構図を完全に打ち消したわけではない．現在でも共有林は集落自治の基盤としての役割を保持している．すなわち共有林は，より広く集落自治の基盤としての位置付けを保持する一方で，義務を負う者の権利を確保する，という重層的な役割を担っている．新住民の増加，共有林への関心の低下という社会的変容に対して，これらの集落では制度を柔軟に改正しつつ，共有林に重層的な役割を担わせることによって現在まで管理・利用を存続させてきた．

(B) 開いたコモンズ―植樹運動の進展

漁協婦人部の植樹活動とは独立して，野付漁協では漁協として山林を取得し，植林事業を実施してきた．その動機は，資産形成ではなく，漁場環境を守ることにあった．現地調査における聞き取りを通じて，筆者らは，野付に住む人々に通底する意識として，サケ・マス漁業における河川環境の悪化への懸念があり，その解決として，河川環境の整備が必要であるという認識が広く共有されていたことを感じた．背景には，第4章で詳述したように，劇的な速さで変化した北海道の自然環境と，悪化の一途をたどる漁業生産があった．そのような漁業者らが抱く漠然とした危機意識に対するアンチテーゼが，漁協婦人部では全道的な植樹運動として表出し，漁協経営層では山林の購入として表出したと考えられる．

したがって，野付漁協が山林取得に至る動機はそれほど特異なものではなかったのだが，山林取得によって野付漁協は漁協の活動に独自の新たな展開を拓くことになった．それは，取得した山林を基盤とする，漁協内外の新たな関係性の創出である．

まず，森林組合との関係性がある．野付漁協所有林の管理は別海町森林組合に委託されている部分が多いが，ここでは森林組合の一般的な業務であるということを超え，協同組合間の連携が強く意識されている．樹種の選択や管理方法の面では漁協からの要望も強く働いているが，広葉樹の植林を希望する漁協と，人工林の管理運営を主たる業務とする森林組合では必ずしも一致しない部

分がある.しかしながら,互いに向き合い調整しつつ,植林事業を進めている.さらに,所有林を基盤とした,パルシステムとの植樹協議会の存在がある.漁業者による環境保全のための植樹運動が,遠く離れた首都圏の消費者の共感を呼び,産地交流,産直商品開発へとつながっている.

これらの関係性はいずれも,漁協が自身で山林を取得しなければ生まれえなかったものである.

6.1.6　コモンズ内外の主体との連携のあり方

(A) 閉じたコモンズ―地域内部で硬く結ばれている形

地域内部の住民同士の密接なネットワーク,すなわち内部結束型社会関係資本は,住民同士が制度の設計や改正を行ったり,住民相互に信頼関係を構築したりすることにつながり,最終的には,共同資源管理において協力をもたらす可能性がある.このような,住民同士の密接な接触が共同資源管理における裏切り行為を防ぎ,協力関係を構築する際に重要な役割を果たすことは,共同資源管理を論じる文献においてたびたび紹介されてきた.

たとえば,ベルギーのナミュール大学(The University of Namur)開発経済研究センター(The Centre of Research in the Economics of Development, CRED)の経済学者であるBalandとPlatteauは,台湾での灌漑管理の事例を用いてこのことを説明している(Baland and Platteau, 2003).そこでは,灌漑の管理を任された住民は,定期的かつ頻繁に他の住民と接するため,自らの業務において不正があったり,成果が著しく低かったりした場合に,そのことに対する不快な非難から逃れることは不可能である,と述べられている.このように,内部結束型社会関係資本は,監視や懲罰行為を通じて,裏切り行為を防いできたという側面がある.したがって,内部結束型社会関係資本のこの側面だけが取り上げられ,批判的に論じられることもある.

しかしながら,このことは,裏を返せば公正な行動や共同資源管理への貢献に対しては,正当な評価が行われ,敬意が払われる可能性があることを意味している.さらに,諸富(2003)が論じているように,社会関係資本は,それ自体が直接的に私たちの福祉水準を引き上げる可能性を持っている.すでに述べ

たように，社会関係資本が制度や信頼を生み出し，協力的な共同資源管理を成功に導く可能性がある．そして，その適切に管理された資源によって福祉がもたらされるという経路がある．しかし，それ以外に，社会関係資本から直接的に福祉がもたらされるという経路も存在する．すなわち，人々の日常的な交流である社会関係資本と，そこから生み出される信頼や互恵性は，資源管理という物質的な側面を経由しなくても，それ自体が「調和」「共同体」「アイデンティティー」「充足」「自己に対する敬意」などの要素と密接につながっていることから，直接的に福祉水準を向上させると考えられる．

このように考えると，内部結束型社会関係資本は，集落において重要な意味を持っていることがわかる．そして，社会関係資本の蓄積が共同資源管理をうまく機能させることにつながる可能性があると同時に，共同資源管理が社会関係資本の蓄積を促す可能性があることもわかってきた．第2章の聞き取り調査や，第3章のアンケート調査では，共有林管理は，単に共有資源を管理するだけでなく，住民同士の交流を深める上で重要な役割を果たしていることが確認できた．内部結束型社会関係資本の分厚い蓄積があると考えられてきた農村部でも，近年住民同士の交流は減少してきている．そのような状況で，住民同士の交流をうながす役割を果たしている共有林の共同管理作業は，社会関係資本の蓄積という観点からも非常に重要な役割を果たしており，コモンズの現代的意義の1つであると考えることができる．

(B) 開いたコモンズ―関連主体の連携・拡大：身近な地域から広域へ

開いたコモンズの特色として，関連主体の連携が積み重なり，地域を核としつつもより広い領域へと関係性が拡大していくことが挙げられる．これはメンバーシップの明確な制限を存立条件とした伝統的コモンズとは大きく異なる点である．

複数の関連主体が，1つの環境資源をめぐってなぜ連携できるのかを考えた結果，筆者らはここに橋渡し型の社会関係資本の蓄積を見出した．社会関係資本には，先に述べた内部結束を強め，共同資源管理を成功に導く作用を持つタイプのものではなく，多様な個人や集団を結び付けるネットワークとして機能し，情報の伝播に働くタイプの社会関係資本の存在が知られている．これは，

内部結束型社会関係資本に対して，橋渡し型社会関係資本と呼ばれている．

　橋渡し型の社会関係資本には，メンバー間での緊密なつながりやそれによって支えられる監視や懲罰の機能はない．しかし，ネットワークを通じて多様な主体がともに直面する問題を明示化され，問題に関する情報が伝播することで，共通の目標をすえた行動を行うことが可能になる．

　別海町における植樹運動の連携と拡大を例にとると，漁協婦人部の運動から始まった「お魚殖やす植樹運動」と，行政による「魚を育む森づくり対策事業」，そして野付漁協による山林取得とそれをきっかけとするパルシステム連合会との協同関係という3つの運動は，ある部分では連携し，ある部分では独立しながら，別海町内における河畔林整備という共通の目標に貢献している．

　野付漁協婦人部へのインタビューによれば，沿岸の海の活力のなさに気付いた「浜の母さん」たちは，まず海岸清掃やせっけん利用推進などを通じて，身の回りからの環境保全を目指していた．しかし，ある日，いくら海岸をきれいにしても流れ込む河川が汚染されているとどうしようもないとの悟りに至った．その結果，植樹を中核とする河川環境の保全へと意識が向き，現在の運動へとつながった．運動に取り組む過程で，漁協婦人部はこれまで交流のなかった上流部の農業集落の人々ともつながりを作り出し，河川に対する意識の共有を試みた．また，行政の枠組みをうまく利用し，行政の事業を活用して植樹面積を拡大した．さらに，彼らの静的な取り組みは，遠く離れた都市部の消費者の共感を呼び，結果としてパルシステム連合会との協同関係が創出された．ここに，漁協婦人部あるいは漁協という主体が，関連する周囲を巻き込み，関係性を拡大させるとともに認識ギャップを埋めて，問題を共有してきた過程を見ることができる．一方，このような新たな関係性の創出を成しえた背景として，植樹という行為が関連主体のいずれをも糾弾することなく，ともに目標へと向かうベクトルを持つ運動であるということも指摘できるだろう．

6.1.7　両者の歴史・現在的意義の総括

　以上をふまえ，閉じたコモンズ・開いたコモンズの現代的意義を抽出してみることにしよう．

まず閉じたコモンズには，歴史を通じて，より古くは燃料材供給，建材供給など個々人の暮らしを支える自給的機能，林業時代に入ってからは得られた収益を地域に還元する地域財源的機能が内在していた．時代を通じて閉じたコモンズが担ってきた役割は，利用・管理対象の共有資源が集落の人たちの結節点となってきたことである．共有財産を継承することは，地域住民がその共有財産に対する「権利」を持つことを意味する．が，同時に「義務」をともなう．特に権利を裏付ける森の価値自体が林業不況によって目に見えて衰弱している現在，義務ばかりが目立ってくる．しかし，今次の合併にあっても，収益源にならないような共有林を有する多くの区や村が，入会時代から継承してきた旧村落財産を新市町村へ移管してしまう選択をとらなかった．それを拒んだのである（三俣，2006）．この事態を前にすれば，当事者らにとっての共有財産たる入会林には「経済価値以外の何か」が付与されているとしか考えようがない．その「何か」は複合的に構成されているだろうが，筆者らはその1つの要素が，地域住民が名実ともに地域住民であるための共同意識にあると考える．共有財産はなにも森だけではない．集会所，農道，灌漑施設，農業施設，地域によっては温泉なども含まれる．そういった地域共有の財産は，その保持者である地域住民による「利用と管理」という「具体的実践行為」をともなって始めて共有財産となってくる（間宮，2005）．それら共有財産への働きかけ（利用・管理）の反射として，地域住民は自らを「地域住民」の一員と感じ，自分と同じように行動する他者を見て「彼は地域住民である」と認めるのである．それは先に述べたわずらわしい人間関係・社会関係を抜きに成立する世界（これを市場的世界と呼んでもよい）とは少し異なる．それは非市場領域での諸営為が重要な役割を担っている世界といえる．入会という資源利用・管理は，生活空間における安心を得たいという生活者の欲求に根ざした行動原理に支えられて生起してくる所有形態であり管理形態であるといえるのである．また，閉じたコモンズの現代的意義としては，私企業による乱開発や公的権力の濫用から地域の暮らしを守る点を指摘しておかねばならない（熊本，2000；泉，2006）．

一方，開いたコモンズはどうか．少なくとも天然資源管理に限定していえば，その意義は管理対象とする資源規模がより広大な場合により見出されやすいことが指摘できる．

漁業者の植樹運動の場合，保全の対象となる環境資源そのものが「開いた」状態にある．彼らが焦点としている流域の森林の荒廃は，明確な加害者によって引き起こされているわけではない．積み重なった不作為・無責任によって生じたものである．森林荒廃に起因する被害は，沿岸環境の悪化として現れ，漁業者の漁獲量減少を引き起こす．その被害は，特定の漁業者を襲うというよりは，地域全体に満遍なく影響をおよぼすものである．さらに現在までの自然科学的知見からは，河川環境のどの部分の荒廃が沿岸環境に悪影響をもたらすかについて，明確な答えは得られていない．したがって，直接的かつ具体的な被害をこうむる漁業者らが，明確な加害者がいない原因を解決するためにとる集合的な行為が，漁業者による植樹運動であるとみなすことができる．野付においても芸陽においても，被害を受ける漁業者個人が対処しきれない森林環境の荒廃に，漁協という共同体を通じて対抗しようとする姿勢は，まさに環境リスクに対するコモンズの反応といえるであろう．
　さらに，野付漁業の事例では，漁協自身による植樹に加えて，所有林をフィールドとする新たな関係性が創出されていることを発見した．ここには，ともにコモンズを支えるメンバーとして，地域外のアクターを積極的に巻き込もうとする漁協の姿勢が現れている．
　メンバーシップの明確な制限（閉じたコモンズ）は，これまでコモンズを存続させる主要な要因として分析されてきた．野付漁協の事例は，それとはまったく異なる状況にある．この違いは，共有される環境資源の性質にある．野付では流域の森林から得られる便益がメンバーによって共有されているのではなく，流域の森林管理を負担する費用が共有されているのである．森林の荒廃が解決され，その便益として沿岸の環境が改善されたとしても，その正の変化は，沿岸を利用するすべての利用者が享受することになる．便益の享受者を森林管理に参加したメンバーに制限することができないのである．これは，森林から河川，沿岸という，区切って閉じることができない生態系の管理だから生じるのである．このような状況では，メンバー1人あたりの費用負担を下げるべく，より多くのメンバーを巻き込もうとする共同体の姿勢は，極めて合理的なものといえる．これが開いたコモンズの利点であり，また現代的意義といえるだろう．

6.2 持続的なコモンズに存在する重要な共通性

　前節までは開いたコモンズ・閉じたコモンズと分析上の明瞭さを重視して，二分法的に考察を進めてきた．しかし，開いたコモンズにも閉じた要素があり，閉じたコモンズにも開いている部分が随所に散見された．筆者らは，その部分にこそ持続的な資源管理へのヒントが隠されていると考える．つまり，「開きつつ閉じ」「閉じつつ開く」というバランスを保つことこそが重要である，という主張である．

　山国地区の7つの集落では，かつてからのメンバーによる財産管理会が所有する森林を明確なメンバーシップのもとで管理している．しかしながら，時代の変遷とともに，新規住民の流入・集落内の家の断絶などで変化に対応することを余儀なくされてきた．そこで財産管理会では，新規住民の加入への門戸をその労働年数に応じて段階的に開いている．これは開いている集落がいかに「温情あふれているか」を示すものでは決してない．集落とて労働力の高齢化や若年層の集落外への流出にともない，出役の労働力確保が困難になってきている状況に直面している．つまり，門戸の開放は塔集落にとっても合理的選択肢の1つとなっているのである．

　一方，概して開いたコモンズを形成している野付と安芸の漁民の森活動はどうか．たしかに地域の外延に向かってひたすらネットワークを拡張させているようにも見える．ある面でそれは対象資源が規定してくる形態上の合理性ゆえのことであったことも確認した．しかし，ここでもよく観察すればそのネットワークは決してオープン・アクセスなどではないことに目が向けられねばならない．彼らはまず地域内（森林組合・商工会・農協）の顔見知りの間柄で信頼できる関係を構築し，その後に規模を大きくしている．野付の場合は首都圏コープなどとの連携も見られるが，コープとの間には，産直を支援するというエコビジネスの要素を持たせ，完全市場的な世界とは一線を画したやり方で信頼関係を形成している．信頼が最も重視される地域内組織，そして匿名性の低い信頼重視の体制が保てる外部組織を選び取ってネットワークを形成してきた．信頼を基礎とする「かかわり主義」（井上，2004）でネットアクセスをある意味で制限してきたのである．

6.3 コモンズの再生・創造に向けて

6.3.1 コモンズ研究の課題

　今後のコモンズ研究を考えるにあたっては，自然環境の持続性が導かれる社会制度なり経済制度は何か，それこそがまず，問われなければならない問いである．経済理論や法学理論はこれまでコモンズについてどう教えてきたかを改めて振り返ってみると，第1章で指摘したとおり，コモンズにはその可能性がほとんどない，とすることが多かった．しかし一口にコモンズといっても，実際には閉じた形のコモンズから開いた形のコモンズまで様々な形が現代社会で生きており，それらの持つ可能性を時代の変遷や課題と照らしつつ，精緻に検証される必要があった．にもかかわらず，これまでその種の研究は十分に行われてきたとはいいがたい．本書はこの部分に果敢に挑んだものである．

　また，本書では，資源管理や環境保全に閉じたコモンズ・開いたコモンズの持つ可能性を積極的に展望した．筆者らは「閉じつつ開き」「開きつつ閉じる」ことが重要であると主張してきたが，その理由は，現代において共的領域の天然資源を管理するには閉じたコモンズでも開いたコモンズでもなく，「閉じつつ開き」「開きつつ閉じる」コモンズこそがふさわしいと考えるからである．しかし，山国地区や芸陽・野付両漁協の事例に見るような「閉じつつ開き」「開きつつ閉じる」という共同的な資源管理は予定調和的に突如，生成してきたわけではなかった．山国地区の各集落では，新規住民の増加にともない規約を随時改正していた．野付では，上流部すなわち農業者らとの良好な関係を保つために，直接被害を主張するのではなく，別海町役場を巻き込んで河畔林整備を行っていた．

　すなわち，筆者らが得た結論の核心部分は「閉じつつ開き」「開きつつ閉じる」バランスにある．これは，「閉じる」「開く」の双方を安易に相対化してしまえばよい，ということを意味しない．むしろ，双方の形で存在している既存のコモンズ，また新しく生成するコモンズをどういう形で支援していく方法があるのかを探っていく必要がある，という主張である．

　本書で事例として取り上げた山国地区や野付漁協，芸陽漁協では，バランス

を保った上で「閉じつつ開き」「開きつつ閉じる」コモンズが成立していた．しかし，全国のコモンズがこのようなバランスを保って開閉できているわけではない．

本書では十分な議論を尽くしていないが，外部からの誘引を受け安易に開くことで，思わぬ負の結果が地域社会にもたらされるという事例を全国に見ることができる．たとえば，ゴルフ場建設をめぐる対立はその1つであろう．終章で述べる原子力発電所（以下，原発）誘致をめぐる対立もそうである．一方，頑なにコモンズを閉じることが必ずしもよいかといえばそうではない．そもそも第1章で述べたように，現代の社会において完全に域外との交流を絶つことは極めて困難である．また，全国的に農山漁村の過疎高齢化が進むなか，コモンズを維持するためには，外部からの支援を受け入れざるを得ないという局面もあろう．

筆者らが危惧するのは，バランスを欠いてコモンズが開閉することである．このような場合，共的領域の衰弱やそれにともなう弱者の人権侵害などがもたらされかねない．実際に全国の入会林野や入会漁場では，外部からもたらされた開発計画をめぐって，多くの争い・駆け引きが入会権者と土地所有者の間で繰り広げられている（表 6.1，表 6.2）．その事例においては，地域社会や入会集団の内部自体において対立が生じるといった場合もある．この種の議論は現在までのコモンズ論において，十分に触れられることがなかった．今後のコモンズ研究においては，このような論点を深めていくことが焦眉の課題である．

6.3.2　持続可能な経済社会へ

第2章，第3章で論じたように，日本のコモンズが抱える問題の1つとして，外部からの安価な資源の流入，さらに，再生可能な自然資源が枯渇性の鉱物資源に代替されていくことによる，コモンズの利用価値低下が挙げられる．日本の森林の場合であれば，木材として利用されていた森林資源が，輸入木材の増加，あるいは，プラスチックや鉄などの枯渇性資源への代替により，急速にその経済的価値を低下させていること，さらに，薪炭利用されていた森林資源が石油やガスという枯渇性資源に代替されたために未利用のまま放置されている

表 6.1　入会権が係争点になったゴルフ場開発裁判

名称	場所	提訴年	判決年	判決結果	構築物	入会林野の状態	原告	被告	財産権の主張	人格権または環境権の主張	入会権が開発阻止	備考
大岐地区土地所有移転登記手続訴訟	高知県土佐清水市大岐地区	1989年	1991年	認容	ゴルフ場など	共有入会権	入会集団代表者（開発賛成派）	入会権者の一部（開発反対派）	○	—	○	所有権移転登記手続は認められたが、総有権の理論も適用され社封開発停止
山岡町ゴルフ場建設反対訴訟	岐阜県山岡町馬場山田地区	1990年	2001年	一部破棄、一部棄却	ゴルフ場	共有入会権	入会権者の一部など	ゴルフ場開発会社	○	○	×	民事事件について
中戸手地区ゴルフ場建設反対訴訟	広島県新市町中戸手地区	1991年	1994年	棄却	ゴルフ場	共有入会権	入会権者の一部	ゴルフ場運営会社（入会権者設立）	○	△	×	
上戸手地区ゴルフ場建設反対訴訟	広島県新市町上戸手地区	1991年	1994年	棄却	ゴルフ場	共有入会権	他地区の入会権者の一部	ゴルフ場運営会社（入会権者設立）	○	—	×	原告は、協議の一員として加わっていることを条件に代収配分の権利を放棄していた
増穂町ゴルフ場建設不同意処分取消訴訟	山梨県増穂町未地区	1995年	1997年	棄却	ゴルフ場	共有入会権	ゴルフ場開発会社	山梨県	○	—	○	入会権が存在し開発不許可取消は認められず
龍郷町ゴルフ場建設反対訴訟	鹿児島県龍郷町市原地区	1995年	—	取り下げ（1998年）	ゴルフ場	地区入会権（町有地）	入会権者の一部	ゴルフ場開発会社	○	△	△	開発業者がゴルフ場造成断念
八木松町ゴルフ場建設反対訴訟	広島県東広島市八木松町	1997年	—	取り下げ（2000年）	ゴルフ場	？	入会権者を含む近隣住民	広島県	○	△	×	別途提起していた開発業者に対する工事差止仮処分が認められ開発停止

出典）泉（2006）

表 6.2　入会権が係争点になった廃棄物処分場建設裁判

名称	場所	提訴年	判決年	判決結果	構築物	入会林野の状態	原告	被告	財産権の主張	人格権または環境権の主張	入会権が開発阻止	備考
高良内町一般廃棄物処分場建設禁止訴訟	福岡県久留米市高良内町	1997 年	2003 年	棄却	一般廃棄物処分場	地役入会権（高良内財産区）	入会権者の一部	久留米市	○	△	×	入会権の存在は認められず
国頭村一般廃棄物処分場建設禁止仮処分申立	沖縄県国頭村辺戸地区	2001 年	2001 年	認容	一般廃棄物処分場	地役入会権（村有地）	辺戸区, 入会権者の一部	国頭村	○	○	○	環境権侵害の有無については触れず
明野村廃棄物処分場差止仮処分申立	山梨県明野村浅尾地区	2001 年	2002 年	却下	産業廃棄物処分場	地役入会権（朝神財産区）	入会権者の一部	明野村, 柳窪共有林組合	○	—	×	別途, 2000 年に地元住民が山梨県などを相手に処分申立（却下）. 09 年度中に撲業予定
瀬戸内町一般廃棄物処理場建設禁止訴訟	鹿児島県瀬戸内町網野子地区	2002 年	2006 年	棄却	一般廃棄物処理場	共有入会権	入会権者の一部	瀬戸内町	○	○	—	一審では原告勝訴. 現在, 係争中
身延町産業廃棄物処分場設置許可取消訴訟	山梨県身延町北川地区	2006 年	—	—	産業廃棄物処分場	共有入会権	入会権者の一部など	山梨県	○	○	—	現在, 係争中

鹿児島県瀬戸内町の係争について詳しい文献の 1 つに三輪 (2007) がある.

出典）泉 (2006).

こと，などがそれにあたる．つまり，日本のコモンズが抱える重要な問題の1つは，資源が利用されずに放置されていることである．

また第4章，第5章で取り上げた漁民の森運動とは，沿岸の漁業資源の改善に流域というまとまりで取り組もうとするものであった．沿岸の水産資源は流域という1つのまとまった生態系からもたらされる資源である．ゆえに流域生態系に対して流域を一体とする管理がなされ，物質の循環が保たれていることが資源の良好な状態を保証するはずである．しかし，日本のコモンズでは，森・川・海のつながりが寸断され，漁業資源の悪化が引き起こされるという問題があった．

このような問題は，欧米で議論されてきたコモンズ論[2]では，十分にとらえることができない．欧米で議論されてきたコモンズ論は，主に発展途上国の資源管理問題を対象に，開発援助という文脈のなかで議論が進められてきた．そこでは，特に，競合性の性質を持つ単一の資源を対象に，いかに過剰利用を避けて持続的な資源利用の制度を構築できるかが議論の中心であった．いい換えれば，これまでの欧米の議論は，ハーディンのいう「コモンズの悲劇」をどのようにして回避するのかという点について論じてきたといえる．

このように，対象となる資源を過剰利用から守る仕組みについて議論を展開してきた欧米のコモンズ論では，資源が利用されずに放置されている日本のコモンズを十分に論じることはできないのである．欧米のコモンズ論の視点では，むしろ，資源枯渇が回避できているので，なんら問題ないと判断されるかもしれない．

一方で，玉野井芳郎，中村尚司らを源流として展開されてきた日本のコモンズ論は，地球の持続可能性，あらゆる財が商品化されていくことへの危惧，地域主義，などより広範な視点からコモンズを論じてきた．特に地球の持続可能性という問題に対して，室田（1979）は次のように述べている．すなわち，「入会」「催合」「結い」に見られるエネルギー活用の仕方は，身近に得られるエネルギー源を，「その生命循環の範囲で活用する制度であり，循環の範囲を超えた他地域の収奪を必要としない」．つまり，生命循環の範囲に応じた資源

---

[2] 欧米でのコモンズ論には膨大な蓄積があり，ここで全てを挙げることは不可能であるが，代表的なものとして，Ostrom (1990)，および，Baland and Platteau (2003) を挙げておく．

利用を可能にするという点から，コモンズの現代的な意義を指摘している．

このような観点から日本のコモンズを考える場合，現在ますます進展している自由貿易の拡大，再生可能資源から枯渇性資源への代替，集落の意思決定のおよばない巨大公共事業などの問題を，議論の対象としていくことが，今後，重要となるであろう．現在のコモンズでは，これらの問題が進むことで，資源の経済的利用価値が低下し，利用や管理が行われないという機能不全が生じている．

第2章から第5章で明らかにしてきたように，集落共有林や漁民の森といったコモンズは，地域における住民の多様化や地域環境に関心を持つ主体の多様化などの状況の変化に対して，制度を柔軟に適応させ対処することが可能であった．しかし同時に，自由貿易の拡大に起因する問題や集落の意思決定がおよばない巨大公共事業などの問題に対しては，コモンズ内部の取り組みだけでは対処するのが非常に難しいことも明らかになった．この点に関しては，無制限な自由貿易の拡大や枯渇性資源の大量使用，地域社会を無視した公共事業の実施に関して，何らかの制限を設けるなどの政策的な取り組みを早急に検討することが必要である．

参考文献

泉留維（2006）「入会権の環境保全的機能〜沖縄県国頭村辺戸区の事例から〜」，第1回公開セミナー資料，文部科学省科学研究費補助金・特定領域研究『持続可能な発展の重層的環境ガバナンス』（研究代表者・植田和弘）「グローバル時代のローカル・コモンズ管理」（代表：室田武）．

熊本一規（2000）『公共事業はどこが間違っているのか？』まな出版企画．

間宮陽介（2005）「コモンズの現代的意義と課題」，『財政と公共政策』Vol. 27. No. 2, pp. 17-26.

三俣学（2006）「市町村合併と旧村財産に関する一考察：地域環境・コミュニティ再考の時代の市町村合併の議論にむけて」，『民俗学研究』pp. 67-98.

三輪大介（2007）「入会権の環境保全機能：鹿児島県大島郡瀬戸内町網野子集落入会地における係争事業の調査から」，文部科学省科学研究費補助金・特定領域研究『持続可能な発展の重層的環境ガバナンス』（研究代表者・植田和弘），Discussion Paper No. J07-03.

室田武 (1979)『エネルギーとエントロピーの経済学』東洋経済新報社.
室田武・三俣学 (2004)『入会林野とコモンズ―持続可能な共有の森』日本評論社.
諸富徹 (2003)『思考のフロンティア 環境』岩波書店.
Baland, J. M. and Platteau J. P. (2003) "Economics of Common Property Management Regimes," in Maler, K. G. and Vincent, J. R. eds. *Handbook of Environmental Economics Volume 1: Environmental Degradation and Institutional Responses*, North-Holland, pp. 127-190.
Ostrom, E. (1990) *Governing the Commons: The Evolution of institutions for Collective Action*, Cambridge University Press.

終 章
コモンズと人が創る次代の環境

　公的領域は，徴税権や警察力を持つ．社会秩序を保つ上で，その存在は不可欠である．その一方で公権力は，強大であるがゆえに暴走することがある．他方，私的領域は，私利追求を土台としているから，人々の間に向上心を育て，省エネルギー技術開発などの効率重視の行動を促す．それもまた，より住みやすい人間社会の形成に資する．だが，私利追求の行動が暴走すれば，水俣病やアスベスト公害に象徴されるような環境汚染や人体被害をひき起こす．

　これらに対し，共利を土台とする共的領域は，強い権力や私的動機を持たない．このため，公的領域と私的領域の両者による狙い撃ちの対象になりやすい．そして実際，日本でも海外諸国でも，多くのコモンズが押しつぶされ，消滅を余儀なくされてきた．

　しかし，日本のコモンズの代表的な形としての入会林野に関し，近年，新しい動きがある．薪や落ち葉の採取などがほとんど行われなくなった入会山であっても，その森の存在自体が生物多様性の保全を含む環境保全に資するならば，その地を入会山として存続させようではないか，という認識が生まれつつあるのである．法学者の中尾英俊はそのような議論の第一人者であり，入会権の環境保全機能を指摘している（中尾，2003）．

　環境保全に関わる海と陸双方の入会係争のうち，2007年現在の代表的事例として注目したいのが，中国電力株式会社（以下，中国電力）が山口県熊毛郡上関町に建設を予定している原子力発電所（以下，原発）をめぐる係争である．執筆者の一人の室田は，2007年2月，現地調査を行ったが，その調査結果とその後の動きについて，以下で概略を述べる．

上関問題は，1982年，当時の上関町長が原発を誘致してもよいとの発言をしたことから始まる．過疎化対策などに資すると考えた町議会多数派もこれに同調し，1984年6月，町議会は誘致賛成を決議した．1988年9月，上関町は中国電力に対し，正式に原発誘致申し入れを行った．その立地候補地としては，長島の南西部の四代地区が挙げられた．中国電力は，四代集落から山を1つ越えた田の浦という海岸に，改良沸騰水型原子炉（ABWR）2機を建設する計画を明らかにした．

しかし，町民の間では反対の声も高かった．原発建設予定地の対岸，わずか4km足らずのところにある祝島の場合，漁業で生計を立てる住民が多い．このことを反映し，反対運動の担い手の中軸は，今では山口県漁業協同組合（以下，山口県漁協）に合併されているかつての祝島漁業協同組合（以下，祝島漁協）である．

仮に上関町の長島に原発が建設されるとすると，その影響を最も受けやすいのは，町内および周辺地域にある光，牛島，田布施，平生町，室津，祝島，四代，上関の8つの漁業協同組合（以下，8漁協）に所属して漁業を営む漁民である．これら8漁協のもとで営まれている漁業を制度的に見ると，そこでは，本書第1章の1.2.2で述べた自由漁業，知事許可漁業（簡略化のため，以下では単に許可漁業と記す），および共同漁業権に基づく漁業の3種類の漁業が営まれている．

これらのうち自由漁業と許可漁業については後述するとして，共同漁業権に基づく漁業のなかには，特定の海域に単独の漁業協同組合が共同漁業権を有する操業形態もある．それと並んで，上述の8漁協は，かつて共109号という海域に関しては「共109号共同漁業権」を準共有していた．このための連絡機関が共109号共同漁業権管理委員会であった．

ところが1994年1月1日付の漁業権の更新・切り替えに際し，これら8漁協は，共同漁業権の行使に関する基本的事項についての契約（以下，行使契約）を締結し，各漁協の代表者8名によって構成する組織を設置する旨を合意した．そのときに海域名称の変更があり，共109号が共107号になったため，この組織は共107号共同漁業権管理委員会（以下，共同管理委員会）と命名された．なお，8漁協のうち，集落の地先に漁業権を持っているのは四代漁協と

上関漁協である.

　共同管理委員会の設置から間もない1994年3月,中国電力は,共同管理委員会と四代・上関両漁協に対し,立地環境調査の実施への同意を求める申し入れを行った.これを受けて共同管理委員会は,同年8月11日,それへの同意決議を行った.しかし,祝島漁協だけは反対決議を行った.

　中国電力は,こうした祝島漁協の主張を無視し,同年12月には立地環境調査を開始した.そこで祝島漁協は,翌1995年2月,同地裁に対し,共同漁業権などに基づく立地環境調査禁止仮処分を申請した.しかし,地裁は,同年10月11日,その申請を却下した.この地裁の判断を受けた中国電力は,立地環境調査に続く詳細調査,田の浦の湾の埋め立て,原発そのものの建設に関し,共同管理委員会傘下の8漁協に対して漁業補償金を支払うことで計画を前進させようとした.

　中国電力は,1999年6月,上関漁協および四代漁協と漁業補償交渉を始めた.翌2000年4月には,両漁協の理事会が漁業補償契約を決議した.これに続き共同管理委員会も,同月27日,契約締結に関する会議を開催した.この結果,8漁協のうち祝島漁協を除く7漁協の賛成で契約締結が可決承認された.補償金総額は125億5000万円で,早くも同年5月には半額の60億6500万円が支払われた.祝島漁協への配分金は5億4031万5000円であった.

　しかし,多数決による決定を認めず,契約そのものに反対する祝島漁協は,その配分金を返還した.そして同年6月,山口地方裁判所(以下,山口地裁)岩国支部にその契約の無効確認訴訟を提起した[1].

---

[1] 原告らの訴えには予備的な請求が3点含まれているが,紙面の都合で第2点目のみを記すと,それは,共96号共同漁業権の海域(上関漁協の地先の操業海域でA海域という)および共101号共同漁業権の海域(四代漁協の地先の操業海域でB海域という)のうち,上記の契約が定める漁業権消滅区域,漁業権準消滅区域,工事作業区域の海域において,「原告X_1が許可漁業を営むことのできる地位にあり,許可漁業権に基づく漁業操業を行わない受忍義務が存在しないこと,原告X_2が自由漁業を営むことのできる地位にあり,自由漁業権に基づく漁業操業を行わない受忍義務が存在しないことをそれぞれ確認する」(本文中の判例4,2006),というものである.以上を請求した上で,原告らは,中国電力が計画している原発について,それを「建設し,かつ,運転してはならない」,と主張した.

＜許可漁業者，自由漁業者が一審で勝訴した漁業補償契約無効確認訴訟＞

　この裁判の原告は，祝島漁協，同漁協の組合員で許可漁業を営むX_1，および自由漁業を営むX_2である．被告は，山口県漁協，共同管理委員会，および中国電力である．ここで山口県漁協が被告になっているのは，四代漁協承継人兼上関漁協承継人の資格においてである．

　この裁判での原告らの請求は，主位的請求としては，四代漁協，上関漁協及び共同管理委員会が中国電力との間で 2000 年 4 月に締結した漁業補償契約は無効であることを確認する，というものである．

　原告らの予備的請求について見ると，被告らは，次のように反論した．

> 存否確認を求めることができる権利義務は，実態上の権利義務として特定されている必要があるが，本件契約に定める本件受忍義務の内容は，一切の漁業損失とか漁業操業上の諸迷惑の受忍義務という不特定なものであり，存否確認の対象にはならない．（中略）また，万一将来において損失や諸迷惑が発生した場合に備えてということであれば，現段階で確認する利益はなく，実際に発生した際に損害賠償や，建設工事等の差止の訴えによって解決すべき問題であり，本件のような確認の訴えは，紛争解決にとって何ら有効，適切なものとはいえない．
>
> 　　　　　　　　　　　　　　　　　　　　　　　　　　　　（判例 3, 2006）

　被告らのこの反論は，問題の補償契約の内容と完全に矛盾している．なぜなら，契約の効果が関係漁業者らすべてにおよぶとするならば，原発建設や建設後のその運転にともなっていかに大規模な漁業損失や迷惑が発生するとしても，契約を締結してしまった以上，それらに対して損害賠償などの請求はできないはずである．そうした後日の請求をあらかじめ排除するものとして，契約に賛成する漁協に対しては補償金を支払うというのが契約の内容である．そして，そうであるからこそ原告らは，そのように無謀な契約の無効確認を主位的請求として掲げ，受忍義務の存在しないことの確認を予備的請求として訴えているのである．

　そこで原告らは，上記の被告らの反論に対して次のように反論した．

被告会社は，本件契約が有効であることを前提に，現在本件発電所建設のための調査を実施しており，まさに，原告らの有する"漁業権等"が侵害されているのであり，"現に存する法律上の紛争の直接かつ抜本的な解決のために必要かつ適切な場合"に該当する．また，被告らは，自ら原告らに対し"一切の漁業損失，漁業操業上の諸迷惑を受忍"する義務を内容とする契約を締結し，受忍義務があると公言しているにもかかわらず，本件訴訟においては，その確認に利益がないと主張するのは，言い逃れというほかない． (判例3，2006)

この訴訟の判決は2006年3月23日に下された．和久田斉裁判長は，漁業補償契約の無効確認や原発建設差し止めなどの訴えについてはそれを退けた．すなわち，共同管理委員会が管理する海域では「温排水などの影響で共同漁業権が侵害されるとまでは言えない」とし，補償契約は共同管理委員会の多数決で結んだものが有効であると判断し，「訴えの利益はない」として却下した．また，建設の差し止め請求は棄却した．

その一方で判決は，原告による予備的請求の一部を認めた．すなわち，許可漁業者や自由漁業者に関しては，補償契約の受忍義務はないとしたのである．いい換えれば，補償契約の対象海域における許可漁業者，自由漁業者の操業は認める，という判決であった．祝島漁協が原発建設の反対決議をしており，「契約締結には個々の委任が必要」であるにもかかわらず，そのような委任はなかったのであるから，許可漁業者，自由漁業者については補償契約に拘束されず操業できる，としたのである．

この判決は，一見すると原告敗訴のように見えるが，内容の面では原告勝訴である．契約の効果帰属の範囲は原告組合員らにもおよぶと考えた被告らに対し，すなわち，判決は，「原告祝島漁協は，(中略)本件契約の締結に反対しており，被告管理委員会の決定と同一内容の議決を行っておらず，この点から見ても，本件契約の効果が原告組合員らに帰属するとは考えられない」(判例3，2006)と結論したのである．しかし漁業補償契約無効確認との訴えが却下された点について，原告はこれを不服とし，広島高等裁判所（広島高裁）に控訴した．

＜一審判決を覆した広島高裁控訴審＞

　他方，中国電力もこの判決には不満で，広島高裁に控訴した．控訴状の提出は2006年4月6日であり，その際に，中国電力取締役で上関原発立地プロジェクト長の福本和久は，「漁業補償契約無効確認請求事件の控訴にあたって」という声明を発表している．
　その内容は，

> 先般の判決は，当社の主張を概ね認め，本件漁業補償契約は有効でありその効力は原告祝島漁協にも及ぶとし，また上関原子力発電所建設及び運転の差し止めは認められないとするものでしたが，一部原告らの主張も認め，原告組合員3名は本件漁業補償契約に基づく受忍義務を負わないとしました．当社といたしましては，この判決により，今後の調査や建設計画に実質的に影響があるものとは思っていませんが，本件漁業補償契約の効力は原告組合員個人にも及んでおり，この契約の締結によって，漁業補償問題は全て解決していると考えていることから，この点について引き続き主張していきたいと考えております．
>
> 　　　　　　　　　　　　　　　　　　　　　　　　（中国電力ウェブサイト）

というものであった．
　控訴状の内容について，控訴の趣旨は，「原判決中控訴人敗訴の部分を取り消す」，「被控訴人らの請求をいずれも却下もしくは棄却する」というものである．
　その広島高裁控訴審であるが，2007年6月15日，判決が下った．加藤誠裁判長は，旧祝島漁協（現在の山口県漁協祝島支部）の総会決議を経なくても共同管理委員会の決議だけで補償契約を締結することはでき，組合員個人は契約に拘束される，とした．すでに詳述したように，山口地裁岩国支部の一審判決は，許可漁業者，自由漁業者に関し，諸迷惑の受忍義務はないとし，漁民の操業を認めた．これに対し，広島高裁は，契約で漁業権が消滅する区域などでの操業は認められない，という漁民側逆転敗訴の判決を下したのである（中國新聞，2007；山口新聞，2007）．
　拘束される理由について広島高裁は，「個人が営む許可漁業，自由漁業は共同漁業権に比べて権利が弱く，以前から操業の調整などを管理委員会の協議決

終章　コモンズと人が創る次代の環境　227

定に委ねてきた」と指摘した（中國新聞，2007）．

　この判決について中国電力の福本和久取締役は，同日の記者会見において，「（中国電力の）主張が認められたのは当然．完全を確保しながら計画通り進められるよう最大限の努力をしていきたい」と述べた（中國新聞，2007）．

　他方，原告の一人の正本は，「悔しい．予定地周辺はタイやメバルがつれる好漁場だ．決して金で売ってはいけないんだ」と語った（中國新聞，2007）．同じく原告の酒井は，「漁師を無視した判決はどうしても許せない」と述べた（山口新聞，2007）．当然のことながら，漁業者側は上告する方針を明らかにした（中國新聞，2007）．

＜入会地の所有権移転登記抹消請求事件：入会権を認めた一審判決＞

　以上は海の入会をめぐる係争であるが，中国電力としては，陸域での土地も確保しなければ原発は建設できない．ところが，原発予定地には，かつては「四代組」を名義としていた入会地が4筆ある．地元では地下山（ちげやま）と呼ばれてきた「四代組」は，江戸時代から存続してきたものと推定され，明治期の土地台帳への記載が確認されている．この点から見て，上記4筆の土地については，四代区の住民全員が，民法第263条でいう「共有の性質を有する」入会権を持っていると考えるのが妥当である．

　中国電力は，この四代区の入会地に関し，町内の別のところにすでに取得してあった土地とそれを交換するという提案を四代区に示した．四代区長は，この提案に賛成であり，区民の意思を問うため，「常会」と呼ばれる総会を，1998年12月12日に開くことにした．しかし，当日になると，会場を原発反対の町民が取り囲むなどの緊迫した事態が生じ，区長は常会開催を中止した．そうした上で，3時間後には役員会を開いた．役員会は，土地交換を全員一致で決定し，その日のうちに交換契約を中国電力との間で交わした．そして，この契約に基づく所有権移転登記が2日後になされた．これに対し，四代区民のなかには交換に反対の人々もいるのに，役員会だけで決めてしまった契約が有効か無効かをめぐって，裁判が始まる．

　財産を総有する権利が総有権であるが，共有の性質を有する入会権はまさにその総有権である．したがって，上関町四代区民の入会権を考える場合にも，

それを総有権と理解するのが妥当である．この場合，土地管理のやり方の変更，利用の仕方の変更など，比較的軽微な変更であれば，役員会などの決定でできないことはない．しかし，土地の処分といった重大な変更については，入会権者全員の一致を要する事柄である．そこで，四代区住民（当時118名）のうち交換に反対する4名は，中国電力を被告として，1999年2月5日付で山口地裁岩国支部に所有権移転登記抹消を求めて提訴した．

そこでの原告4名の請求は，①原告らと被告らとの間において，原告らが問題の土地につき，共有の性質を有する入会権を有することを確認し，②原告らがその土地につき，総有権を有することを確認し，③原告らがその土地につき，共有の性質を有する入会権を有する入会部落の構成員たる地位に基づく使用収益権を有することを確認し，④原告らがその土地につき，総有団体の構成員たる地位に基づく使用収益権を有することを確認し，⑤被告・中国電力は，原告らに対し，問題の土地につき，上記の所有権移転登記の抹消登記手続きをせよ，⑥被告・中国電力は，問題の土地につき，立ち入ったり，立木を伐採したり，整地等をして現状を変更したりしてはならない，というものであった．

これに対して中国電力側は，1889年（明治22）の町村制第114条に基づき，1891（明治24）年10月に上関村が区会条例を制定して村内各部落に区会を設置した点を強調した．そして，その際に旧村の小字四代（四代組）も四代区になり，四代組の土地（入会地）は四代区に帰属することになったのであって，区会設置後，そこに共有の性質を有する入会権が存在したようなことはありえない，と論じた．中国電力側はまた，海に面した急傾斜の土地の位置や形状などから見て，四代区の住民が共同で利用したり，何らかの収益を享受したりすることができる土地ではなく，そこを利用する入会団体も存在しなかった，と主張した．したがって，入会権に基づく総有権もなかった，とした．

他方原告側は，四代組の土地が四代区のものになってもそこが共有入会地として今日まで存続してきたことには変わりがない旨を主張するとともに，薪が必需品であった時代には，そこが急傾斜地であっても，薪を海岸に落とし，船に積んでそれを家まで運ぶ方法がとられており，場所によっては植林もしていた，などの証言に基づいて被告側に反論した．

この係争に関し，2003年3月28日，山口地裁岩国支部が判決を下した．能

勢顯男裁判長は，原告の求めた所有権移転登記の抹消請求を却下した一方で，入会権の確認については認めた．すなわち，上記の請求⑤は却下したが，①，③および⑥についてはおおむね認めたのである（判例1，2003）．より具体的にいうと，立木伐採や整理などによる現状変更の禁止を，被告・中国電力に命じる判決を下したのである．これによれば，土地の所有権移転にもかかわらず，中国電力には実際上は原発建設工事ができないことになるので，入会権者側のほぼ完全な勝訴と見てよい（野村，2000）ものであった．

しかし，中国電力はこの判決を不服として，同年4月，広島高裁に控訴した．その後の動きとして，2004年11月，中国電力は県や町に地盤などの詳細調査の計画案を提示した．そして2005年4月，中国電力は詳細調査を開始したものの，同年9月，陸上ボーリングの過程で濁水を外部に排出していたことが発覚し，調査を中断せざるを得なくなった．

＜一審判決を覆した広島高裁の法理に反する判決＞

ところが2005年10月20日，広島高裁は，控訴審において中国電力逆転勝訴の判決を下した．その内容は，原判決主文の第1項（上記の①および③に対応）と第2項（上記の⑥に対応）をそれぞれ取り消す，というもので，原告の主張する入会権を全面的に否定するものであった．

広島高裁（裁判長・草野芳郎）は，そうした判決の理由の1つとして，「四代区成立後は，四代区に所有権が帰属した以上，四代部落住民の有していた入会権は共有の性質を有する入会権から共有の性質を有しない地役の性質を有する入会権へと変化し，なお存続し続けたと見るのが相当である」と述べている（判例2，2005）．ここでいわれている"共有の性質を有する入会権"とは，先述の通り民法第263条が定めているもので，"共有の性質を有しない地役の性質を有する入会権"とは民法第294条が定めているものである．

ところで，入会権の性質の変化に関する広島高裁の判断には根拠がなく，判決直後から大いに問題視されている．なぜなら，四代区の創出は，1889年の町村制施行にともない，旧来の入会林野を財産区として維持できる制度が誕生したことに関係するものである[2]．財産区になると課税対象から外れるなどの有利な面があることを考慮したためであろうか，四代組はその道を選ぼうとし

た.ところが,たまたま当時の内務大臣からそれが認可されなかったため,名称だけが四代組から四代区に変わり,四代区は税を支払い続けてきたのだが,実態としては四代集落の人々がその土地を旧来のまま入会地として利用してきた.つまり,民法第263条の意味での入会権が,明治時代から今に至るまで生き続けてきたのであって,それが,四代区の創出にともなってそこでの入会権が民法294条の意味での入会権に相当するものへ変化したとか,その当時は変化しなかったがその後のある時点で変化したなどという史実はまったくないのである.広島高裁は,この点で大きな誤りを犯している.

広島高裁が入会権は不在であるとしたもう1つの理由は次のようなものである.すなわち,問題の土地については,

> 昭和30年代まで入会の慣行があったと認めることができるものの,昭和40年代以降は四代地区においても燃料革命の波が及び,入会慣行は徐々に行われなくなり,遅くとも昭和50年ころには使用収益するものがいなくなったと認められ(中略),四代部落住民各人が有していた地役権の性質を有する入会権は現在では時効により消滅したというべきである.　　　　　　　　　　　　　(判例2, 2005)

というのである.しかし,これも誤った主張である.

時効とは,何か具体的に明示できるような法的な事件,あるいははっきりした係争のようなものがあり,その時点から起算して何年後には効果を失う,という性格のものである.燃料としての薪の採取などの慣行が次第に薄れたからといって,それで入会権がなくなってしまう,というようなものではない.

いまは薪の採取をしていなくても,将来再び薪の採取が必要になるかもしれないし,あるいは薪以外のその土地の産物を将来使用収益する入会権者が出てくるかもしれない.これに対し,四代集落の場合,その入会地を利用する予定はまったくないので入会権を放棄しようというような明示的な事件は,これまでの歴史のなかで一度もなかったのであって,入会権の時効による消滅などということは,法理に照らしてありえないのである.なお,四代区民による薪採取の慣行の痕跡などについては,生態学者や文化人類学者らによる空中写真との照合を含む詳細な現地調査がある(安渓ら,2006).

---

2) 財政区について詳しくは,室田・三俣(2004)を参照.

控訴審で持ち出されたこれら2つの論点は，山口地裁岩国支部での原判決に至る審理の過程では，原告も被告もまったく触れなかったものである．入会権の存続を認めた原審を覆す論点を提示しえなかった広島高裁は，日本の法体系にない理屈を自ら作り上げなければならなかった，というのが事の真相であろう．

この判決を論難する法学者の野村泰弘は，上記の2つの論点の第一点を「地役入会権への変化論」，第二点を「消滅時効論」と名付け，いずれも法理に反していることを論証している（野村，2006）．

他方，中国電力はこの判決を好都合として，一時中止していた詳細調査を2005年12月に再開した．この動きに対して，原告4名のうち3名は，広島高裁判決を不服として，同年末に最高裁判所に上告している．さらにその後も補充書を提出しており，広島高裁判決が，何が何でも入会権を否定しようとしたために混乱に満ちた「不意打ち判決」であることを最高裁に訴えている．この提訴に関し，2007年12月現在，最高裁判決はまだ下されていない．

＜神社本庁による宮司解任を含む神社地問題＞

原発の炉心予定地の近くには，これまでに述べた入会地だけではなく，四代正八幡宮の神社有地もある．そこは八幡山と呼ばれ，地元民に畏敬の念を抱かせてきた豊かな山林である．中国電力は，その神社有地（約10万m^2）を手に入れないことには，建設工事に支障をきたす．

そこで，その宮司である林春彦に対し，土地購入申し出を行っていた．しかし，四代正八幡宮責任役員の一人でもある林宮司は，売却の意思のないことを，2000年12月にマスコミを通じて表明した．中国電力が氏子らにどのような働きかけをしたのか，明らかでないが，氏子らの誰かが，山口県神社庁を介して神社本庁に対して林宮司の意思を伝えたものと推量できる．そして2003年3月，神社本庁は，林宮司を解任した．宮司自らが辞任願いを提出したという話もあったが，その書面は偽造されたという疑いが持たれている．宮司解任後の同年12月，四代正八幡宮責任役員会は，3対1の多数決で，売却を決議した．反対1は，責任役員の一人でもあった林宮司のものである．こうした動きに対し，解任された林宮司は，地位保全仮処分を申し立てるとともに，有印私文書

偽造同行使で裁判を起した.

これに対する判決もまだ出ていない2004年8月,神社本庁は財産処分申請書を承認し,これを受けて,中国電力は10月5日,売買契約を締結した.この神社有地の森の樹木は神聖なものとされ,誰も伐りだすものはいないほど,八幡山は地元民から畏敬と親しみの念を持って守られてきたという.そのような八幡山もコモンズの1つといえよう.

なお,林春彦・元宮司は,2007年春に死去した.しかし,その弟が故人の意思を継承し,上記の提訴に基づく裁判は,本書準備中の2007年12月現在も続いている.

このように,いま瀬戸内海北岸の長島や祝島においては,海の入会権である共同漁業権,自由漁業や許可漁業に従事する漁民の生活,入会地,神社有地などが,国策に裏打ちされた私企業の行動によって脅かされている.

とはいえ本書は,共的領域こそが善であり,その他は悪であるなどと極論するものでないことを,最後に断っておく.たとえば,公的領域からの強い規制を受けないことをよしとして,入会林野の適切な自主管理を怠ったり,水産資源の乱獲に走ったり,老朽化して破損間近なため池の修復をしなかったりすれば,その先に待っているのは,共的領域の衰微である.そればかりか,より広大な自然生態系の劣化につながる場合もある.そして,衰微する共的領域にこそ,公的領域と私的領域が浸透して,肥大する余地が作り出されるのである.その反対に,共的領域が健在であれば,入会権は現実に環境保全機能を発揮しうる.

＜国頭環境青年団が守った"やんばるの森"入会地＞

2007年3月,執筆者の一人の室田は,ある共同研究プロジェクトの仲間である三輪大介とともに沖縄県国頭郡国頭村を訪ねた.そこは入会権が環境保全の方向で実際に機能したところであり,訪問目的はその経緯の現地調査であった(三輪,2007).国頭村は,"やんばるの森"として知られる豊かな亜熱帯林に恵まれた村である.そこは,共同店というコモンズ的な商店の発祥の地としても有名である.

20世紀も終わろうとする1999年2月のことだが,その国頭村の行政当局は,

村の北部の辺戸(へど)区に属するそうした森の一角を一般廃棄物処分場にしようとした．村民の意思を確かめることなく立案されたこの計画に対し，辺戸区の住民は反対し，強い抗議行動を起こした．山の木を守らなくては，という思いから，おじぃ（おじいさん）とおばぁ（おばあさん）たちが立ち上がったのである．若い人たちには毎日の生活がある．村役場で働いている人もいる．そういう場合，村の計画に表立って反対の声を上げるのは難しい．そこで高齢者たちは，先祖代々受け継いできた自然を将来世代につないでいくのは自分たちの役目である，と感じたのである．そして，「国頭(くにがみ)環境青年団」を結成した．そのメンバーの当時の平均年齢は 73 歳というから，驚異的な青年団である．

処分場予定地は，村有地であると同時に，辺戸区民が入会権を持つ土地でもある．そこで彼らは，入会地の侵害は許さないとして，2001 年 6 月，那覇地方裁判所に建設中止を求める仮処分を申請した（表 6.2 参照）．村は，入会権は消滅しているという立場をとった．このため青年団は，いつ始まるかわからない工事に備えて，建設予定地にテント小屋を設置して交代で見張りを開始した．

青年団はまた，自分たちの活動が反対のための反対運動であってはならないと考えた．そして，処分場建設反対を主張する以上，ごみを出している自分たちの暮らしを見直そうと，辺戸区のゴミゼロを目指した活動も開始した．買い物の際にはマイバッグを持参する，ペットボトルなどの使い捨て容器をなるべく買わない，資源となるものはきちんと分別する，ビニール袋も何度も利用する，などである．

こうした区民，すなわち入会権者の動きを無視した村は，那覇地裁の判断を待つことなく，強制着工に踏み切った．すなわち，2001 年 9 月 20 日から 21 日にかけて，木にしがみついて抵抗するおじぃとおばぁたち 60 人を力づくで次々に木から引きはがし，処分場予定地のやんばるの森の木々の約 8 割を伐採したのである．

その 10 日後のこと，那覇地裁は辺戸区の入会権を認め，工事禁止の仮処分を決定した．村は控訴せず，入会権者の見事な勝利となった．2007 年現在，伐採跡地にも新たな木々が育ちはじめており，いったんは部分的に傷ついたやんばるの森が立派に再生しつつある．

参考文献

安渓貴子・安渓遊地・野間直彦（2006）「長島・田ノ浦周辺の薪炭林を中心とした植物資源利用史の復元－空中写真等による分析」,『日本生態学会中国四国地区会報』第60号, pp. 1-7.

浦島悦子（2002）『やんばるに暮らす』ふきのとう書房.

粕谷俊雄（2006）「瀬戸内海産スナメリの現状と保護」,『日本生態学会中国四国地区会報』第60号, pp. 31-38.

加藤真（2006）「干潟と堆が育む内海の生態系」,『地球環境』第11巻, 第2号, pp 149-160.

中國新聞（2007）『中國新聞（山口版）』2007年6月16日, 1面, 29面, 30面.

中尾英俊（2003）「入会権の存否と入会地の処分－入会権の環境保全機能－」,『西南学院大学法学論集』第35巻, 第3・第4号, pp. 71-101.

中山充（1995）「環境の共同利用と漁業権」, 日本土地法学会 編『漁業権・行政指導・生産緑地法』有斐閣.

野村泰弘（2000）「共有入会地の処分と慣習－山口県上関町四代原発用地を素材として－」,『徳山論叢』第53号, pp. 1-48.

野村泰弘（2006）「入会権の性質の転化と消滅」,『総合政策論叢』島根県立大学総合政策学会, 第12号, pp. 29-69.

三輪大介（2007）「入会地の環境保全型利用－沖縄県国頭村辺戸区の入会係争事例調査から」, 文部科学省科学研究費補助金・特定領域研究『持続可能な発展の重層的環境ガバナンス』（研究代表者・植田和弘）, Discussion Paper No. J07-08.

三好登（1995）「漁業権の内容と法的性質」, 日本土地法学会編『漁業権・行政指導・生産緑地法』, 有斐閣, pp. 10-18.

室田武・三俣学（2004）『入会林野とコモンズ－持続可能な共有の森』日本評論社.

室田武（2007）「瀬戸内海北岸における入会地, 神社有地, 漁業権の危機－上関原発計画をめぐる司法判断の批判的検討」, 文部科学省科学研究費補助金・特定領域研究『持続可能な発展の重層的環境ガバナンス』（研究代表者・植田和弘）, Discussion Paper No. J07-11.

山口新聞（2007）『山口新聞』2007年6月16日, 1面, 19面.

裁判資料

〈判例1, 2003〉

山口地方裁判所岩国支部・平成15年3月28日判決（平成11年（ワ）第9号　所有権移転登記抹消登記手続等請求事件, 平成11年（ワ）第69号, 第112号, 入会権確認

請求事件），裁判長・能勢顯男．

〈判例 2, 2005〉
広島高等裁判所・平成 17 年 10 月 20 日第四部判決（平成 15 年（ネ）第 195 号　所有権移転登記抹消登記手続等（第 1 事件），入会権確認（第 2 事件），入会権確認（第 3 事件）請求控訴事件），裁判長・草野芳郎．

〈判例 3, 2006〉
山口地方裁判所岩国支部・平成 18 年 3 月 23 日判決（平成 12 年（ワ）第 79 号　漁業補償契約無効確認請求事件），裁判長・和久田斉．

〈判例 4, 2007〉
山口地方裁判所岩国支部・平成 19 年 1 月 31 日判決（平成 17 年（ヨ）第 11 号　詳細調査禁止仮処分申立事件），裁判長・和久田斉．

参考ウェブサイト

中国電力「漁業補償契約無効確認請求事件の控訴にあたって」：http://www.energia.co.jp/atom/press06/p060406.html（2007 年 5 月 28 日確認）

「上関原発を建てさせない祝島島民の会」からの訴え：http://www.ihope.jp/iwaishima-appeal.html（2007 年 6 月 1 日確認）

付属資料

共有林・私有林に関するアンケート

設問1．あなたは，共有林のメンバーですか？該当するものに〇をつけてください．

| 1．はい | 2．いいえ |

☞ 「1．はい」の方は，設問2（1ページ）へお進みください．
　「2．いいえ」の方は，設問4（2ページ）へお進みください．

設問2．「設問1」で「はい」と答えた方のみにお尋ねします．
　　　　あなたは，平均すると毎年何回日役に参加していますか？該当するものに〇をつけてください．すべて参加していない場合は，回数もお答えください．

| 1．すべて | 2．　　回程度 | 3．参加していない |

設問3．共有林の森林管理に参加してきた理由として，該当するものを項目ごとに 1 つずつ，〇をつけてください．

共有林利用・管理に参加の理由	強くそう思う	そう思う	どちらでもない	そう思わない	まったくそう思わない
1．先祖代々共有林の利用管理を行ってきたから	1	2	3	4	5
2．共有林に愛着を感じているから	1	2	3	4	5
3．区に愛着を感じているから	1	2	3	4	5
4．収益配当を期待しているから	1	2	3	4	5
5．区の財源として重要だから	1	2	3	4	5
6．日役は体力的に負担ではないから	1	2	3	4	5
7．日役を通じた交流が楽しいから	1	2	3	4	5
8．日役には参加していないが，不参加金を払っても良いと思っているから	1	2	3	4	5
9．区内のおつきあいとして重要だから	1	2	3	4	5
10．子孫に伝統を残したいから	1	2	3	4	5
11．森林の多面的機能（土壌，水源，温暖化防止など）のために必要だから	1	2	3	4	5
12．地域の景観の維持のために必要だから	1	2	3	4	5
13．災害防止のため	1	2	3	4	5

☞ 設問5（2ページ）へお進み下さい．

設問4.「設問1」で「いいえ」と答えた方のみにお尋ねします．共有林に参加しない理由として，該当するものを項目ごとに1つずつ，○をつけてください．

共有林利用・管理に不参加の理由	強くそう思う	そう思う	どちらでもない	そう思わない	まったくそう思わない
1. 住居は，別の場所にあるから	1	2	3	4	5
2. 昔から住んでいるわけではないので	1	2	3	4	5
3. 収益配当を期待していないから	1	2	3	4	5
4. 区の財源として期待していないから	1	2	3	4	5
5. 日役は体力的に大変だから	1	2	3	4	5
6. 日役を楽しみに思えないから	1	2	3	4	5
7. 日役に参加しないと，不参加金を払わなくてはならないから	1	2	3	4	5
8. 区内のおつきあいに影響しないから	1	2	3	4	5
9. 今後も永住するかわからないから	1	2	3	4	5
10. 森林の多面的機能（土壌，水源，温暖化防止など）に影響はないから	1	2	3	4	5
11. 地域の景観に影響はないから	1	2	3	4	5
12. 災害防止に影響はないから	1	2	3	4	5
13. 参加したいが，収益の権利を得るまでに時間がかかるから	1	2	3	4	5

設問5．あなたは，森林をお持ちですか？該当するものに○をつけてください．

> 1. はい，個人私有林をもってしています．
> 2. はい，記名共有林をもってしています．
> 3. はい，個人私有林と記名共有林の両方をもっています．
> 4. いいえ，もっていません．

☞ 「1．個人私有林」の方は，設問6（2ページ）へお進みください．
　「2．記名共有林」の方は，設問9（4ページ）へお進みください．
　「3．個人私有林と記名共有林」の方は，設問6（2ページ）へお進みください．
　「4．いいえ」の方は，設問9（4ページ）へお進みください．

設問6．「設問5」で「個人私有林をもっている」と答えた方のみにお尋ねします．現在あなたは，私有林を積極的に維持・管理していますか？該当するものに○をつけてください．

> 1．はい，　2．いいえ，放置しています．

☞ 「1．はい」の方は，設問7（3ページ）へお進みください．
　「2．いいえ」の方は，設問8（3ページ）へお進みください．

設問7.「設問6」で「積極的に維持管理している」と答えた方のみにお尋ねします．私有林の利用・管理を行ってきた理由として，該当するものを項目ごとに **1つずつ**，○をつけてください．

私有林を利用・管理している理由	強く そう思う	そう思う	どちらで もない	そう思わ ない	まったくそ う思わない
1. 先祖から相続したから	1	2	3	4	5
2. 収益を期待しているから	1	2	3	4	5
3. 維持管理は費用的に負担ではないから	1	2	3	4	5
4. 維持管理作業が楽しいから	1	2	3	4	5
5. 子孫に財産を残したいから	1	2	3	4	5
6. 森林の多面的機能（土壌，水源，温暖化防止など）のために必要だから	1	2	3	4	5
7. 地域の景観の維持のために必要だから	1	2	3	4	5

☞ 設問9（4ページ）へお進み下さい．

設問8.「設問6」で「放置している」と答えた方のみにお尋ねします．私有林を放置している理由として，該当するものを項目ごとに **1つずつ**，○をつけてください．

私有林を利用・管理している理由	強く そう思う	そう 思う	どちら でもな い	そう思 わない	まったくそう 思わない
1. 収益を期待できないから	1	2	3	4	5
2. 維持管理は費用的に負担だから	1	2	3	4	5
3. 維持管理作業を楽しみと思えないから	1	2	3	4	5
4. 子孫に財産として残す必要がないから	1	2	3	4	5
5. 森林の多面的機能（土壌，水源，温暖化防止など）影響はないと思うから	1	2	3	4	5
6. 地域の景観の維持影響はないと思うから	1	2	3	4	5

設問9．最後に個人的な内容についてお伺いしますが，正確な調査のために必要なものですので，よろしくご協力を，お願いいたします

（1）あなたの性別・年齢に○をつけてください．

> 性別：1．男性　2．女性
>
> 年齢：20歳代　30歳代　40歳代　50歳代　60歳代　70歳以上

（2）あなたの職業に○をつけてください．

> 1．会社員　2．公務員・教職員　3．専業農家　4．第一種兼業農家
> 5．第二種兼業農家　6．パート・アルバイト　7．自営業　8．無職
> 9．その他（具体的に　　　　　　　　　　　　　　　　　　　）

注）第一種兼業農家とは，農業が主たる収入源である方，第二種兼業農家とは農業以外の収入が主たる収入源である方をさします．また，林業や水産業の方も農家に○をつけてください．

（3）勤労者の方の場合，あなたの勤務地はどこですか？市町村・区までお答えください．

　　　　　　　　　　

（4）あなたが，この区に居住されてどれくらいになりますか．該当するものに○をつけてください．自分の代からの場合は，居住年数もお答えください．

> 1．自分の代から　約　□　年　（1年未満の場合，0年とお書きください）
> 2．親の代から
> 3．祖父母の代から
> 4．それ以前から

（5）あなたと同居している人数をお答えください（あなたを除く）．また，そのうち18歳以下の方または75歳以上の方は何人ですか．

> 同居人数　□　人　そのうち18歳以下　□　人　75歳以上　□　人

（6）あなたの家計の税込み年収はどれくらいですか（年金，児童手当などを含む）．該当するもの1つに○をつけてください．

> 300万円未満　　300万円以上500万円未満　　500万円以上700万円未満
> 700万円以上900万円未満　　900万円以上1,100万円未満
> 1,100万円以上

（7）共有林の今後の管理や，今回の調査について，ご意見などがございましたら自由にご記入ください．

ご協力ありがとうございました

あとがき

　冬は，コンサートたけなわの季節である．シンフォニー終楽章の最後の一音の放つあの響きに聴衆は酔いしれ，ときに興奮を覚える．指揮者や演者もまた，その興奮をともにし，演壇から降りるときには，重いプレッシャーから解放され，安堵感に包まれる．筆者それぞれも，それに近いような気持ちを幾分なりとも共有していることだろう．終楽章もすでに終わった．あとは，今後の活動に活かすために自分たちの演奏を改めて振り返る「反省会」が残っている．それがこのあとがきの役割だろう．

　私たち森林コモンズ研究会は，大編成のオーケストラではなくせいぜい弦楽五重奏くらいの小さな集まりではあるが，2004年から励んできた練習の成果を一通り公表することができた．そのことを一編者として嬉しく思う．本書は，形式こそ編著書の形式を採ったが，実質は共著であるといっても過言ではない．「名目私有・実質入会」とよく似ている．もちろん，本書のなかには，執筆の主担当者が比較的明瞭な章もあるが，「相互乗り入れ」で書いた部分，数多くのディスカッションを経て成り立っている部分が多々あるために，自分の考えと他のメンバーの考えが渾然一体となっているような箇所もある．節レベルでさえも分割不可能な章が多い．この意味で本書自体，コモンズ的であるといってもよい．

　日本生命財団から研究助成を受けた2004年度の研究開始当初から本書の誕生までに私たち5名がどのくらいの時間を共有したかが，それをよく物語っている．同財団に提出した中間報告書・最終報告書の記録や手帳で再確認してみると，フィールド調査の日数が延べ1ヶ月強，会議が29回，執筆合宿が2回である．これに加え，個々人がそれぞれにこの共同研究に費やした時間を考慮に入れれば，相当な時間におよぶ．しかし，その共同作業の努力の結晶が，本

書をより完成度の高いものにしているかといえば，必ずしもそうとはいい切れない部分もあろう．逆に，他の共同研究者の尽力に過剰に期待し，自分のなすべき努力を怠ってしまうというような「コモンズの悲劇」になってしまっている部分もあるかもしれない．そういった点を今後の更なる研究の新展開へ生かしていくべく，本書の限界や残された課題を明示し，あとがきとしたい．

　まず，本書で議論してきたコモンズの開閉については，これまでコモンズ論においても注目されてはきたが，それらの研究は断片的にしか存在してこなかった．本書でも十分な事例研究を重ねたとはいえぬものの，既存の文献・資料の考証作業の充実を図ることを通じて，一定の結論を導き出した．それは，コモンズが閉じつつ開き，開きつつ閉じる，そのバランスこそが重要であるという結論であった．明瞭さを欠くという点で，読者からの批判は避けられないかもしれない．しかし，そのような批判を勘案してもなお，筆者らはこの結論今後，コモンズが持続するための制度・経済・文化的諸条件がいかなるものか，ということに輪郭を与え，望ましいコモンズ内部の仕組みや，外部社会との関わり，公的な支援のあり方等を模索していくにあたって，少なからず示唆を与えるものになると確信している．

　本書で試みた開閉の議論の展開は，時間軸を入れたコモンズ研究を展開していく必要性を筆者らに再認識させると同時に，それを実行することの難しさを教えてくれた．コモンズの消滅に作用する要因は，ある程度の議論はできた．しかし，持続（現存）するコモンズの開閉を決める基準軸については議論し尽くせぬままに，各コモンズのメンバーになるための要件の難易度に着眼点を据えた．したがって，本書では開いたコモンズ・閉じたコモンズを明確に示す基準を示しえていない．コモンズ論における「コモンズ」を厳密に定義することと同じく，この両者を分かつ基準を厳格に示すことに，どれほど大きな意味を見出せるかは定かではない．しかし，今後，海外のコモンズとの比較研究を進めていく上でも，開閉の基準に関する議論のさらなる深化は必要不可欠になろう．この開閉の議論と関連して，持続するコモンズという場合に，どの程度の時間幅をもってこれを「持続的」としうるかという大問題もあるが，本書ではその点についての議論はまったくできていない．これも今後，避けて通れぬ議論の1つである．

他方,内容の細部に立ち入って本書の持つ限界にも触れておく必要がある.第1章では特に,コモンズという言葉が,英国のそれとは意味を同一にする部分もあれば,さらに広い概念を持っていることを明らかにした.それを踏まえて,日本を中心に世界に遍く存在する共的世界を広く概観することで,読者のコモンズに対するイメージを膨らませてもらうように努めた.その際,日本には,従来からの慣習を法律と同等の決まりであると定めた「慣習法」(法令2条,現・通則法第三条)に基づく水利権があるにもかかわらず,筆者らの限界により,これに関してはごくわずかの記述しかなしえなかった.また,採石に関しても同様であった.さらに,日本を離れヨーロッパ,特に,北欧の万人権についてはノルウェーを中心に詳しく論じたが,同国には万人権だけでなく,コモンズ(農地コモンズ,教区コモンズ,国有地コモンズ)が,それぞれ当該地域の必要に応える形で,今なお重要な役割を担い続けている.ノルウェー,スウェーデン,フィンランド,ロシアの北部に住む少数民族であるサーメ人のノルウェーなどにおけるトナカイ放牧入会は,重要であるものの,本書では言及しえなかった.とはいえ,ノルウェーのコモンズに関しては,すでに第1章で引用リストに挙げた嶋田・室田(2007)において基礎的研究が進展しつつあるのでそれを参照していただくことで,この点の不備を補いたい.また,第4章,第5章では,漁協所有林に関する統計や情報について,関係省庁でさえもほとんど把握していないことが,この調査を進めるにつれて判明してきた.漁民の森運動など新しいコモンズが環境保全に重要な役割を担っていることは本論ですでに見たとおりであるが,流域生態を守ることに購入目的の重きを置いた漁協が多くあるといわれる漁協所有林(実態の多くが部落総有の入会林野)に関する研究も,今後進めていかねばならない大きなテーマである.以上までが,本書におけるコモンズ研究上の課題である.

 最後に,コモンズ研究と現実社会で起きている問題との接点について論じておきたい.序章の一部で述べたことの繰り返しになるが,今後のコモンズ研究は,これまでの入会・コモンズ研究の基礎を生かしつつ,現実社会で起こっている問題と緊張関係を持って展開していくことが必要である.終章で述べたように,自然の恵みに基盤を持つ地域社会を理不尽な形で脅かす様々な主体に対し,入会権を最後の砦にして闘っている地域は少なくない.本来,生命系の根

底を担う農林水産業の現場において，そのような事態が顕著に見てとれる．これが日本国内だけに起きている特殊な問題ではないことは，第1章のイギリスの事例で見たとおりである．自然資源を道理の通らない乱開発などから死守し永代にわたりそれを残そうとする人たちや地域社会に何らかの形で資するところのある，あるいは，それがなしえなくとも，そのことを念頭に置いたコモンズ研究の展開が，今，必要ではなかろうか．本書でもこのことを念頭に研究を進めてはきたものの，未だ十分なものとはいいがたい．現場に根ざしたコモンズ研究の展開を続けていくともに，これまで諸学に蓄積されてきた数多くの知見を生かしつつ，上述の課題に挑んでいきたい．

　本書での限界を振り返ることによって，筆者らは，上述したような新たなる課題も発見しつつある．私たち5人による森林コモンズ研究会の共演は，とりあえずこれで閉幕である．どれほどの拍手や野次を頂けるのか．それは，読者の皆さんからの忌憚ないご批判やご叱正を待つ以外に知る術はない．読者の皆さんからのご意見を心待ちに，余韻の残るホールに後ろ髪を引かれつつ，舞台を降りることにしよう．

2008年2月

編者を代表して

三俣　学

謝辞

　本書は，日本生命財団研究助成（2004年度）「環境保全型コモンズの構築に向けた入会研究—"漁民の森"と"部落有林"の比較分析にもとづく提言—」（研究代表者・三俣学）と，それに続く日本生命財団出版助成（2007年度），昭和シェル石油環境助成財団研究助成（2004年度）「森林コモンズの学際的研究」（研究代表者・森元早苗）の採択を受けて刊行のはこびとなった．

　さらに三俣，嶋田，室田は，本書に至る研究の一部に関しては，文部科学省科学研究費補助金・特定領域研究『持続可能な発展の重層的環境ガバナンス』（研究代表者・植田和弘）のうちの1つの研究班を構成するA03班「グローバル時代のローカル・コモンズの管理」（研究代表者・室田武）の助成に負っている．室田はまた，研究の一部に関し，平成19年度私立大学等経常費補助金特別補助高度化推進特別経費大学院重点特別経費（研究科分）の助成を受けた．三俣はまた，The Daiwa Anglo-Japanese Foundation（2006年度）（研究代表者・三俣学）'The Comparative Study on Common Lands between Isle of Man and Japan from the View Point of the Sustainable Natural Resources Management'の助成にも一部を負っている．

　また，本書の事例調査の舞台となった京都市右京区京北町（旧北桑田郡京北町），北海道根室支庁別海町，高知県安芸市，山口県熊毛郡上関町では，それぞれ次の方々にお世話になった．

〈京北町〉塔財産管理会・山国自治会・山国地区全11集落の共有林管理組織・旧京北町役場・京北町森林組合のみなさん

〈別海町〉野付漁業協同組合・別海漁業協同組合・別海町役場・別海町森林組合・上春別農業協同組合・北海道庁治山課・北海道漁連・特定非営利法人日本グリーンツーリズム・ネットワークセンター・パルシステム連合会

〈安芸市〉芸陽漁協・安芸市役所・安芸市森林組合・安芸市商工会議所・伊尾木川漁業協同組合のみなさん，調査地に関する有益な情報を提供して下さった兵庫県立大学経済学部に在籍する松本千恵さん

〈上関町〉中国電力株式会社上関調査事務所・海来館・山口県漁業協同組合祝島支部のみなさん

　そして，各地域の調査において全面的な支援と助言をいただいた高室美博，能登代雪，樋口清允の三氏には特に記して感謝の意を表したい．

　また，コモンズ研究会のみなさんには，常に議論の場を提供いただき，示唆的なコメントをいただいた．さらに，編者のうち三俣と室田の友人である丸井清泰氏には，草稿段階からの有益なコメントのみならず，関連文献等を送っていただいた．

　最後になったが，東京大学出版会編集部の佐藤一絵，薄志保の各氏には，本書の企画段階から刊行に至る全段階においてたいへんお世話になった．

　以上，すべての助成とお世話になった方々に厚く感謝する．

索　引

A・B

Allemende　15
AONB　66
bonding 型　111

C

commons　1, 14
commonty　70
communal ownership　21
corporation of London　68
crofter　71

D・E・G

Defra（Department for Environment, Food and Rural Affairs）　66
Demsetz, Harold　19
design principle　3
ecosystem　17
Gesamteigentum　15

H・L・P

Leacock, Elenor　20
Linux　25
private ownership　21

R・S・T

right of access　73
SSSI　66
state ownership　21
The University of Namur　208

ア　行

アイスランド　76
青線　60
赤線　58
あかみち　58
足場丸太　99
アンケート調査　117
伊尾木川　183, 193
　──ダム　187, 193
生ける法　30
意識調査　115
磯焼け　157
入会　31, 48, 218
　──慣習　91
　──漁場　32
　──権　31, 33, 227, 228, 230, 233
　──採草地　47
　──集団　33
　──消滅政策地　35
　──制度　3
　──地　32, 227
　──地登記法　65
　──農用林野　47
　──林野　32
　──林野近代化法　36
村々──　32, 63
村中──　32, 63
『入会林野とコモンズ』　1－4, 204
入漁権　42
祝島漁業協同組合　222, 226
イングランド　65, 66, 69－72
ウィンブルドン・プトニィコモン　68
ウェールズ　65, 66, 69－72
魚つき
　──保安林　148, 150, 155, 161
　──林　146－148, 150, 154, 156
右京区山国地区　1
宇沢弘文　30
氏市　90
内田和子　54
海の入会　227, 232
　──権　40
海のローカル・コモンズ　39
エコシステム　17

エコツーリズム 51
エッピング・フォレスト 7, 68
江戸モデル 18
お魚殖やす植樹運動 159, 160, 168, 170, 175, 210
オープン・アクセス 213
温泉 55
　——財産区 56
温排水 225

カ 行

外材 101
開発経済研究センター 208
化学肥料 48
かかわり主義 213
牡蠣の森を慕う会 160
攪乱 48
家計部門 18
家産意識 118
学校林 105, 119
戒能通厚 30
戒能通孝 30
カノのヤマノクチ 63
ガバナンス 26
河畔林整備事業 169
茅場 49
環境
　——因子 128
　——学習林 189, 192
　——教育 105
　——経済学 6
　——評価手法 6, 119
　——保全 50, 60, 141
　——保全機能 171
慣行共有林 85, 114
間伐 99
カンブリア入会権者連合 70
官民有区分 35
義務感 129
　——因子 129
　——・環境因子 137
記名共有林 13, 113, 205
旧区山 113
共107号共同漁業権 222
　——管理委員会 222

共109号共同漁業権 222
　——管理委員会 222
郷土愛 128
共同
　——洗い場 55
　——漁業権 16, 39, 222, 225, 232
　——所有 21
　——店 232
　——浴場 55
　——利用形態 32
郷土教育 105
共有林 85
　——管理組織 122
　——管理組織 206
漁協所有林 155
漁業
　——行使権 42
　——法 39
　——補償契約 223, 226
　許可—— 222, 226, 232
　自由—— 39, 222, 226, 232
漁業権
　——漁業 39
　——行使規則 42
巨大公共事業 219
漁民の森 145, 146, 148, 153, 154, 156, 160, 165, 170, 171, 174, 182, 185, 196, 198
切替 61
木を植える漁業者 182
金肥 48
区 90
公界 11
区画漁業権 41
口開け 48
国頭環境青年団 232, 233
区有林 90
クロフター 71
景観維持 128
経済
　——的便益 111
　——的利用価値 102
　——のグローバル化 83, 98, 101
京北町 84
京北林業 85

芸陽漁業共同組合（芸陽漁協） 182, 185, 188, 196, 214
毛上入会権 16
原子力発電所（原発） 221
減反 51
公益的機能 98, 117
公共
　――事業 12, 13
　――性 12
　――哲学 12
公図 58
公有地入会 33
高齢化 102
枯渇性資源 215, 219
国有 21
　――地入会 33
　――林 85
　――林下戻運動 36
個人私有林 113
湖水地区 65
国家法 30
小繋事件 14, 30
古典的利用形態 33
コーブの森 180
コーポレーション・オブ・ロンドン 68
コモンズ 1, 14
　――研究会 5
　――内部 83
　――の動的変容 202
　――の悲劇 19, 39, 218
　――保全協会 72
　――論 3
　新しい―― 165, 171
　高地―― 65
　都市―― 65
　閉じた―― 7, 199
コモンティ 70
　――分割法 71
孤立した集落 62
コンジョイント分析 119
タットマン 84

サ 行

災害防止 128
財産管理会 99, 207

財産区 1, 53, 111, 229
　――制度 36
財政学研究会 27
再生可能資源 50, 219
魚を育む森づくり対策事業 169, 210
さとみち 58
里山 51
時間因子 133
自給的
　――意義 36
　――機能 211
　――農業 48
時効消滅論 231
四国電力 193, 196
自然
　――環境享受権 73
　――草原 47
　――保護法 76
　――保全法 75
四代
　――区 227
　――正八幡宮 231
　――地区 31
　――組 227, 228
自治 50
　――基盤整備 141
　――法人ロンドン 68
質的分属説 34, 46
社員権説 45, 46
社会関係資本 98, 104, 111
　橋渡し型の―― 209
社会的共通資本 30
私有 21
収益権者 120, 122
私有地入会 33
受忍義務 224, 226
使用収益 228
植生遷移 47
神社本庁 232
　――有地 231
薪炭材 48
新酪農村開発計画 158, 206
森林
　――経営 116
　――コモンズ研究会 7

250　索　引

――離れ　115
――法　49
――保全協定　189
――ボランティア　116, 142
水源涵養林　190
水産学　6
水産資源保護法　41
スウェーデン　75
スコットランド　70
ストレス　48
政策的中間組織　70
生産森林組合　36, 72
制度の多様性　90
設計原理　3
全員の一致　228
草原　47
草地　47
総有
――権　227
――説　45
――団体　228
曽爾村（奈良県）　48

タ 行

大臣許可漁業　39
大臣届出漁業　39
タウン・クリーン　69
他村持入会　32
ただ乗り　93
棚田　51
――オーナー制　182
玉野井芳郎　218
ため池　52
――財産区　54
――保全　54
多面的機能　126
多様性　48
檀家　90
探索的因子分析　128
地域
――財源的機能　37, 211
――自給的役割　204
――主義　218
地縁共同体　143
地縁団体　13

――有林　113, 205
　許可――　90, 95
地下資源　101
知事許可漁業　39
地先権　45
地方自治法　90
中国電力　221, 227, 229
長狭物　8
町村制　34, 228
直轄利用形態　32, 33
通則法第3条　55
定置漁業権　41
デムセッツ　19, 25
――論　8
伝統
――行事　96
――継承　116, 204
――的な森林意識　115
――文化　96, 98
デンマーク　76
閉じたコモンズ　7, 201
土地改良区　53
留山　146

ナ 行

内部結束型　111
――社会関係資本　208
中尾英俊　58, 221
中村尚司　218
ナミュール大学　208
ニッセイの森　192
日本生命財団　7
入漁権（にゅうぎょ）　40, 42
ニューフォレスト　26
認定外道路　58
燃料革命　51, 230
野沢温泉　55
野付漁業協同組合（野付漁協）　165, 207, 214
ノルウェー　73

ハ 行

ハイランドクリアランス　71
バース・コミュニティ・トラスト　71
伐畑　61

ハーディン 19
パブリックフットパス 144
浜の母さん 169
浜の父さん 169
浜本幸生 45
ハムステッド・ヒース 7, 68
パルシステム 179
──パルシステム連合会 210
半自然草原 47
万人権 73
　北欧の── 8
万民自然享受権 73
人と自然の関わり 105
日役 99
費用負担 118
開いたコモンズ 7, 8, 69, 201
ビレッジ・グリーン 69
広島高等裁判所 225, 229
フィンランド 75
風倒木 178
不参金 99, 127
負担感因子 134
普通河川 60
物権 42, 77, 79, 80
物質循環 50
ふーどの森植樹ツアー 180
部落有林 113
部落有林野統一事業 49
部落有林野統一政策 36
フリーライダー 93, 97
──問題 97
分割利用形態 32, 63
別海町森林組合 207
別所温泉財産区 56
辺土区（沖縄県国頭村） 233
便益因子 133, 134
保安林制度 148
貿易措置 107
法社会学 30
法定外公共物 8
法令第2条 55
補完性の原則 107
北海道漁協婦人部連絡協議会 159
堀田東温泉 57

マ 行

マッキーン 4
民法第263条 33, 227
民法第294条 33, 230
民有林 85
無縁 11
村持ち山 155
申し合わせ組合 52
木材
──自給率 101
──需要 101
──貿易 101
──貿易の自由化 102
催合（もやい） 218
森林を考える会 190
諸富徹 27

ヤ 行

野外生活 73
──法 73
焼畑 61
──農業 61
山口県漁業協同組合 222
山口県熊毛郡上関町 221
山口地方裁判所岩国支部 223, 228
山元立価格 102
山割り 63
やんばるの森 232, 233
結い 64, 218
輸入自由化 101
湯の子 56

ラ 行

リーコック 20
離村失権 91
立地環境調査 223
里道 58
緑陰効果 151
緑肥 50, 51
林業経済学会 27
林業振興 118
ローマ法 15
ロンドンの肺 7

ワ 行

我妻榮　5, 15, 46

割地　33
割山　33, 111
われわれの海　45

[初出一覧]

序　章　　書き下ろし（共著）

第1章　　1.1.3を除いて書き下ろし（共著）
　　　　　1.1.3については，以下の論文を共著者らとの議論を踏まえ，大幅に加筆・修正したものである．
　　　　　　田村典江（2007）「論文レビュー H. Demsetz (1967) 'Toward a Theory of Property Rights'」,『Local Commons』（文部科学省科学研究費補助金・特定領域研究『持続可能な発展の重層的環境ガバナンス』'グローバル時代のローカル・コモンズの管理（A03）'ニュースレター）第3号, pp. 20-23.

第2章　　以下の論文を共著者らとの議論を踏まえ，大幅に加筆・修正したものである．
　　　　　　Shimada, D. (2007) "The Changes and Challenges of Traditional Commons in Current Japan-A Case Study on Iriai Forests in Yamaguni District, Kyoto-City", a paper presented at 63rd Congress of the International Institute for Public Finance, University of Warwick, UK.

第3章　　以下の論文を共著者らとの議論を踏まえ，加筆・修正したものである．
　　　　　　森元早苗・嶋田大作・田村典江・三俣学・室田武（2006）「利用・管理形態の違いにみる森林管理に対する意識の比較―京都市右京区山国地区での私有林と共有林を事例として―」環境経済・政策学会2006年大会報告論文.

第4章　　以下の論文を共著者らとの議論を踏まえ，大幅に加筆・修正したものである．
　　　　　　田村典江（2006）「木を植える漁業者」,『自然産業の世紀』アミタ持続可能経済研究所著（創森社）, pp. 176-186.

第5章　　以下の論文を共著者らとの議論を踏まえ，大幅に加筆・修正したものである．
　　　　　　三俣学・森元早苗・室田武・嶋田大作・田村典江（2007）「漁民の森運動の展開にみる共同的な資源管理：高知県安芸市芸陽漁業協同組合所有林の現場記録より」,『研究資料』（兵庫県立大学経済経営研究所）, No. 212, pp. 1-22.

第6章　　書き下ろし（共著）

終　章　　書き下ろし（室田）

編者・執筆者紹介

＜編者＞

三俣学（みつまた・がく）　兵庫県立大学経済学部准教授

1971年生まれ．京都大学大学院農学研究科単位取得退学．
主要著書・論文：『環境と公害：経済至上主義から命を育む経済へ』（共著，日本評論社，2007），「市町村合併と旧村財産に関する一考察」（2006）『日本民俗学』第245号，pp. 68-98．など多数．

森元早苗（もりもと・さなえ）　岡山商科大学経済学部非常勤講師

1975年生まれ．神戸大学大学院国際協力研究科単位取得退学．
主要著書・論文："A Stated Preference Study to Evaluate the Potential for Tourism in Luang Prabang, Laos, in Lanza," A., Markandya, A. and Pigliar, F. (eds.) (2007) *The Economics of Tourism and Sustainable Development*, pp. 288-307, Edward Elgar, UK, 「コンジョイント分析による観光資源の経済評価—ラオス・ルアンパバン郊外を事例として—」（2002）『国際開発研究』第11巻 第2号, pp. 115-131.

室田武（むろた・たけし）　同志社大学経済学部教授

1943年生まれ．京都大学理学部卒．ミネソタ大学 Ph. D.（経済学）．
主要著書：『エネルギーとエントロピーの経済学』（東洋経済新報社，1979），『エネルギー経済とエコロジー』（晃洋書房，2006），『入会林野とコモンズ』（共著，日本評論社，2004）など多数．

＜執筆者＞

三俣学（みつまた・がく）　前出

森元早苗（もりもと・さなえ）　前出

室田武（むろた・たけし）　前出

田村典江（たむら・のりえ）　アミタ株式会社持続可能経済研究所主任研究員

1975年生まれ．京都大学大学院農学研究科博士課程修了．京都大学博士（農学）．
主要論文：「多元的資源管理と水産エコラベル」（2006，共著），アミタ持続可能経済研究所『自然産業の世紀』，創森社，pp. 64-77．

嶋田大作（しまだ・だいさく）　京都大学大学院経済学研究科博士後期課程，京都精華大学人文学部非常勤講師

1978年生まれ．京都大学大学院経済学研究科修士課程修了．
主要論文：「コモンズ研究における社会関係資本の位置づけと展望」（2006，共著），『財政と公共政策』第28巻 第2号, pp. 55-56．

コモンズ研究のフロンティア
山野海川の共的世界

2008年3月14日　初　版

［検印廃止］

編　者　三俣　学・森元早苗・室田　武

発行所　財団法人　東京大学出版会
代表者　岡本　和夫
　　　　113-8654 東京都文京区本郷 7-3-1 東大構内
　　　　http://www.utp.or.jp/
　　　　電話 03-3811-8814　Fax 03-3812-6958
　　　　振替 00160-6-59964

印刷所　大日本法令印刷株式会社
製本所　誠製本株式会社

©2008　Gaku Mitsumata, Sanae Morimoto and Takeshi Murota *et al.*
ISBN 978-4-13-046095-8　Printed in Japan

Ⓡ〈日本著作権センター委託出版物〉
本書の全部または一部を無断で複写複製（コピー）することは，著作権法上での例外を除き，禁じられています．本書からの複写を希望される場合は，日本複写権センター（03-3401-2382）にご連絡ください．

井上 真・酒井秀夫・下村彰男・白石則彦・鈴木雅一
人と森の環境学
A5 判・192 ページ・2000 円

宇沢弘文・茂木愛一郎　編
社会的共通資本
コモンズと都市
A5 判・256 ページ・4600 円

石 弘之　編
環境学の技法
A5 判・288 ページ・3200 円

鳥越皓之
環境社会学
生活者の立場から考える
4/6 判・242 ページ・2400 円

石見 徹
開発と環境の政治経済学
A5 判・256 ページ・2800 円

宇沢弘文・薄井充裕・前田正尚　編
都市のルネッサンスを求めて
社会的共通資本としての都市 1
A5 判・288 ページ・3600 円

宇沢弘文・國則守生・内山勝久　編
21 世紀の都市を考える
社会的共通資本としての都市 2
A5 判・304 ページ・3600 円

ここに表記された価格は本体価格です。ご購入の際には消費税が加算されますのでご了承ください。